# 現代砂防学概論

南 哲行・小山内信智 編

古今書院

# はじめに

　わが国は、急峻で脆弱な山地が国土の約7割を占め、豪雨・地震・火山噴火等が頻繁に発生するという自然条件、そして大部分が洪水や土石流等の氾濫原となりうる平地を主な居住域、生産域としているという社会条件を持っている。これは、わが国が向き合わざるを得ない国土条件であり、そのためわが国では全国各地で土砂による災害が絶えない。

　砂防は、そのような国土条件下で土砂による災害を減らし、社会の安定的・持続的な発展の基盤をつくるという使命を持ちながら、技術の発展を基に、社会の要請に応じるべく、江戸、明治、大正、昭和、平成へと続く事業制度を整備してきた。その結果として様々な規模・形態の土砂災害に対応し続け進展してきたといえる（第1章参照）。

　特に、砂防は公物管理を主とする行政分野とは異なり、「砂防」という概念を実行するため、新たな課題に対して臨機な対応ができるというのが大きな特徴である。

　しかし、このような砂防として扱う現象や手法が近年急速に広がったが、その基本的な考え方も含めて、総括的に扱った教科書は近年永らく発行されてこなかった。このため、官公庁や民間で砂防事業を担当する方々には戸惑いがあったと考えている。

　本書は「現代砂防学概論」と題して、砂防関係業務に携わる方々や砂防を学ぼうとする方々に、この書の発行時点で実施されている砂防の制度的・技術的な諸施策を「現代砂防」と称し、改めて砂防について基本的な理念を整理するとともに、現時点での砂防の政策・技術体系の大枠を把握できるようにすることを目的として編集したものである。

　本書は6章で構成されているが、第1章では「現代砂防の目的と沿革」として、本書を理解していく上での基本的な概念の整理と基礎的な知識の整理を行なった。第2章、第3章、第4章では本書のテーマでもある「現代砂防」の骨格として、「国土保全」、「地域保全」、そして「危機管理」について論じた。第5章では、環境保全に関する基本的な考え方と手法を示し、第6章では、災害発生後の復旧のみならず復興に果たす砂防の役割と、その具体例を示した。

　本書を通じて、砂防の時代を超えた普遍的な部分と時代とともに変化していく部分の両面を総括的に理解する助けとなること、さらに、今後の砂防として自由な新しい考えや仕組みを描いて頂けるようになることを期待するものである。

# 目 次

はじめに

## 第1章 現代砂防の目的と沿革 　　1
### 1.1 総論 　　1
#### 1.1.1 現代砂防の基本 　　1
#### 1.1.2 現代砂防の骨格 　　3
#### 1.1.3 事業実施上の留意点 　　5
### 1.2 国土の成り立ち 　　7
### 1.3 土砂災害とその対策の歴史 　　19
### 1.4 現代砂防を構築する法令体系と事業体系 　　28
#### 1.4.1 法令体系 　　28
#### 1.4.2 事業体系 　　32

## 第2章 国土保全 　　39
### 2.1 砂防が目指すべき国土保全 　　39
### 2.2 荒廃地域における根幹的な砂防施設の整備と効果 　　41
#### 2.2.1 荒廃地域における土砂生産・流出 　　41
#### 2.2.2 荒廃山地からの土砂流出対策の事例 　　42
### 2.3 火山地域における砂防事業 　　52
### 2.4 国土保全のための監視技術 　　63
### 2.5 総合的な土砂管理 　　70

## 第3章 地域保全 　　78
### 3.1 砂防で目指すべき地域保全 　　78
### 3.2 土石流・地すべり・がけ崩れ・雪崩災害の概要と対策の基本的考え方 　　80
### 3.3 土砂災害危険箇所：全国調査の経緯と危険箇所数・分布 　　91
### 3.4 土砂災害防止法 　　95
### 3.5 土砂災害警戒情報 　　99
### 3.6 地域保全における重要施策 　　104

## 第4章　大規模土砂災害の危機管理　　115
- 4.1　大規模土砂災害への対応と危機管理の必要性　　115
- 4.2　大規模土砂災害への迅速な対応　　119
- 4.3　深層崩壊への対応　　124
- 4.4　火山噴火に伴う土砂災害への対応　　128
- 4.5　大規模土砂災害への対応事例　　133
  - 4.5.1　天然ダムへの対応　　133
  - 4.5.2　火山噴火への対応（霧島山（新燃岳）噴火）　　144
  - 4.5.3　地すべりへの対応（国川地区地すべり）　　146
- 4.6　短期・集中的な土砂災害危険箇所の緊急点検　　148

## 第5章　砂防と環境保全　　150
- 5.1　砂防における環境保全の基本的考え方　　150
- 5.2　山腹保全工における留意点　　153
- 5.3　渓間工事における留意点　　156
- 5.4　景観形成　　159
- 5.5　環境調査　　160

## 第6章　災害からの復旧・復興　　161
- 6.1　災害からの復旧・復興に関する事業　　161
  - 6.1.1　復旧・復興を進める基本的な考え方　　161
  - 6.1.2　復旧・復興に関する事業　　161
- 6.2　地域の復旧・復興に砂防が果たす役割　　164
  - 6.2.1　土石流災害　　164
  - 6.2.2　地すべり災害　　167
  - 6.2.3　火山災害　　169
  - 6.2.4　地震災害　　173
- 6.3　早期復旧・復興に向けた取り組み　　176

おわりに　　179

索引　　181

# 第1章　現代砂防の目的と沿革

## 1.1　総論

### 1.1.1　現代砂防の基本

　国土面積の7割を山地が占めるわが国においては、山に囲まれた谷地やその下流で開けた扇状地、また火山周辺のなだらかな台地などは、水系の水源涵養や、水系を跨いだ他地域との交流等に係る拠点として、またその土地が備える空間や水・土壌・森林、あるいは温泉や自然エネルギー等の自然資源を活用した生産・産業活動の場として古来利用されている。そして、このような場は、一方では土砂の移動現象の影響を受けやすい場でもある。

　わが国の山地は急峻な地形と脆弱な地質で形作られているため、このような場では、日常的な降雨や河川の作用で発生する土砂移動も、長い年月を経て山腹や河畔の地形を変えることなどにより人間の社会経済活動へ影響を与える場合がある。さらに豪雨、地震、火山噴火等の外力が加わり、土石流、泥流、地すべり、がけ崩れなどと呼ばれる急激で規模の大きな土砂移動現象が発生した場合は、しばしば人間の身体や生命・財産への直接的な被害、すなわち土砂災害をもたらすこととなる。

　土砂の移動に起因する人間の社会経済活動への間接的な悪影響や直接的な土砂災害の防止・軽減は、わが国における国民生活や社会経済の安定的・持続的な発展にとって不可欠であり、平安期の太政官符による山林の伐採禁止（821年）のように古くからこのための努力が払われてきた。

　山地を面的に管理することにより、下流への土砂流出を抑制するとともに、山地が供給する水や木材等の資源の保全と循環的利用の両立を図ろうとする政策は、近世になってから江戸幕府による寛文6年（1666年）の「諸国山川掟」や、近代になってからの明治6年「淀川水源防砂法」などで時の中央政府により取り組まれ、明治30年の砂防法制定に結実する。

　砂防法第一条には「治水上砂防」という言葉がある。砂防法制定に至る帝国議会の議事録等を踏まえると、当時の「治水」という言葉には、洪水対策のみを意味するのではなく、水源涵養すなわち水資源の保全や、水系全体に及ぶ水利用・河川空間の利用（各種用水の確保や舟運に適した河道の維持等）の意味も含まれていたと考えられる。すなわち、国土における資源の持続的利用と災害防止の両立を図るという現代の「国土保全」に近い概念を持つ言葉であったと想定される。当時相次いで制定されたいわゆる治水三法（河川

法、砂防法、森林法）の中でも、唯一砂防法にのみ治水という言葉が含まれていたことや、河川法、森林法と異なり、適用される土地の条件に関する規定がないことは、砂防が果たすべき役割の広さ・大きさを示す原点であると考えられる。

この砂防法の制定が、現代に続く「砂防」という公共政策および技術体系の専門分野の確立の基礎となり、大正、昭和へと続く時々の社会からの要請に応えて制度・予算の仕組みが整えられるとともに新しい技術が積極的に導入され、全国各地で事業が展開されてきたのである。

一方、局所的に発生して人命や財産に直接的な被害を及ぼす土砂災害もわが国では古くから発生していたことが各地に伝わる災害史等から伺えるが、そのための予防的対策を講じられるようになったのは、現象の自然科学的解明や対策の工学的技術がある程度発展し、さらに急速な都市化の進展により土砂災害が社会問題化した昭和30年代以降である。昭和33年制定の「地すべり等防止法」、昭和44年制定の「急傾斜地の崩壊による災害の防止に関する法律」により被害防止の対策を推進する法制度が整備され、また昭和40年代以降は全国的な土砂災害危険箇所調査の実施、その調査結果の公表や土砂災害防止月間等を通じた一般への周知等、災害を受ける側へのアプローチが徐々に進められた。

この予防的な土砂災害対策の歴史上の大きな転換点となるのは、平成11年6月の広島・呉豪雨災害を契機として平成12年5月8日に制定された「土砂災害警戒区域等における土砂災害防止対策の推進に関する法律」（平成13年4月1日施行、以下「土砂災害防止法」という。）である。この法律により、従来からの災害の発生源への対策と合わせて、災害を受ける側を対象とした警戒避難体制の整備や土地の立地規制を定めたソフト対策が、法律に基づき総合的に実施されることとなった。すなわち上流の山腹斜面とそこからの土砂移動に影響を及ぼされる下流の市街地を、ハード・ソフト合わせて一体的に保全するという思想が法制度として整ったといえる。

さらに、平成12年の有珠山噴火や三宅島噴火、平成16年の新潟中越地震や平成20年岩手・宮城内陸地震等への対応を教訓として、平成22年11月25日には土砂災害防止法を改正し、大規模で広域的に甚大な被害を及ぼすおそれのある土砂災害が発生した際の緊急調査や情報提供等の危機管理体制が整えられた。この法改正により、土砂災害防止法による上下流一体的な保全の思想に基づく行政措置が、局所的なものから国土全体に、予防的なものから危機管理にまで拡張されたといえ、砂防は国土保全の要を担う新たな段階へ進んだと捉えることができる。

このような歴史的な経緯を踏まえて改めて砂防とは何かを鑑みると、「持続的・発展的な社会経済活動の基盤となる国土の保全と、国民の生命・財産の保全を目的とした、土砂の移動に起因する災害や様々な悪影響を防止・軽減するための法制度・技術の体系」であるといえる。

現代の砂防は、政府機関の中の一行政分野として様々な形態の土砂災害に適切な対応

を施すため、砂防法等 4 つの基本的な法律を所管し幅広い事業体系を擁するものとなった。また学術的にも広汎な学問分野との連携のもと、火山や深層崩壊への対策にも挑むなどの発展を続け、日本が世界を牽引する代表的な防災技術の一つとなっている。

しかしながら、土砂の移動に起因する災害は、その発生のタイミングや規模の予測が困難であること、破壊力が大きく人的被害につながりやすいこと、影響が長期・広域に及ぶ場合があること、災害対策を要する箇所の数が膨大であることなどの特徴があるため、現代でも毎年のように各地で大きな被害が発生しているのが実態であり、行政・研究機関・民間を含め砂防関係者の一層の努力とその継承が必要である。

ここで時代を超えて普遍的な砂防の「変わらぬもの」と、「変えるもの」について記述しておきたい。

明治時代の砂防は、当時の社会背景から、過度な森林資源の採取で荒廃した山地からの恒常的な土砂流出対策としての山腹工や植栽が主であったが、現代の砂防は大規模で破壊力の大きい土砂災害にも最新の科学技術を駆使しつつ対応するものとなっている。このため、明治時代の砂防と現代の砂防は、内容的に全く異なっているように見えるであろう。しかしながら、「国民の命と暮らしを守り、その基盤となる国土を保全する」という砂防の使命と、「従来の枠にとらわれずに最良の解決策を考案する」という砂防の姿勢は全く変わっていないのである。

一方で、技術や制度は時代に応じて「変えるもの」として捉え、常に変化し続ける時代の要請や地域のニーズに対して最適な対応となるよう、積極的に「最先端の知見を活かした技術」や「社会情勢に沿った新しい法律や予算の仕組み」を導入していくことが必要である。

現代は大都市圏への人口流出が一層進行し、中山間地における人口減少や高齢化、産業の衰退が問題になっており、地球規模での気候変化の影響等による豪雨災害の増加や大規模地震の発生による自然災害の多発化・激甚化が顕著になりつつある。その一方で、東日本大震災を踏まえた大災害に対するリスクの分散等の観点から、わが国の国土利用の在り方や国土が本来的に持つ資源の保全・活用について再認識する動きが出てきている。

今後の砂防の展開にあたっても、この「変わらぬもの」と「変えるもの」をしっかりと意識し、国土や社会をとりまく諸情勢の変化に対応していくことが求められる。

## 1.1.2　現代砂防の骨格

砂防政策の骨格を示す概念として、従来、事業の規模や保全対象との関係といった側面から、水系砂防と地先砂防という言葉がよく使われてきた。しかしながらこの言葉では、現在砂防で取り組まれている国土の面的な監視や、大規模土砂災害への対応を含む機動的な事業展開を包括できないため、改めて現代砂防の骨格をわかりやすく示す概念が必要である。本書では砂防の骨格となる概念を、大きく国土保全と地域保全に分けて整理するこ

ととした。だたし、この2つは厳密に分離できない場合もある。

併せて現代砂防においては、危機管理を重要なポイントとして位置づけている。これは、計画的・予防的な対策の追いつかない、または計画と異なる、あるいは計画規模を超える自然災害が頻発している状況において、その時々の状況に迅速適確に対応することにより被害の最小化を図ることが、防災に関わる行政機関として必須かつ重要な課題であることによる。(図-1.1.2.1)。

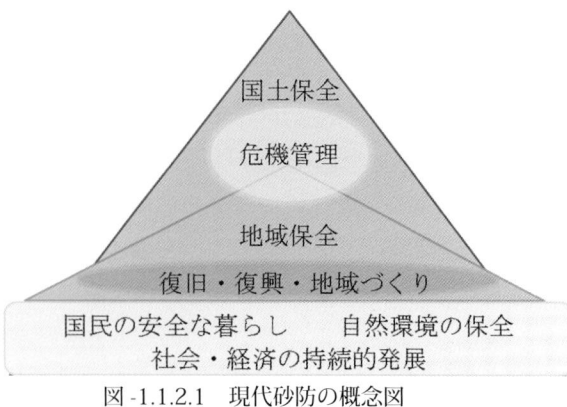

図-1.1.2.1 現代砂防の概念図

### (1) 国土保全

国土を構成するものは究極的には基盤となる土砂と、そこに付随しかつ人間が利用可能な水や土壌、動植物、鉱物などの様々な自然的資源、そして田畑や都市構造物などの人為的に形成された財産である。そしてわが国で日常的な社会経済活動が主に営まれ、人口・資産が集中している平地は、山間の狭窄地であっても大都市が形成される平野であっても、そのほとんどが過去に上流の山地から流出してきた土砂が堆積して形成された土地であり、長い時間軸で見れば日本の国土において土砂移動と全く無縁な土地はないといえる。

国民生活や社会経済活動の基盤である国土が、常に安全で生産性の高い状態にあるよう維持するためには、国土の面的な土砂移動現象やそれに影響をもたらす降雨や植生等を常に監視し、状況に応じて必要な予防的対策を講じることが大切である。このため、従来の水系砂防による大規模な荒廃地からの恒常的な土砂流出対策に加え、国土全体の土砂移動現象の監視や、火山災害や深層崩壊等、わが国全体の社会経済活動に影響を及ぼすおそれのある大規模土砂災害への対応に係る砂防を、改めて国土保全として包括する。

国土保全では、計画的・予防的な対策としての時間軸の長い砂防事業と、発生した現象に対し即応的に被害の拡大を防ぐ時間軸の短い危機管理の両方が重要であり、並行して進めなくてはならない。国土保全に関して国の果たす役割は大きい。

### (2) 地域保全

局所的・突発的に発生するがけ崩れ・土石流・地すべりは、人家等を巻き込み人命・財産へ直接的な被害を及ぼしやすい。特に平地周縁の山麓部や中山間地に展開する地域にとっては、土砂災害からの安全性の確保は地域の存続に関わる重要事項である。これら地域における直接的な土砂災害の防止は、従来地先砂防などと呼ばれ、土砂災害危険箇所を中心に対策を実施してきたが、土砂災害防止法の施行に伴い、災害発生源の対策と、被害を受ける側の避難体制の構築や適切な土地利用への誘導の両面から行うこととなった。従来

から砂防は、地域社会の維持・発展に不可欠な産業、文化、環境等の地域資源の維持・活用も含めた総括的な地域の保全を目指して来たのであるが、本法律の施行により基礎的自治体や住民等とともに、災害に強い持続的な地域づくりを行うことが一層重要となっているため、これらに係る砂防を改めて地域保全として包括する。

保全対象の多少のみならず地域の避難場所や避難路を考慮した効果的・効率的な施設整備と併せ、砂防施設管理用道路や砂防堰堤が地域の社会経済活動の中で活用されるよう連携を図ること等は、地域の持続的発展に資するとともに、施設の機能維持や土砂災害に対する防災意識の醸成に良い効果をもたらすと考えられる。

また災害が発生した場合には、地域住民の安心・安全な暮らしをできる限り早く取り戻し、地域の社会経済活動の早期回復に資する復旧・復興・振興を目指すことになる。この対策においては都道府県の役割が大きい。

**(3) 危機管理**

土砂の移動、特に大規模なものは、水の移動に比べ、地質や地形（山地の傾斜や河道形状）、さらには堆積地の微地形など様々な要因や降雨、地震、火山活動などの外力に左右され、非常に複雑かつ突発的で不連続な現象である。

一般的な土木技術では事業計画の立案にあたり、近年の観測記録を基本に計画規模を設定し、現象をモデル的に単純化して表現したシミュレーションを行って定量化する。砂防においてもこの手法は適用されてはいるが、土砂移動という複雑な現象を扱うがために、計画外の現象が起こり得ることを基本認識とした危機管理が求められる。

危機管理が前面で発揮される局面は非常時であることは言うまでもないが、それが確実に機能するためには、平常時からの災害対策用資機材の準備や関係機関との連携、組織的な訓練、そして国土に関する監視と現象に対する観測等の蓄積が必要である。また、計画的な砂防施設整備においても、状況に応じて計画外の現象の発生も想定した工夫が必要であることに留意しなければならない。

そもそも危機管理には、事前のシナリオは通用しない。現象の複雑さをありのまま受けとめて、瞬時に総合的な判断を行う覚悟、そのための不断の備えが最も重要である。

## 1.1.3 事業実施上の留意点

現実の砂防事業の実施にあたり、各現場では多岐にわたる課題を解決しながら進めなければならないが、課題の解決にあたっては、国土保全と地域保全の考え方に立ち戻ることが重要な道標になる。

また、砂防は学際的分野であることを十分意識して、国土保全、地域保全の目的を達成するため、法制度と技術はもちろんであるが、様々な学問分野を総動員していく考え方が必要である。

留意点1：事業の場

　土砂移動現象は自然の営為であり、ある程度までは許容されるべきものである。しかし土砂移動現象が活発化した場合、例え発生場所が山奥で直接的な人命・財産への被害がなくても、長期的には国土が備える資源や価値に損失を与え、社会経済の発展を阻害するおそれがある場合には、砂防は被害の回避や土砂移動現象の安定化を図るための政策的・技術的働き掛けを行う。

　すなわち砂防担当者は、河川区域やその隣接地に限定せず、国土全域の面的な土砂移動現象の変化に常に注意を払うことが求められる。ここが水系の級指定等のように管理の区分や区域が明確に定められている河川行政等と砂防行政が大きく異なる点であり、留意が必要である。砂防では、1級河川や2級河川の上流区域はもちろんのこと、平常時には流水のない小規模な0次谷や山腹斜面も、そこで発生した土砂移動現象が保全対象に被害を及ぼすことが想定される場合は事業の対象となり得る。事業実施の検討を行う判断基準は土砂移動現象が発生した土地の条件ではなく、国土または地域に与える影響の大きさが基本であり、土地の管理者等と調整を行って事業化するか否かの判断をすることとなる。また事業実施にあたっては必要に応じ河川、道路、森林、都市、住宅、環境等の他の行政分野とも連携することが有効である。状況に応じて機動的かつ柔軟に事業を行うことが、現代砂防の最も重要な点の一つである。

留意点2：環境への配慮

　砂防事業の実施により土砂移動が制御され地表が安定化すると、植生が回復し山肌や河畔が緑に覆われる。すなわち砂防は、一般的には植物をはじめ人間を含む多くの生物にとって可住空間を増加させる方向に環境を変化させるので、大局的には自然環境の保全に寄与しているといえる。しかしながら、土砂移動の激しい環境が生息条件となっている生物種も存在しており、また独特な景観が地域の観光資源等としての価値を持っている場合もある。近年は「生物多様性」という言葉が聞かれるが、環境への配慮については基本的にはどの生物（人間も含む）を中心とするかで対応すべき観点や事項が異なってくる。施設の整備にあたっては、想定した災害が起きるまでの間に施設が環境全般に与える影響に目を向け、その場に固有でかつ貴重な資源や価値があると認められる場合には、災害防止との両立を図る最適解を探る努力が必要である。具体的には国土保全または地域保全の観点から、その場所に期待されている景観や生物相を明らかにし、必要な配慮事項の優先度を設定していくという方法が考えられる。

## 1.2 国土の成り立ち

日本列島は南北に長く連なり、急峻な地形と複雑な地質からなる。また、プレート境界部に位置するため多くの火山が分布しているほか、地震も多数発生している。さらに、梅雨や台風の接近時等には多量の降雨がもたらされる気象条件にある。このような地形、地質条件および気象条件のもと、毎年各地で土砂災害が発生している。

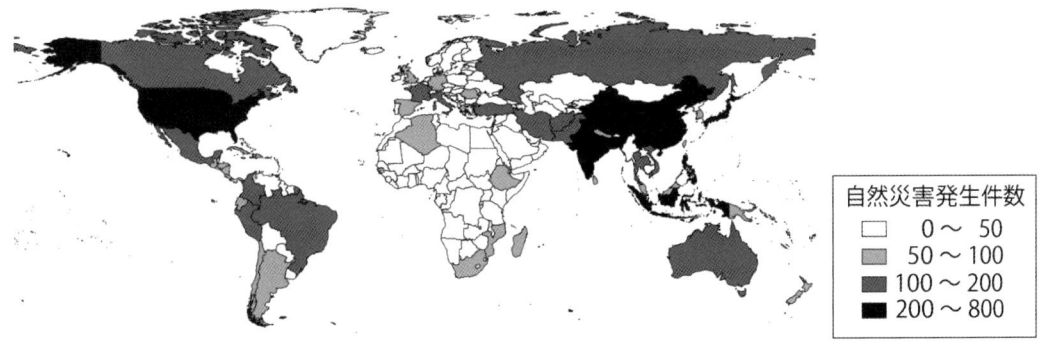

図-1.2.1　1900年〜2011年の自然災害の発生数
（EM-DAT（2012）より Earthquake（Seismic activity）, Flood, Mass movement dry, Massmovement wet, Strom, Volcano, Wildfire による自然災害発生件数を集計）

1900〜2011年に世界で発生した自然災害は、EM-DAT[1]の記録では約1万件にのぼり、図-1.2.1に示すとおり特にアジアで多発している。日本での発生件数は、世界で発生している自然災害の2.9％を占める。地球の陸地面積に占める日本の面積割合は0.25％[2]、世界の人口に占める日本の人口割合は1.85％[3]であることから、日本は世界的に見て自然災害の多発国であることが理解される。その原因は、地形、地質、気象条件が他国とは異なるためと考えられる。例えば、地質条件の違いを欧米と比較すると、図-1.2.2のように、日本の地質は複雑に入り組んでいる[4]。また、大規模な構造線周辺の岩盤では変成・破砕が著しい。さらに、地殻変動により褶曲構造を呈する場所は亀裂に富み風化が進んでいると考えられる。

一方、土砂災害は人間活動とのかかわりの中で発生している。日本の歴史をふり返ってみると、資源としての木材や新田開発のための森林・土壌の収奪により山地がはげ山となり、大量の土砂流出が河床上昇を引き起こした。河床上昇は、洪水氾濫による被害のほか、かつては主要な輸送手段であった舟運にも支障を与えた。さらに、近年では山麓部の宅地開発などにより土砂災害が増加した実態もある。

本項では、土砂災害発生の素因となる地形、地質、土地利用のほか、誘因となる気象、地震、火山噴火と土砂災害の特徴について概説する。

### (1) 地形

日本列島はユーラシア大陸東側に位置し、北緯20°〜45°と約3,000kmにわたり連な

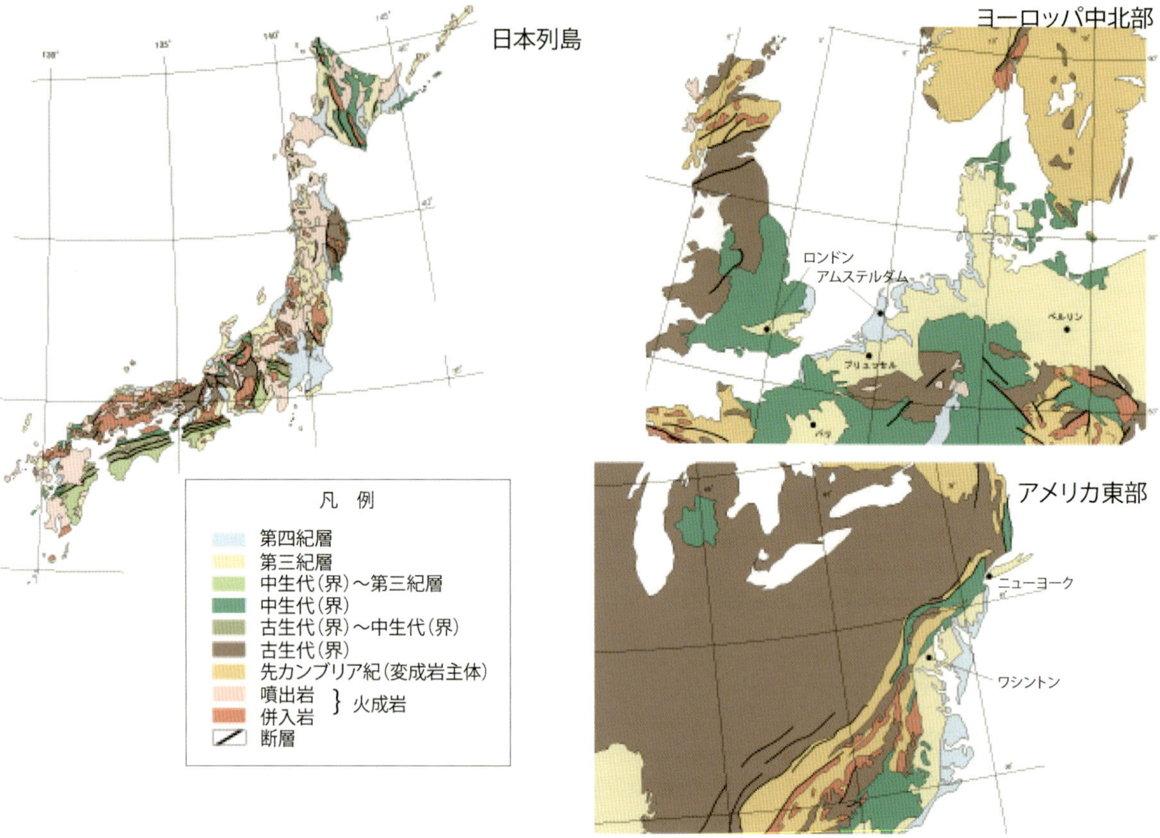

図-1.2.2 日本列島と欧米の地質分布の比較（全国地質調査業協会連合会2012に加筆）

る島々から構成されている。日本列島付近では北米プレート、ユーラシアプレート、太平洋プレート、フィリピン海プレートの4つのプレートが接し、このプレート境界部に日本列島が位置している（図-1.2.3）。日本列島は太平洋およびフィリピン海プレートの沈み込みにより地殻変動を続けており、日々脆弱化している[4]。プレートの沈み込みは、地震の発生や火山活動が日本列島周辺で顕著であることとも深く関わっている。

日本列島の地形を山地、丘陵地、台地、低地、内水域等に区分するとその面積構成は図-1.2.4に示すとおりである[5]。傾斜地をなす山地・丘陵地が73%を占める一方、低地は14%にすぎない。また、地形の分布は図-1.2.5に示すとおりであり[6]、低地は海岸線沿いなどに分散して分布している。傾斜地は土砂災害の発生場となることから、傾斜地の居住地や道路などのインフラは、土砂災害による被害を受ける危険性が高いといえる。

地形は、その成因、形成時期、構成物質が密接な関連性をもって長い時間の中で形成されたものである[7]。したがって、その土地の災害発生の素因を示しており、災害の種類や危険度を考える際に重要な

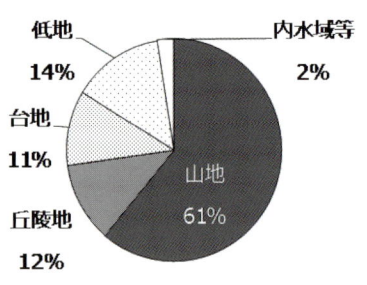

図-1.2.4 日本の地形別面積の割合
（総務省統計局 2012）

第 1 章　現代砂防学の目的と沿革　　9

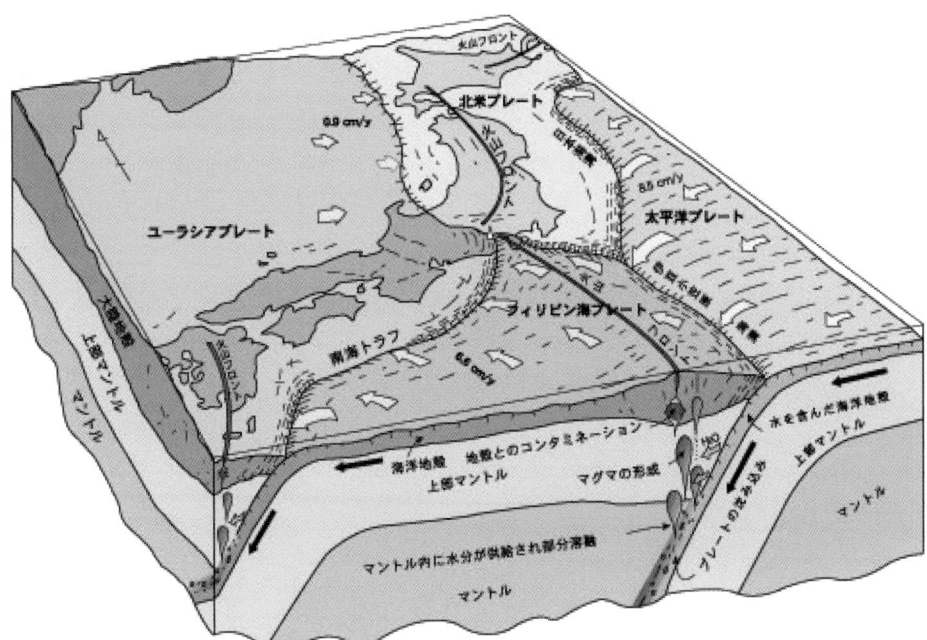

図-1.2.3　日本付近のプレート区分図（全国地質調査業協会連合会 2012）

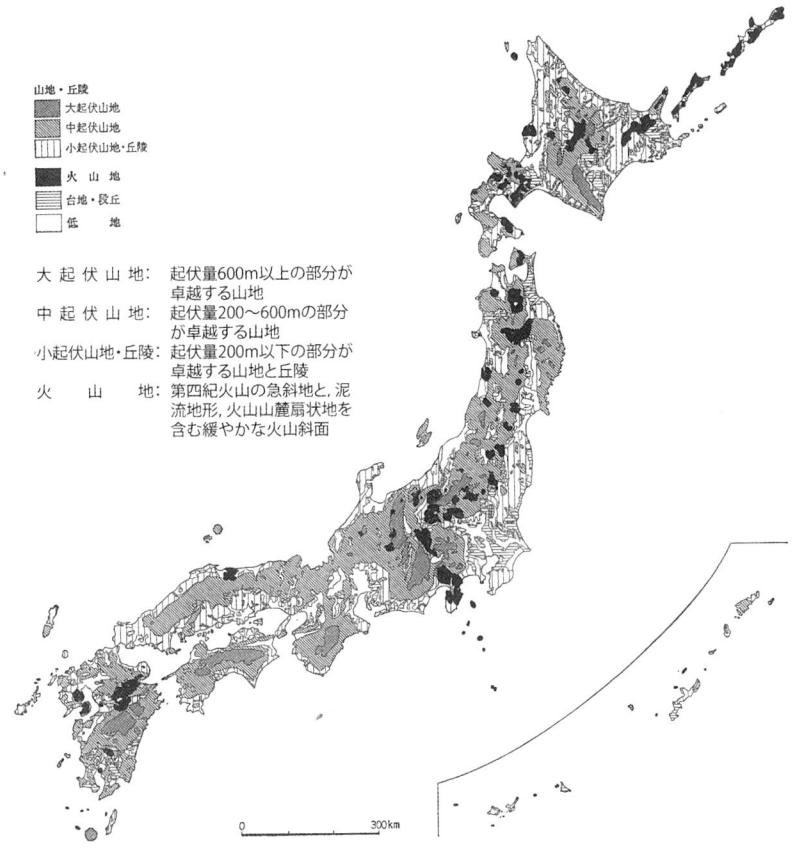

図-1.2.5　日本の地形の大区分（青野・尾留川 1980）

情報となる。地形と災害との関連性を示した事例としては、表-1.2.1があり、山地・丘陵、山麓地などの中・小地形と災害の種類との関係が述べられている[8]。また、山地や山麓部での土砂流出対策や土石流対策、地すべり対策のほか、土石流や土砂流等による運搬土砂が堆積してもたらされた扇状地での河道の安定化や土砂の2次移動への対策も、土砂災害対策上重要となることから、扇状地性平野や氾濫平野という地形も注目しなければならない。さらに、斜面では地すべり地、崩壊地、崖錐、沖積錐など、また河谷では、0次谷、急渓流などのより小さなレベルの地形種を調査し自然災害の予測につなげていくこともある[9]。

表-1.2.1 地形と災害との関係（水谷1987に加筆）

| 区分 | 地形の特徴 | 災害の種類および危険の大きい地形 | 危険の小さい地形 |
|---|---|---|---|
| 山地・丘陵 | 標高、起伏の小さい地表の高まり。峰、尾根、斜面、谷の集合体、丘陵とは起伏が比較的小さい波状地。近年、都市周辺の丘陵では開発による人工改変により土砂災害が発生している。 | がけ崩れ　凹型急斜面<br>土石流　急勾配渓流<br>地すべり　地すべり地形<br>火山災害（火砕流、火山泥流、土石流、山体崩壊） | 山頂小起伏面 |
| 山麓地<br>(谷出口の小扇状地を含む) | 山地と低地の境界部にある比較的平滑な緩傾斜地、主としてマスウェイスティングによる土砂の堆積によって形成。谷出口には、土石流等が堆積し小扇状地（沖積錐）が形成される。 | 土石流　沖積錐<br>火山災害（火砕流、火山泥流、土石流） | 段丘化堆積面 |
| 台地・段丘 | 低地よりも一段高い位置にあり、広い平坦面をもつ卓状の地形。 | がけ崩れ　段丘崖<br>湛水　凹地、浅い谷 | 平坦台地面 |
| 谷底低地 | 山地・丘陵内または台地内の河谷沿いに形成された幅狭く細長い土地。 | 土石流　山地内谷底低地、支川出口<br>がけ崩れ　山地斜面に隣接する谷底<br>内水氾濫　市街化台地内谷底 | 段丘面 |
| 扇状地性平野<br>(緩扇状地) | 比較的大規模な河川が山地から低地に流れ出す出口付近に形成された扇形の堆積地形。火山山麓にも形成される。 | 土石流　扇状地<br>河川洪水　旧流路<br>火山災害（火砕流、火山泥流、土石流） | 段丘化扇面 |
| 氾濫平野<br>(自然堤防地帯) | 河川が流路を変え氾濫を繰り返して形成された河成堆積面。自然堤防、後背低地、旧河道で形成。 | 河川洪水　後背低地、旧河道<br>内水氾濫　後背低地、旧河道 | 自然堤防 |

※国土地理院（1990）によれば、山地は地殻の突起部の集合体、丘陵は谷がよく発達し頂部が丸みをおび原則として稜線が定高性を示す山地で低地との比高は約300m以下とされている。

### (2) 地質・地質構造

　日本列島は、本州中部を南北に分断するフォッサマグナ（西縁は糸魚川―静岡構造線を境界とする）により、東北日本と西南日本に大きく区分される。図-1.2.6に示すように、東北日本には第三紀の地層と火山性の岩石類が広く分布し、一部に中・古生代の地質が分布している[10]。一方、西南日本は、東海から紀伊半島、四国、九州へと連なる中央構造線によって規制され、北側の内帯には古生層、第三紀層、深成岩、火山性の岩石類が、中央構造線南側の外帯には古生層、中生層、変成岩が帯状に分布している。また、火山周辺の山麓部などでは火山灰が厚く堆積した地域や熱水変質を受けた地域があり、これらの地域では土砂災害が発生しやすい。

　各地方の地質と土砂災害の関わりについて概述すると次のとおりである。

　東北・北陸地方の日本海側では、凝灰岩や泥岩などを主体としたグリーンタフと呼ばれる新第三紀の地質が分布している。この地層は、激しく海底火山の影響を受け、固結度が低く脆弱な地質からなるため、地すべりが多発することで知られている。

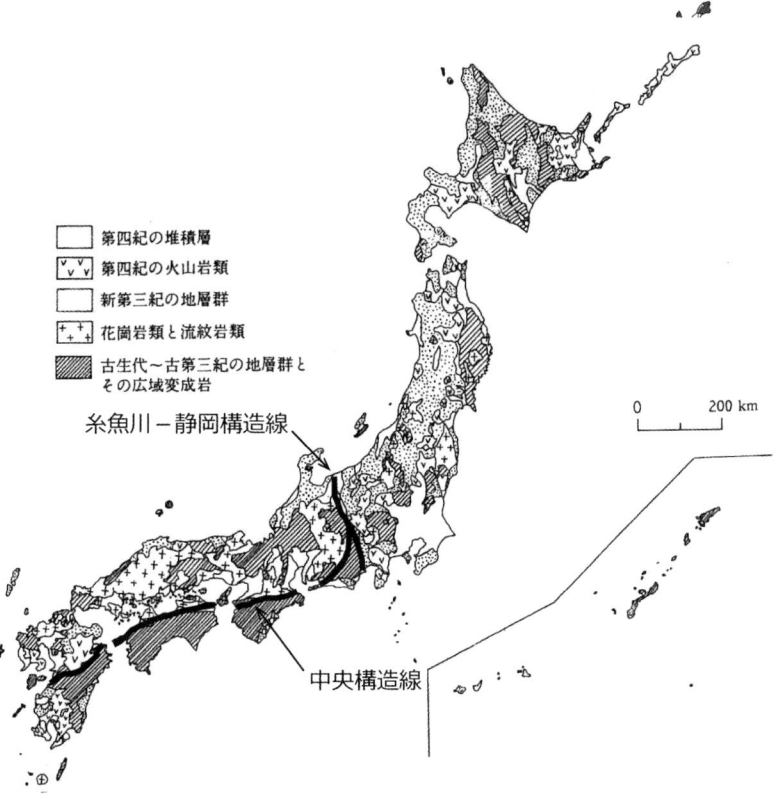

図-1.2.6 日本の第四系・新第三系・先新第三系および花崗岩質火山岩類の分布（島崎ら1995に構造線を加筆）

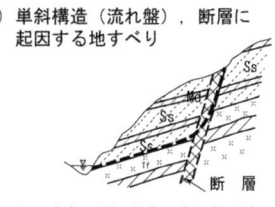

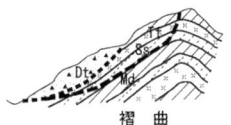

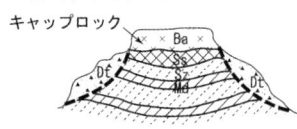

図-1.2.7 地すべりを起こしやすい地質構造の例（藤原1979）

　中部・近畿・四国・九州地方の太平洋側では、中央構造線から派生する構造線が分布し、変成作用を受けた黒色片岩、緑色片岩、泥質片岩などが分布している。これらの岩石は水を含むと脆弱化しやすいことから、地すべり・崩壊が多発することで知られている。

　また、中部から中国地方などにかけて花崗岩類が広く分布しているが、花崗岩は風化が進むとマサ化し著しく脆弱な地質となるため、崩壊が発生しやすい。

　さらに、日本列島各地には第四紀の火山岩類が分布しているが、固結度の低い火山灰からなる地質（シラス、ボラなど）は脆弱で、崩壊が発生しやすい。また、火山周辺で温泉が湧出している地域などでは、熱水変質を受け粘土化した地質（温泉余土）の分布域があり、これらの地域では地すべりが発生しやすい。

　地質とともに地質構造も土砂災害の発生に大きな影響を与える。地質構造も地殻変動の過程で形成されたもので、土砂災害を起こしやすい地質構造として、流れ盤構造、背斜構造、キャップロック構造などが知られている（図-1.2.7）[11]。

### (3) 人口・土地利用

　日本の人口は、総務省「平成22年国勢調査」によると約1億2800万人で、世界で

10番目に人口が多い[12]。都道府県別の人口は、東京都、愛知県、大阪府などの三大都市圏が全人口の51％を占める。これらの三大都市圏では、平成17年以降も人口の増加が認められる。一方、他の県では人口は減少傾向であり、減少率は最大で約5.0％となっている。また、総人口に占める65歳以上の割合が25％を超える都道府県は24を数え、近年、人口に占める高齢者の割合が急増している。このように、日本の人口分布は大都市圏に偏っており、人口の増減のアンバランスが顕著となっている。そのことは、都市化の進展は開発に伴い新たな土砂災害リスクの増加をもたらす一方で、山地部では人口が減少し過疎化、高齢化が進み過疎化はハード対策が非効率なものになる恐れや山間地域の保全がおろそかになる懸念につながる。さらに、高齢化は災害時要援護者の増加をもたらし、土砂災害による被害の拡大につながる可能性がある。

　日本の過去の土地利用の変遷を図-1.2.8により概観すると、1900年頃（a）は、森林に覆われているものの、西日本を中心に荒れ地が分布していた[13]。これは、人口の増加に伴うエネルギー資源としての木材の収奪、食料の増産のための耕作地の拡大などがその原因として指摘されている[14)15)16)17]。一方、1985年頃（b）では西日本を中心に分布していた荒れ地が減少している。荒れ地が減少し緑が回復したのは、砂防事業等による山腹緑化工事の推進、戦後の拡大造林事業の推進のほか、昭和30年代に始まった燃料革命（化石燃料への転換）、肥料革命（化学肥料への転換）によるところが大きいといわれている[18]。

　次に都市と耕地の変化についてみると、1965〜1970年の高度成長期後半には農村部から都市部への人口移動により[13]、都市周辺の宅地開発が進むことになり土砂災害危険

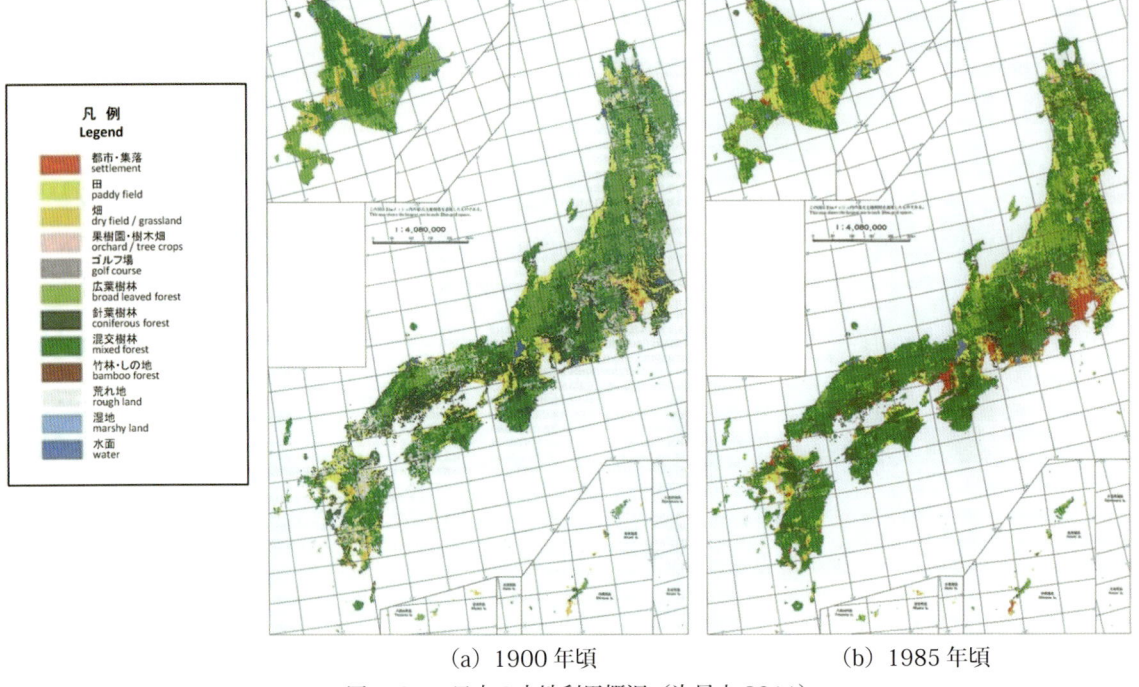

(a) 1900年頃　　　　(b) 1985年頃
図-1.2.8　日本の土地利用概況（氷見山2011）

箇所も増加し、災害が多発することとなった。平成 11 年に広島県で発生した土砂災害は、都市周辺の新興住宅地が大きな被害を受け、土砂災害防止法が制定されるきっかけともなった。一方、耕地は 1960 年代に面積が増大したが、都市的な利用への転換が急速に拡大したことと、1970 年付近を境に減反政策が始まったことにより、その面積は急激な減少に転じた[13]。近年では耕作放棄地が広がってきている。

### (4) 気象

日本列島は南北に連なり、気候帯は亜寒帯から亜熱帯を有する。富士山と昭和（南極）を除く 80 観測所の 1971 〜 2000 年までの年平均気温は 6.2 〜 23.1 度、年平均降水量は 787.6 〜 3848.8mm と、場所により変化に富んでいる[2]（図 -1.2.9）。また、四季の変化は周辺の気団の発達に応じて明瞭で、春と夏の変わり目には梅雨、夏から秋にかけては台風により豪雨がもたらされ、これを誘因として土砂災害が発生している。また、梅雨のほか、冬と春、秋と冬の変わり目には菜種梅雨、秋雨などと呼称される雨期があり、この時期にも土砂災害が発生している。

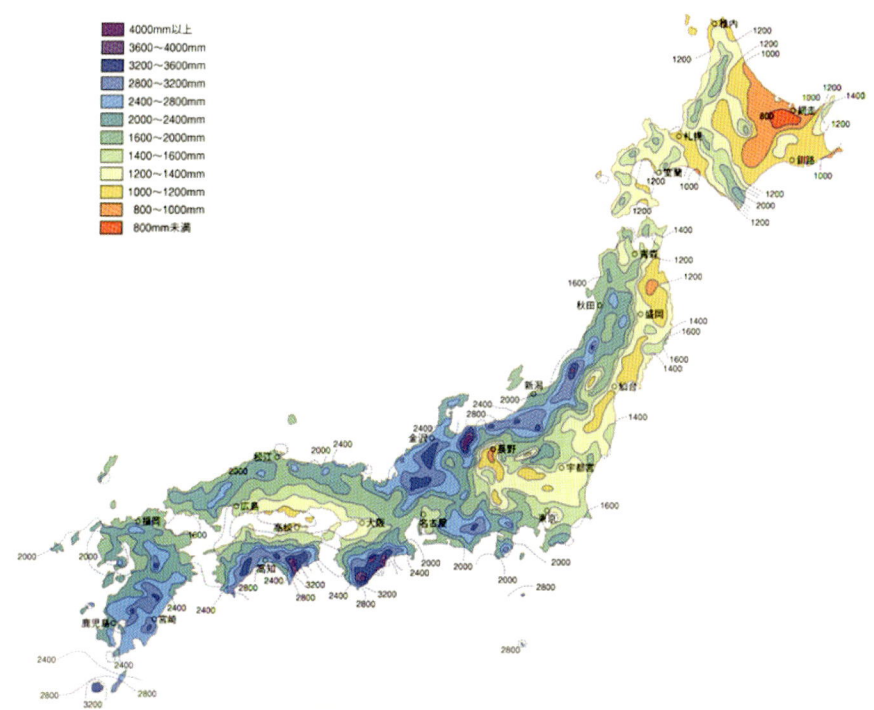

図 -1.2.9　年平均降水量分布図（国土地理院 1990）

夏から秋にかけて発生する台風の接近数は、年によって異なり 4 〜 19 個程度となっている[20]。土砂災害の発生に及ぼす影響は、接近の有無のほか、台風の大きさと強さによっても異なる。さらに、その影響は、豪雨による土砂災害発生のみならず、強風による風倒木の発生と、その後の豪雨による流木災害の発生にも及ぶ。

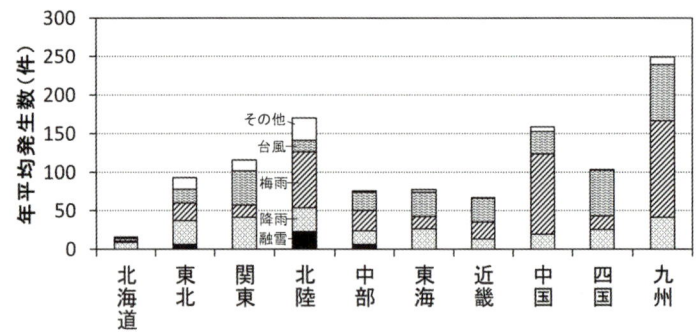

図-1.2.10　1997-2010年に発生した誘因別の年平均土砂災害発生数
土砂災害の実態（(一財)砂防・地すべり技術センター2012[21]などより作成）

　一方、冬になるとシベリア気団が発達し、北西の季節風が日本海をとおり、熱と水蒸気を含んで発達し、日本列島に吹き付ける。このため、日本海側の地域は世界でもまれにみる豪雪地帯となっている。斜面に降り積もった雪は、雪崩となって斜面下方の集落や道路等を襲う。また、初冬の雪の降り始めの時期や春には、雪解け水が増加し地中に浸透するため土砂災害の発生につながる。1997～2010年に発生した土砂災害を誘因別に整理すると、図-1.2.10に示すとおりで、融雪災害は東北、北陸、中部での発生が多い。

　そのほか、直射日光や気温の変化、霜、乾湿の変化は、地表に露出した土壌や岩石の種類にもよるが、風化を進行させる要因となり、土砂災害の発生につながる。

### (5) 地震と災害

　地震は、地球内部の岩石の破壊現象により地震動を発生させるものである。地震の多くは、プレート境界部もしくはプレート内部が急激にずれ動くことで発生する。また、地震は火山活動に関係して発生する場合もある[22]。図-1.2.11に示した1975年～1994年に

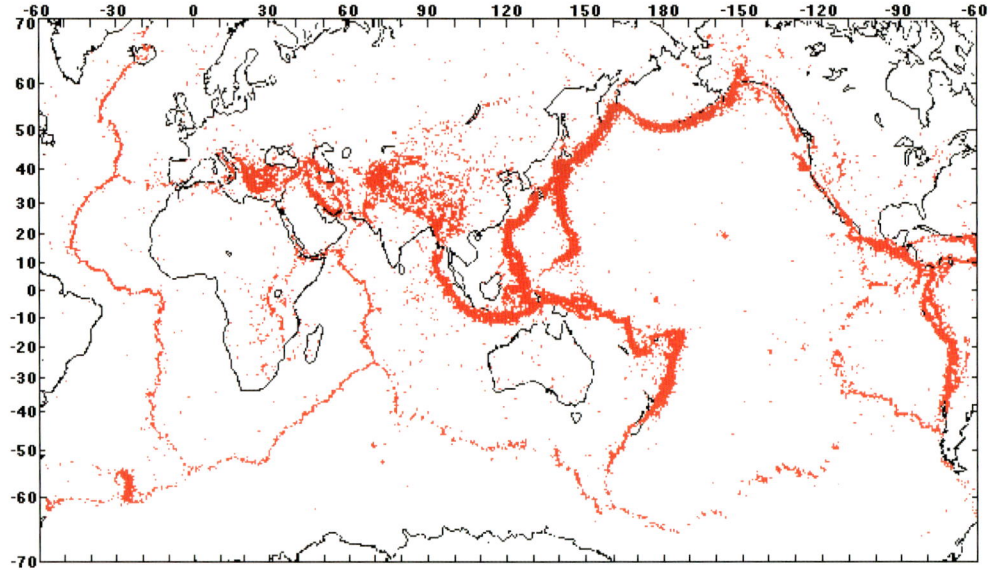

図-1.2.11　1975-1994年に深さ100km以下で発生したマグニチュード4以上の地震の震央分布図
（国立天文台2011）

深さ100km以下で発生したマグニチュード4以上の地震の震央の分布図をみると、地震はプレート境界部付近で多発し、プレート境界部に位置する日本は世界的にみても地震の多発地帯となっている。

プレート境界部やその周辺の地殻で発生する地震は海溝型地震と呼ばれる。一方、陸地の断層がずれ動くことで生じる地震は内陸型地震と呼ばれる。日本列島にはたくさんの活断層が分布し（図-1.2.12）、今後も大規模な地震が発生する可能性が高いと考えられている[23]。

近年、多くの土砂災害を発生させた地震とそれに伴う土砂災害は、表-1.2.2 に示すとおりである[20)24)]。地震により土砂量が $10^6 m^3$ を超える土砂移動現象も発生しているほか、移動土塊が渓流をせき止め、

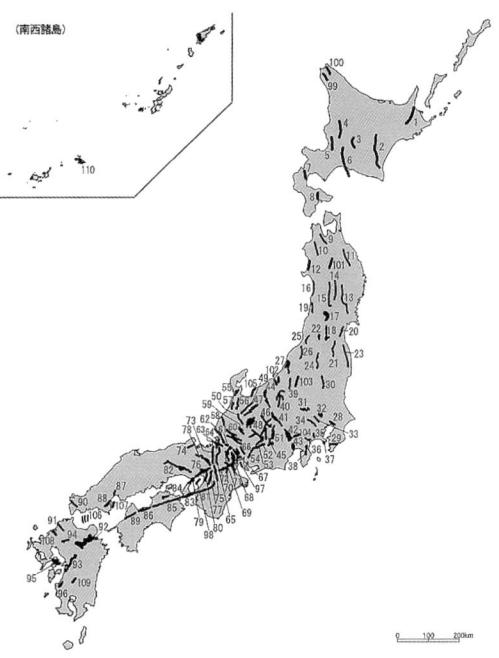

図-1.2.12　活断層分布図
（文部科学省地震調査研究推進本部 2012）
図中の数字に対応した名称は省略

天然ダム（河道閉塞）が下流に脅威を与えた事例も見られる。地震により発生する土砂災害は、流域の様相を一変させる。また、その後の余震や豪雨が、土砂災害発生の危険性をさらに高める。既往の事例調査によると、震度5強以上で崩壊・地すべりが多発している[25)26)]。

表-1.2.2　近年の地震により発生した土砂災害

| 地震名 | 平成7年（1995年）兵庫県南部地震 | 平成16年（2004年）新潟県中越地震 | 平成19年（2007年）新潟県中越沖地震 | 平成20年（2008年）岩手・宮城内陸地震 | 平成23年（2011年）東北地方太平洋沖地震 |
|---|---|---|---|---|---|
| マグニチュード | 7.3 | 6.8 | 6.8 | 7.2 | 9.0 |
| 最大震度 | 7 | 7 | 6強 | 6強 | 7 |
| 死者・行方不明※（名） | 6,310 | 46 | 15 | 23 | 18,812 |
| がけ崩れ（箇所） | 26 | 90 | 64 | 19 | 97 |
| 地すべり（箇所） | 10 | 131 | 29 | 6 | 29 |
| 土石流（箇所） | 0 | 4 | 0 | 29 | 13 |
| 天然ダム（せき止め湖）（箇所） | 0 | 55 | 0 | 15 | 0 |
| 土砂災害による死者・行方不明（名） | 40 | 4 | 0 | 13 | 19 |

※土砂災害の実態（（一財）砂防・地すべり技術センター 2012 など）、防災白書（国土庁 1996 など）による

### (6) 火山活動と災害

火山活動は、地下のマグマや火山ガスが地上に放出される際に生じる作用であり、火山灰の噴出、溶岩の流出、火山体の形成、火砕物の堆積など様々な現象が生じ、災害を発生させる[22]。日本には、110の火山が分布している（図-1.2.13）。

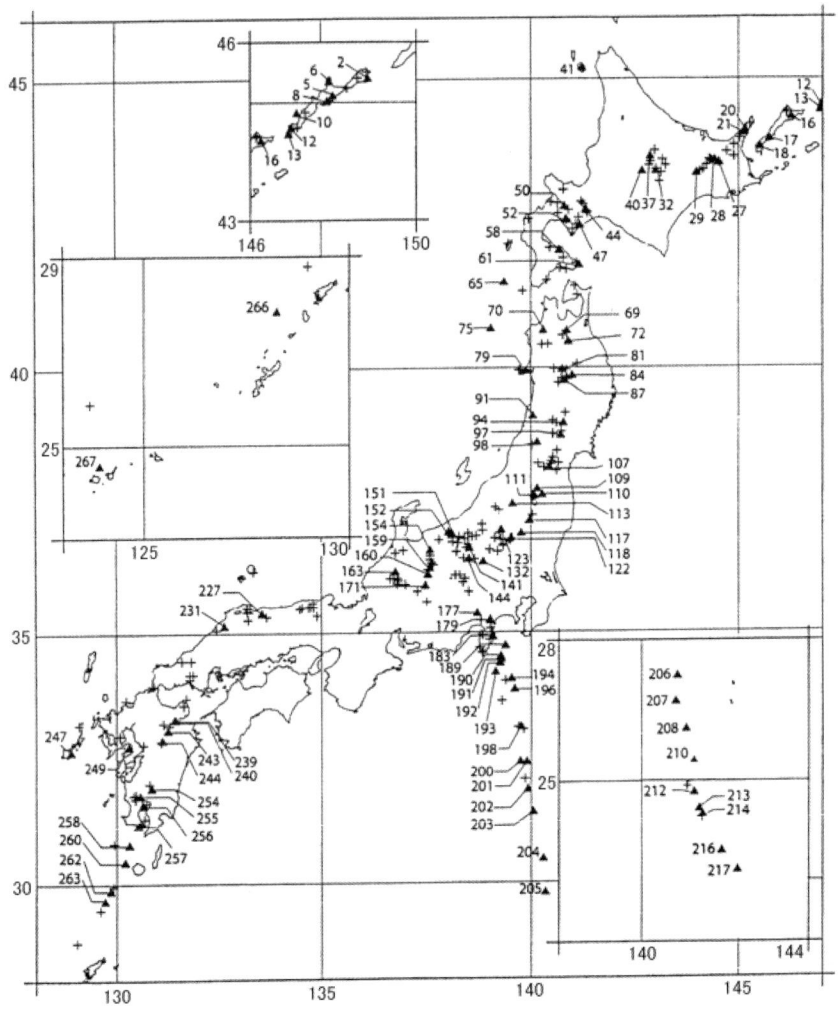

図-1.2.13　火山分布図（国立天文台 2011）
図中の数字に対応した名称は省略

　火山災害は噴火の際に火山噴出物が火口から放出されることにより発生する災害で、火山噴火に伴い二次的に誘発されるものもある。その種類を挙げれば、火砕流・火砕サージ、火山体崩壊（山体崩壊）、溶岩流、噴石・火山弾、降下火砕物、マグマ水蒸気爆発、火山泥流、土石流、津波、火山ガス、地殻変動、地震などがあげられる[27]。各火山では、既往の火山活動履歴を調査し、噴火の特性を理解して、ハザードマップの作成が進められている。
　日本における火山噴火に伴う主な土砂災害の事例を挙げると、表-1.2.3のとおりである。火山活動が活発になると地形が大きく変化する場合があり、また、火山灰の堆積によってわずかな降雨でも土石流が発生する可能性が高まる。また、火山活動の影響は広い範囲に及び、かつ長期間にわたることが多い[28]。

表-1.2.3　火山噴火に伴う主な災害の事例（理科年表（国立天文台 2011）に加筆）

| 火山名 | 発 生 現 象 |
|---|---|
| 十勝岳 | 1925～26：火山爆発、火山泥流　（死者 144 名）<br>1962：火山爆発　（死者・行方不明 5 名） |
| 有珠山 | 1663：山頂噴火、火山爆発　（死者 5 名）<br>1822：山頂噴火、火山爆発、火砕流　（死者 50 名）<br>1910：山頂噴火、火山爆発、火山泥流　（死者 1 名）<br>1944～45：山頂噴火、火山爆発　（死者 1 名）<br>1977～78：山頂噴火、火山爆発、火山泥流、降灰砂、地盤変動　（死者 3 名）<br>2000：山腹噴火、火山爆発、火山泥流、降灰砂、地盤変動 |
| 岩手山 | 1968：火山爆発、溶岩流，火山泥流 |
| 鳥海山 | 1801：山頂噴火、火山爆発　（死者 8 名）<br>1974：山頂噴火、水蒸気爆発、火山泥流 |
| 蔵王山 | 1833：湖底噴火、火山泥流　（死者 3 名）<br>1895：水蒸気爆発、湖底噴火、火山泥流 |
| 安達太良山 | 1900：火山爆発または水蒸気爆発　（死者 72 名） |
| 磐梯山 | 1888：山頂噴火、水蒸気爆発、火山泥流、山体崩壊　（死者 461 名） |
| 那須岳 | 1408～10：山頂噴火、火山爆発、火山泥流　（死者 180 余名） |
| 草津白根山 | 1932：水蒸気爆発、火山泥流　（死者 2 名） |
| 浅間山 | 1108：火山爆発、火山泥流，溶岩<br>1532：火山爆発、火山泥流<br>1647～48：火山爆発、火山泥流<br>1783：火山爆発、火砕流、火山泥流、溶岩（死者 1,151 名）<br>1911：火山爆発　（死傷者多数）<br>1913：火山爆発　（死者 1 名）<br>1930：火山爆発　（死者 6 名）<br>1936：火山爆発　（死者 2 名）<br>1936：火山爆発　（死者 1 名）<br>1961：火山爆発　（死者・行方不明 1 名） |
| 新潟焼山 | 1974：水蒸気爆発、火山泥流　（死者 3 名） |
| 焼岳 | 1915：水蒸気爆発、火山泥流<br>1962：水蒸気爆発、火山泥流 |
| 白山 | 1579：火山泥流 |
| 伊豆大島 | 1955～56：火山爆発　（死者 1 名）<br>1986：火山爆発、溶岩流　全住民島外避難 |
| 三宅島 | 1874：火山爆発、溶岩流　（死者 1 名）<br>1940：火山爆発、溶岩流　（死者 11 名）<br>2000：火山爆発、水蒸気爆発、泥流　全住民島外避難 |
| 阿蘇山 | 1953：火山爆発　（死者 6 名）<br>1958：　　　　（死者 12 名）<br>1979：　　　　（死者 3 名） |
| 雲仙普賢岳 | 1792：火山爆発、溶岩流、山崩れと津波、火山泥流　（死者 15,000 名）<br>1990～96：火山爆発、火砕流、火山泥流　（死者 44 名） |
| 霧島 | 1717：　　　　（死者 5 名）<br>1895：　　　　（死者 4 名）<br>1900：　　　　（死者 2 名）<br>1923：　　　　（死者 1 名） |
| 桜島 | 764：海底噴火　（死者多数）<br>1782：火山爆発、噴火津波　（死者 15 名）<br>1914：火山爆発、溶岩流　（死者 58 名）<br>1946：火山爆発、溶岩流　（死者 1 名）<br>1955：マグマ爆発　（死者 1 名）<br>1974：火山爆発、二次的火山泥流　（死者 5 名） |

注）死者の記録が残る災害、火山泥流・全住民島外避難の記録がある災害を記載

引用文献

1) EM-DAT：The OFDA/CRED International Disaster Database - www.emdat.be, Université Catholique de Louvain, Brussels（Belgium）（参照日 2012 年 7 月 27 日）
2) 国立天文台：理科年表　平成 24 年版（机上版），丸善，pp.182-183, 194-195, 684, 695-702, 784, 2011
3) United Nation：World Population Prospects：The 2010 Revision, http://esa.un.org/unpd/wpp/index.htm（参照日 2012 年 8 月 3 日）
4) （社）全国地質調査業協会連合会：豊かで安全な国土のマネジメントのために，http://www.zenchiren.or.jp/tikei/index.htm（参照日 2012 年 7 月 24 日）
5) 総務省統計研修所：第 1 章 国土・気象，第六十一回 日本統計年鑑 平成 24 年，総務省統計局，http://www.stat.go.jp/data/nenkan/01.htm（参照日 2012 年 8 月 3 日）
6) 青野寿郎・尾留川正平：日本地誌 第 1 巻 日本総論，二宮書店，p.40, 1980
7) 鈴木勇二：地形調査法，新砂防工学，塚本良則，小橋澄治編，朝倉書店，pp.173-176, 1991
8) 水谷武司：防災地形，古今書院，p.32, 1987
9) 鈴木隆介：建設技術者のための地形図読図入門　第 1 巻　読図の基礎，古今書院，pp.12-17, 2002
10) 島崎英彦・新藤静夫・吉田鎮男：放射性廃棄物と地質科学—地層処分の現状と課題—，東京大学出版会，pp.9, 1995
11) 藤原明敏：地すべりの解析と防止対策，理工図書，pp.17, 1979
12) 総務省：平成 22 年国勢調査，pp.31-32, http://www.stat.go.jp/data/kokusei/2010/index.htm（参照日 2012 年 7 月 26 日）
13) 氷見山幸夫：日本の国土の変化（土地利用の変化），砂防学会誌，Vol.63, No.5, pp.62-72, 2011
14) 千葉徳爾：はげ山の研究，そしえて，349p, 1991
15) コンラッド・タットマン：日本人はどのように森を作ってきたのか，築地書館，200p, 1998
16) 養老孟司・竹村公太郎：本質を見抜く力 環境・食料・エネルギー，PHP 研究所，pp.12-50, 2008
17) ジャレド・ダイアモンド：文明崩壊 滅亡と存続の命運を分けるもの，草思社，p.44-54, 2005
18) 太田猛彦：渓流生態砂防学，東京大学出版会，p.3, 1999
19) 国土地理院：日本国勢地図，日本地図センター，1990
20) 気象庁：気象統計データ, http://www.data.jma.go.jp/obd/stats/etrn/index.php（参照日 2012 年 7 月 26 日）
21) （一財）砂防・地すべり技術センター：平成 23 年土砂災害の実態，（一財）砂防・地すべり技術センター，pp.15-20, 2012
22) 地学事典編集委員会：新版地学事典，平凡社，pp.230,534, 2012
23) 文部科学省地震調査研究推進本部：活断層の長期評価，http://www.jishin.go.jp/main/p_hyoka02_danso.htm（参照日 2012 年 7 月 27 日）
24) 国土庁：防災白書（平成 8 年度版），大蔵省印刷局，pp. 1-5, 1996
25) ハスバートル・石井靖雄・丸山清輝・寺田秀樹・鈴木聡樹・中村明：最近の逆断層地震により発生した地すべりの分布と規模の特徴，日本地すべり学会誌，Vol.48, No.1, pp.23-38, 2011
26) 伊藤英之・小山内信智・西本晴男・臼杵伸浩・佐口治：地震による崩壊発生個所と震度分布との関係，砂防学会誌，Vol.61, No.5, pp.46-51, 2009.
27) 宇井忠英：噴火と災害，火山噴火と災害，宇井忠英編，東京大学出版会，pp.48-78, 1997
28) 荒巻重雄：序論，火山噴火と災害，宇井忠英編，東京大学出版会，pp.1-18, 1997

## 1.3 土砂災害とその対策の歴史

明治時代以降の主要な土砂災害等のうち、砂防行政が対象とする現象の広がり、政策や対策手法の変化の転機になったものについて発生年次順に概説する。

### (1) 明治時代の災害

明治維新後、資本主義による産業活動が急速に発展していき、これに伴い木材の値上がりを誘因とする山林の乱伐が増加し、山林原野は極度に荒廃の一途をたどった。その結果、河川への土砂の流出が激しくなり河床の上昇による氾濫の被害が頻発するようになった。このため、明治政府は明治6年に「淀川水源防砂法」を出すなど山林の伐木、開墾などの山林諸作業の取り締まりを強化するとともに、舟運を確保するための低水工事の一環として明治8年の淀川水系など8河川の水源山地で国直轄による砂防工事が実施された。また、府県の砂防工事は明治6年に京都府で開始されるなど8府県で実施されている。

こうした状況下にあった明治20年代になると各地で激甚な災害が多発した。明治22年には台風により東海、近畿、四国を中心に災害が発生した。特に和歌山県と三重県にまたがる紀伊山地では土砂災害・水害による死者は約1,500人にのぼり、奈良県十津川村の被災住民が北海道に分村移住した。明治24年には濃尾地震が発生し、岐阜県では明治25年、26年と豪雨災害が続き揖斐川流域ではナンノ谷に大規模崩壊が発生した。さらに明治28年、29年と全国的に台風等による豪雨災害が多く発生した。

このように頻発する災害に対処するためには統一的な治水対策を政策上明確にする必要があったことから、明治29年の河川法に続き明治30年には砂防法、森林法と、いわゆる後にいう治水三法が制定された。

砂防法制定後は府県による砂防工事が実施されていたが、明治40・43年に関東地方を中心に全国的な台風災害が発生した。政府は「臨時治水調査会」を設置し、明治44年に策定された「第一次治水計画」に基づき、直轄河川上流域を直轄砂防工事区域にし、また府県の補助砂防工事も実施された。

### (2) 関東大震災（1923年）における土砂災害

大正12年9月1日発生した関東大震災は、相模トラフが動いたことによる海溝型地震で、相模湾を震源とするマグニチュード7.9の大正関東地震によるものであった。住宅火災による犠牲者が大部分を占めたが、土砂災害も神奈川県の山間部から三浦半島や房総半島などの広い範囲で発生しており、横浜、横須賀、鎌倉などの市街地ならびにその周辺部にも被害が及び、約900名が犠牲になっている。

神奈川県足柄下郡片浦村根府川では駅近くの斜面が崩壊し停車中の列車を直撃し200人が犠牲になったばかりでなく、付近を流れる白糸川上流で山腹崩壊が発生しこの崩壊土塊が土石流となって川を流れ下り根府川集落を襲い400余名の犠牲者がでた。さらに神

奈川県西部では多くの山腹崩壊が発生しその後の豪雨により土砂災害が頻発し、崩壊によってできた天然ダムが決壊するなどで多くの被害が出ている。

国は、大正13年7月に砂防法第6条第1項を改正し、従前は「他府県ノ利益ヲ保全スル為必要ナルカ又ハ其ノ利害一府県ニ止マラサル場合」に限っていたのを、「其ノ工事至難ナルトキ又ハ其ノ工費至大ナルトキ」も主務大臣において施行することができるものとし、直轄施行要件が拡大され、神奈川県のこれら地域の土砂災害防止を図るための国直轄事業の実施が可能な体制を整えた。

### (3) 十勝岳泥流災害（1926年）

大正15年5月24日4時半頃、北海道の十勝岳が大爆発し、中央火口丘のほぼ半分が破壊され、高温の岩屑なだれが発生した。これが残雪の上に広がったため、たちまち雪が溶けて泥流となり、山肌を削り取りながら約25kmを平均時速60kmで一気に流下し、死者・行方不明者144名という大災害をもたらした。また周辺の人家、鉱山作業所、田畑、道路、鉄道等に広範囲かつ甚大な被害をもたらした。

現在、火山砂防対策が対象としている現象には様々なものがあるが、その一つの形態である火山泥流のうち被害想定が最大と考えられるのが融雪型火山泥流である。十勝岳泥流災害は、日本で唯一詳細な記録が残る、甚大な被害が生じた火山泥流の事例である。

### (4) 昭和20年代から30年代初期の土砂災害

地すべりの防止工事については、地すべり等防止法制定以前から、内務省は砂防法に基づいて砂防指定地を指定し、砂防事業として明治19年から実施していた。また、農林省も林野内の地すべりについて、森林法に基づいて保安林の指定をし、保安施設事業として実施していた。さらに、農地保全の見地からは、昭和28年災害を対象とした特別措置法により、農地復旧事業として実施していた。

昭和20年代の代表的な地すべり災害としては、昭和22年5月に新潟県西頸城郡能生谷、昭和26年2月に佐賀県西松浦郡山城町、昭和27年10月に長崎県北松浦郡今福町、昭和28年7月に和歌山県有田川流域、同じく神奈川県箱根早雲山、同じく佐賀県伊万里市で発生したものがあげられる。

昭和32年7月の西九州地方に発生した地すべり災害は人命・財産に多大の被害をもたらした。特に被害の大きかった佐賀県と長崎県は同年8月に、「地すべり危険区域における家屋の移転に伴う資金の融資措置に関する条例」を制定するとともに、国に対して、地すべり防止工事の促進、地すべりを誘発・助長するような行為の規制、住宅移転の措置等を含めた抜本対策としての地すべり法の制定を強く要望した。

地すべりの防止対策については、従来から砂防法、森林法等により砂防事業、保安施設事業等で実施されていた。しかし砂防法でいう治水上砂防では事業対象になると解釈できない都市部周辺の地すべり対策は、砂防事業で施行できないことから、地すべり対策を

総合的に行うことを目的に、昭和 33 年に地すべり等防止法が制定されることとなった。なお、地すべり等防止法の「等」は「ぼた山」のことであり、当時福岡県下に崩壊の危険のある「ぼた山」が多くあり、地すべり防止対策と同様な措置を講ずる必要があるとして地すべりと併せて立法化された。

### (5) 足和田災害（1966 年）

昭和 41 年 9 月 25 日午前 1 時頃、台風がもたらした豪雨により富士五湖の一つ西湖の北岸にある足和田村（現富士川口湖町）の根場と西湖の 2 集落で大規模な土石流が発生し、死者・行方不明者 94 人、全壊・半壊家屋 163 棟という甚大な被害をもたらした。

この災害の特徴は、当時と現在では気象情報の精度に大きな違いがあるが、台風による豪雨がもたらしたものであり早めの避難の可能性があったなかで、特定の地区で 100 人近い犠牲者が出たことである。足和田村作成の「台風 26 号災害～復興まで」（昭和 44 年 9 月）によると、被害が拡大した理由として次のように記している。甲府気象台は 9 月 24 日午後 9 時 30 分に暴風雨洪水警報を発令したが、これまでの情報によると明朝が台風の山であると皆安心しておったが台風は御前崎に上陸後時速 75km の猛スピードで通過した。さらに、① 9 月 18 日以来の降雨が続き、山岳地帯である本村一帯は約 270mm の雨量を記録していたため、地盤が軟弱化していた、② 1 時間最大雨量は 100mm を超えていた、③御前崎に上陸してから 1 時間後に本県に直撃した超スピード台風だったために、避難対策がとれなかった、④来襲が夜間で停電であった、等の悪条件が重なり土石流などにより壊滅的な被害となった。

建設省は、昭和 41 年 10 月に河川局長通達「山津波等に対する警戒避難体制の確立について」を発出し、危険箇所の調査、雨量計等の設置、警報の伝達・避難場所の明示等を都道府県に要請した。その後も、昭和 40 年代には土砂災害に対する警戒避難体制の確立を都道府県に要請するする通達が建設省、消防庁から多く出されている。このように本災害は、行政が土砂災害に対する警戒避難体制整備を強力に進める契機となった災害といえる。

### (6) 西日本豪雨災害（1967 年）

戦後のめざましい高度経済成長は人口と産業の都市集中を促進し、都市の過密化と都市周辺部の丘陵の開発が進んだ。自然災害に対して安全な宅地造成が追いつかず、無秩序にがけ地などの危険な地域の宅地造成等の開発行為が行われていった。この結果、昭和 30 年代中頃から集中豪雨による都市およびその周辺の山地丘陵におけるがけ崩れ災害が頻発して多くの人命・財産が失われるようになり、社会問題として大きくクローズアップされた。

特に、昭和 42 年 7 月の梅雨前線豪雨により九州西北部から中国地方、近畿地方、東海地方の広範囲で土砂災害が発生した。この年の土砂災害による犠牲者は 455 名を数えた。

中でも六甲（兵庫県）で92名、呉市周辺（広島県）で88名など各県で勾配が急な斜面での崩壊が多発し、早急ながけ崩れ対策の必要性について世論が高まった。建設省ではこの年、相次ぐがけ崩れ災害に対応するため、崩壊の恐れのある斜面の緊急調査を行った結果、全国で7,400箇所存在することが判明した。

こうした状況の下、昭和44年に「急傾斜地の崩壊による災害の防止に関する法律」が制定された。がけ崩れ災害は人命損傷に直結するため、法の目的として急傾斜地の崩壊による災害から国民の生命を保護するため、急傾斜地の崩壊を防止するための必要な措置を講じ、もって民生の安定と国土の保全に資することとした。急傾斜地を斜面の勾配が30度以上と定義し、対策工事だけでなく、危険区域の指定、警戒避難体制の整備、建築物の規制についての内容が盛り込まれたものとなった。

### (7) 長崎豪雨災害（1982年）

昭和57年7月23日に長崎市を中心に梅雨期末期の集中豪雨により未曾有の災害が発生した。長崎市に隣接する長与町では1時間雨量187mm、東長崎では3時間雨量366mmとまさに記録的な豪雨であった。このため、長崎市内を流れる中島川、浦上川等の河川氾濫と郊外部での土石流、がけ崩れ等の土砂災害が同時に多発し、死者・行方不明者は299人に達した。このうち8割を超える方は土砂災害によるものであった。

こうした大災害になった原因は、平地が乏しい長崎市では人口の増加とともに、新興住宅地が斜面や丘陵地に拡大したことと、明治以降に大災害が無かったこともあって、都市基盤やライフラインの防災対策が十分になされていなかったためである。当時の防災対策はハード対策が中心で、土砂災害や水害に対する認識が行政と住民ともに不足しており、警戒避難体制等のソフト対策が不十分であった。同時多発する災害に対して情報収集・伝達、防災担当職員の招集、避難勧告の発令等に課題があり、地域防災計画が機能しなかった。

この災害直後、建設省は事務次官通達「総合的な土石流対策の推進について」を都道府県および出先機関に発出した。その内容は、①土石流に対処するための砂防工事の推進、②土石流危険渓流の周知、③警戒避難体制の確立、④住宅移転の促進、⑤情報の収集・伝達、防災意識の普及、等からなっている。斜面の街、長崎は土砂災害の危険箇所が多い街であるが、日本全体を見た場合にも一部平野部を除けば同様な条件下にあることから、地すべり、がけ崩れも含めたハード対策とソフト対策からなる総合的な土砂災害対策の必要性を全国民に訴えたものである。特に土砂災害についての正しい知識や早めの避難の大切さなどの住民啓発から、安全な避難場所・避難路の確保、地域防災計画の充実、危険な土地からの住宅移転などの適正な土地利用方策といったソフト対策についての指針を示したといえる。

またこの災害は、土石流警戒避難基準雨量の設定を進めることや、毎年6月を土砂災害防止月間として土砂災害防止に向けた国民的意識を高めることを図る契機となった災害でもある。

## (8) 三宅島、伊豆大島火山噴火災害（1983年、1986年）

　昭和58年10月3日、三宅島の山腹から割れ目噴火が起こり溶岩流が島の3方向に流下し、人的被害はなかったものの住宅の埋没・焼失は400棟にのぼり山林耕地にも被害が生じた。三宅島では平成12年にも噴火し火山噴出物が降雨時に泥流となって流下し、また大量の火山ガスが放出されたため、平成12年年9月2日から全島民が避難した。その後、4年5ヶ月にわたる避難生活ののちに、平成17年2月1日に帰島が実現した。この間、泥流対策として平成12年度から概ね5年間で51基の砂防堰堤が整備された。

　昭和61年11月15日、伊豆大島の山頂火口から噴火が始まり、11月21日には山腹から割れ目噴火が始まり溶岩流が流下したため、全島民が船で脱出し、およそ1ヶ月間島外へ避難した。この噴火を受けて、日本で初の溶岩流対策としての砂防堰堤と導流堤が建設された。

　これをさかのぼる昭和52年にも北海道の有珠山が山頂噴火し火山灰が堆積したため土石流が頻発し、住民生活と観光産業等に大きな被害を与えており、こうした一連の火山災害による被害に鑑み、火山地域の砂防事業を集中的かつ重点的に実施することを目的に火山砂防事業が昭和63年度に創設された。

## (9) 能生町雪崩災害（1986年）

　日本は、世界でも有数の多雪国であり、豪雪地帯（豪雪地帯対策特別措置法第2条に規定されている）を有する道府県は24にのぼり、その範囲は概ね北緯35度（島根県北部）〜46度（北海道北部）である。積雪が多い地域では、住民の人命や財産に壊滅的な被害を与える雪崩災害は大きな脅威であり、雪国では古くから雪崩による災害に悩まされてきた。

　特に、雪崩対策事業が創設された昭和60年の直近5年にあたる昭和55年から昭和59年の間の集落雪崩災害の発生は顕著で、新潟県の守門村や湯之谷村、清津峡温泉などの被害は死者22人、負傷者27人、住家全壊15戸、半壊・一部破損42戸、非住家被害43戸にのぼっている。

　昭和61年1月26日午後11時頃、新潟県の西部に位置する能生町の棚口地区を大規模な雪崩が襲った。権現岳の中腹の標高850〜900m付近で発生した面発生乾雪表層雪崩であり、幅200mで発生位置から1,800m流下し、死者15名、住宅の全半壊10棟という大きな被害を生じさせた。発生原因は、20日以降の暖気と降雨により形成されたザラメ層の上に、21日からの冬型気圧配置の大雪により急激に積雪深が大きくなったことである。

　この災害を契機として、雪崩走路に設置する雪崩減勢工が開発されたほか、雪崩危険箇所点検が昭和61年度から実施され、さらに昭和63年度の雪崩対策事業調査費の創設へとつながった。

### (10) 熊本県一の宮町災害（1990年）

　平成2年6月28日から7月2日にかけて九州中北部は梅雨末期の集中豪雨に見舞われ、各地で山腹崩壊、土石流による災害が相次ぎ犠牲者は27名にのぼった。中でも熊本県阿蘇郡一の宮町では古恵川でおびただしい量の流木が扇状地上の集落を直撃するなどし、流木・土石流で死者8名、住家全半壊151棟にのぼった。古恵川では流木を含んだ土石流本体は既設の砂防堰堤で捕捉されたが、流木を伴う流れが下流住宅地まで流下し被害を拡大させた。

　この災害の後、建設省砂防部では「流木対策検討会」を設置し、その提言に基づき平成2年10月に「流木対策指針（案）」を策定した。

### (11) 雲仙普賢岳火山噴火災害（1990～1996年）

　雲仙・普賢岳は平成2年11月に198年ぶりに噴火し、翌平成3年6月3日の大規模な火砕流によって多数の犠牲者が出た。その後、頻発した火砕流の堆積物が降雨により土石流となって流下し、下流域に多大の被害を及ぼした。

　平成3年5月24日に最初の火砕流が発生したが、火砕流が発生するようになる前の時期には、噴火に伴う火山灰が山腹に堆積していたことから、土石流の発生が危惧されていた。こうした中、5月15、19日に水無川で土石流が発生した。

　5月24日から火砕流が発生するようになり、6月3日に火砕流で43名の犠牲者を出すことになった。その後も火砕流が頻発し、火口から下流域に至るまで大量の火山噴出物が堆積していった。

　火砕流は高温かつ高速流下することから極めて危険な現象であるため、平成3年6月7日から現在まで警戒区域が設定され、人の立ち入りが禁止されている。この警戒区域の範囲の設定は建設省が作成した火山災害ハザードマップであり、このマップは溶岩ドームの成長とともに火砕流の流下方向が変化するたびに修正された。

　そして、6月30日に大規模な土石流が発生し下流域に氾濫し、人家、公共施設、田畑に大きな被害をもたらしたが、その後も土石流が頻発して被害を拡大していった。

　また、火山地域の砂防事業の推進の必要性と火山災害ハザードマップの有効性が認識されたことから、建設省は平成4年3月に「火山災害予測区域図作成指針」、平成4年4月に「火山砂防計画策定指針」を策定し、全国の火山砂防地域でのハザードマップの作成と計画策定を急ぐこととした。

　さらに、雲仙・普賢岳のこれら災害では、土石流と火砕流の発生・被害状況が頻繁にかつ映像付きで詳しくテレビ、新聞等で報道されたことで、「土石流」と「火砕流」の2つの言葉は広く国民の知るところとなった。

### (12) 兵庫県南部地震（1995年）

　平成7年1月17日に発生した兵庫県南部地震は野島断層が動いた内陸直下型地震であ

った。このため六甲山地と淡路島北部で多くの山腹崩壊が、六甲山地南麓の宅地造成地では宅地地盤の変形や擁壁の転倒、はらみ、亀裂が発生した。特に西宮市仁川百合野町では地すべりにより34名が犠牲となった。

　余震や降雨による二次災害防止ため、建設省の助言を受け兵庫県と神戸市では地すべり等緊急支援チームの支援のもと地震発生5日後の22日から27日にかけて、土砂災害危険箇所約1,100箇所の一斉点検を実施した。73箇所の緊急度Aランクの箇所が抽出され緊急工事を急ぐとともに降雨期に備えて警戒態勢がとられた。

　一般に震度4以上の地震が発生すると砂防関係の施設点検を実施することになっている。また、大きな地震が発生すると斜面土層・土塊に亀裂や緩みが生じ、後の降雨で斜面崩壊や土石流などが発生しやすくなる。現在は震度5強以上の揺れを記録した地域にある土砂災害危険箇所の緊急点検を行うことになっているが、この地震はこうした対応の先駆けとなったものである。大きな地震の発生直後は当該被災県や市は様々な応急対応に時間をとられ土砂災害危険箇所の点検までは手が回らないが、一方で、砂防事業経験者（OB等）は土砂災害について豊富な知識を有しており、危険箇所点検においても支援が可能な貴重な人材であることから、砂防ボランティアとして活躍をしてもらうことの意義を新たに認識させられた災害であった。

## （13）広島災害（1999年）

　平成11年6月29日、梅雨前線の活発化に伴い広島県広島市から呉市にかけての地域を集中豪雨が襲った。広島県は、土石流危険渓流数、急傾斜地崩壊危険箇所数がともに全国第1位で、地質は花崗岩の風化したマサが広く分布しており、山麓に新興住宅地が広がっている。これらの諸条件が重なり、335箇所での土石流とがけ崩れが同時多発的に発生し、24名が犠牲となった。

　翌30日に現地を調査した建設大臣が「危険な地域に人家が密集しており、土石流やがけ崩れ災害に対しては危険箇所への手当を行うとともに、抜本的に危険な地域に家が建つことを事前に防止する措置が必要ある」と首相に報告した。首相からは法的措置を含めた対策の検討を行うよう指示がなされ、平成12年5月に「土砂災害警戒区域等における土砂災害防止対策の推進に関する法律」として制定された。

## （14）平成16年の土砂災害（2004年）

　平成16年は土砂災害が頻発した年であった。7月の梅雨前線の活動による新潟・福島豪雨災害、福井豪雨災害をかわきりに、その後相次いで来襲した台風により九州から関東にかけて甚大な災害が発生した。この年に日本に上陸した台風は10個と、平年の約3個を大きく上回った。

　10月23日には新潟県中越地震が発生し、中越地方を中心に1,662箇所の山腹崩壊が確認される（国土交通省砂防部）とともに、天然ダム、地すべりなどの大規模な土砂災害

が発生した。特に山古志村（現在の長岡市の一部）では村全体で斜面崩壊、地すべりが発生し道路の寸断、住宅の倒壊などの被害が生じるとともに天然ダムが多数発生し、全村民が村外に避難した。

　この年の災害の実態もふまえ、「豪雨災害対策緊急アクションプラン」（平成16年12月、国土交通省）、「総合的な土砂災害対策について（提言）」（平成17年3月、土砂災害対策検討会）、「災害時要援護者の避難支援ガイドライン」（平成17年3月、内閣府）、「都道府県と気象庁が共同して土砂災害警戒情報を作成・発表するための手引き」（平成17年5月、国土交通省砂防部、気象庁予報部）が出され、また平成17年5月には土砂災害防止法の一部改正がなされ、警戒避難体制の整備に関して都道府県・市町村の役割を明確化するとともに、災害時要援護者についての警戒避難計画の策定について規定された。

### (15) 岩手・宮城内陸地震（2008年）

　平成20年6月14日に岩手県南部を震源とするM7.2の内陸直下型地震が発生した。この地震の揺れにより、崩壊・地すべりの発生箇所は約3,500箇所、生産された土砂量は約1.3億m$^3$にも及んだ。山体崩壊に匹敵するような大規模斜面崩壊や天然ダムが数多く発生したほか、斜面崩壊から流動化した大規模な土石流の発生、地すべりや落石など多様な種類の土砂災害が発生した。これらの現象により23名が犠牲となった。この地震で大規模な土砂災害が発生した原因としては、地震外力のほかに、本地域が栗駒山等の火山性の脆弱な地質と地形であることが大きく関与している。

　宮城県栗原市と岩手県一関市で天然ダムが多数形成されたが、これらのうち湛水池の水位上昇によって生じる上流側での浸水と、天然ダムの決壊によって生じる下流域での洪水氾濫などの危険性が高いと判断されたものは15箇所であった。

　この地震災害では、国土交通省が平成20年4月に発足させた緊急災害対策派遣隊（TEC-FORCE）が初めて派遣され、土砂災害については天然ダム対応と、土砂災害危険箇所の緊急点検を実施した。

　この災害を契機として、大規模な天然ダムが発生した場合の危機管理のあり方について検討がなされ、平成21年3月に国土交通省地方整備局組織規定が改正され、「大規模な自然災害が発生した場合、所掌事務、管轄区域に限らず緊急砂防工事等を実施」できることとなった。

　さらに、平成21年7月に発生した九州北部・中国地方豪雨災害、平成3年の雲仙普賢岳火山噴火災害、平成12年の有珠山火山噴火災害などもふまえ、大規模土砂災害の危機管理の充実を図るため、平成23年5月に土砂災害防止法の一部改正が行われた。主な改正点は「河道閉塞（天然ダム）、火山噴火に伴う土石流等による重大災害が急迫した場合には国土交通大臣が、地すべりについては都道府県知事が緊急調査の実施、ならびに被害の想定される区域・時期に関する情報（土砂災害緊急情報）の都道府県・市町村・一般への周知」の措置をとることが規定された。

## (16) 平成 23 年台風 12 号災害（2011 年）

　非常に大型の台風 12 号は、速度が遅く進路の周辺地域に長時間にわたって強い降雨をもたらし、特に 8 月 30 日から 9 月 6 日にかけての総降水量は、紀伊半島を中心とした広い範囲で 1,000mm を超える記録的な大雨となった。このため、21 都道府県で 200 件を超す土砂災害が発生し、降雨量の多かった三重県、和歌山県、奈良県の 3 県で土砂災害により死者 43 名、行方不明者 13 名、家屋の全半壊約 150 戸の被害が生じた。

　紀伊半島南部では、多数の山腹崩壊、土石流、深層崩壊による天然ダムが発生した。特に、天然ダムは越流すると閉塞土砂が急激に侵食され下流において多大な被害が生じることが懸念されるため、国土交通省は大規模な 5 箇所の天然ダムに対して平成 23 年 5 月に改正された土砂災害防止法に基づく緊急調査を実施した。9 月 9 日には、第 1 号の土砂災害緊急情報を奈良県五條市、十津川村、和歌山県田辺市および両県に通知している。その後も緊急調査の進捗にそって土砂災害緊急情報を通知し、これに基づき地元市村では災害対策基本法第 60 条による避難指示を出すとともに同法第 63 条による警戒区域を設定し、住民の生命を保護するための対応を行っている。

　本災害は、当年に改正された土砂災害防止法が適用された最初の天然ダム対応の事例であった。

参考文献

1)（社）全国治水砂防協会：日本砂防史，土木研究所資料第 3679 号，1981
2)（社）全国治水砂防協会：砂防便覧平成 20 年版，2008
3)（財）砂防・地すべり技術センター：土砂災害の実態　昭和 57 年〜平成 23 年，1983〜2011
4)（社）全国治水砂防協会：砂防関係法令例規集平成 22 年版，2010

## 1.4 現代砂防学を構築する法令体系と事業体系

### 1.4.1 法令体系
#### (1) 砂防三法と土砂災害防止法の概要から見る全体像

砂防に関する法制度は、明治、大正、昭和と時代を重ねる中で、「砂防法」(明治30年法律第29号)、「地すべり等防止法」(昭和33年法律第30号)、および「急傾斜地の崩壊による災害の防止に関する法律」(昭和44年法律第57号)のいわゆる砂防三法が整備され、これらに基づき災害防止工事の実施や災害の原因となる現象を誘発助長する行為の制限等が行われてきた。そして、平成に入り、「土砂災害警戒区域等における土砂災害防止対策の推進に関する法律」(平成12年法律第57号)が制定され、土砂災害による被害のおそれがある区域における警戒避難体制の整備等のソフト対策の充実、強化が図られた。

日本の山の荒廃を防ぐための制度は、古くは弘仁12年(821年)の太政官府による公文書にも見られるが、寛文6年(1666年)の江戸幕府による「諸国山川掟」においては、山での伐根や焼畑の禁止、苗木の植林などが記されており、これにより幕府や藩による対策が講じられていた。

明治時代に入り、士族授産等の目的から官林の開墾および払下げが促進されたことにより、山林の荒廃が一層進み、明治18年の淀川水害をはじめ、全国的に大規模な水害が相次いで発生した。このような大規模な被害をもたらす洪水に対処するため、河川法、砂防法および森林法の後にいう治水三法が相次いで制定されたが、砂防法は、荒廃山地等における緑の復元や有害行為の禁止・制限を行い、土砂の生産を抑制し、流出する土砂を扞止・調節することにより災害を防止する、いわゆる"治水上砂防"を目的として、明治30年に制定され、主務大臣による砂防指定地の指定と都道府県知事または主務大臣(利害が複数県の場合等)による砂防工事の実施等が行われた。また、大正13年には、前年に発生した関東大震災による山地の大崩壊に速やかに対処するため、それまでの「他府県ノ利益ヲ保全スル為必要ナルカ又ハ其ノ利害関係一府県ニ止マラサル場合」に加え、「其ノ工事至難ナルトキ又ハ其ノ工費至大ナルトキ」も、主務大臣が砂防工事を施行できるよう法律改正を行った。

その後、昭和32年に熊本県、長崎県、新潟県等で相次いで発生した地すべり災害等を契機に、「地すべり等防止法」が昭和33年に制定され、主務大臣による地すべり防止区域の指定と都道府県知事等による地すべり防止施設の整備等必要な対策が制度化された。さらに、昭和42年の広島県呉市、兵庫県神戸市の災害を受けて、砂防法や地すべり等防止法で対応することのできないがけ崩れ災害を対象とした「急傾斜地の崩壊による災害の防止に関する法律」(以下、「急傾斜地法」という)が昭和44年に制定された。この法律は、急傾斜地崩壊危険区域の指定、急傾斜地崩壊防止工事等について定めるとともに、急傾斜地崩壊危険区域の指定があったときには、危険の著しい区域を建築基準法第39条の災害危険区域として指定し、必要な建築制限を行うことも盛り込まれた。

そして、平成11年に広島県広島市、呉市を中心に発生した土砂災害を契機に、住宅等の新規立地抑制策と警戒避難体制の整備を柱とした「土砂災害警戒区域等における土砂災害防止対策の推進に関する法律」（以下、「土砂災害防止法」という。）が平成12年に制定され、土砂災害警戒区域（イエローゾーン）および土砂災害特別警戒区域（レッドゾーン）の指定、警戒避難体制の整備等ソフト対策の充実、強化が図られた。また、新潟県中越地震（平成16年）、岩手・宮城内陸地震（平成20年）における天然ダムの発生等を受け、平成22年に土砂災害防止法の一部改正を行い、大規模な土砂災害が急迫している場合の緊急調査の実施等について規定が設けられた（表-1.4.1.1）。

表-1.4.1.1　法制度の契機となった災害および法制度

| 契機となった災害・社会的背景 || 災害対策にかかる法制度 ||
|---|---|---|---|
| 国土の荒廃及び相次ぐ水害 (明治27年の大水害等) || 明治29年 | 河川法 |
| ^ || 明治30年 | 砂防法 |
| 昭和22年 | カスリン台風 | 昭和24年 | 水防法 |
| 昭和28年 | 西日本豪雨及び台風13号 | 昭和31年 | 海岸法 |
| 昭和32年 | 西九州地方における豪雨による地すべり災害 | 昭和33年 | 地すべり等防止法 |
| 昭和42年 | 西日本豪雨によるがけ崩れ災害 | 昭和44年 | 急傾斜地法 |
| 平成11年 | 広島豪雨災害 | 平成12年 | 土砂災害防止法（土砂災害のおそれのある区域を明らかにし、警戒避難体制の整備や建築物の構造規制等のソフト対策を規定） |
| 平成11、15年 平成12年 | 福岡水害 東海豪雨 | 平成15年 | 特定都市河川浸水被害対策法 |
| 平成16年 | 7月の新潟・福島・福井における豪雨被害 | 平成17年 | 水防法、土砂災害防止法の一部改正（ハザードマップによる周知の徹底） |
| 平成16年 平成20年 | 新潟県中越地震 岩手・宮城内陸地震 | 平成22年 | 土砂災害防止法の一部改正（大規模な土砂災害が急迫している場合における緊急調査の実施及び土砂災害緊急情報の市町村への提供等を規定） |

## (2) 個別作用規定関係

### 1) 砂防法関係

《砂防指定地》

砂防法第2条では、「砂防設備ヲ要スル土地又ハ此ノ法律ニ依リ治水上砂防ノ為一定ノ行為ヲ禁止若ハ制限スヘキ土地ハ国土交通大臣之ヲ指定ス」と、砂防指定地は国土交通大臣が指定することとされている。砂防指定地の指定は、砂防行政が適正に実施される上で最も基礎的なものであることから、高度の専門的技術力を有する国が、国土保全、国民の生命・財産の保護について責任を持って行うことが必要であると整理されたものと考えられる。

砂防指定地における行為規制については、第4条で「第二条ニ依リ国土交通大臣ノ指定シタル土地に於テハ都道府県知事ハ治水上砂防ノ為一定ノ行為ヲ禁止若ハ制限スルコトヲ得」としており、禁止若しくは制限する行為を列挙することなく、都道府県規則に委任しているが、各県の条例では、施設や工作物の設置、竹木の伐採、滑り下ろし、地引き、開墾、火入れ、土石や草木等の採集などについて、知事の許可を要することとしている。

また、砂防法第11条では、指定土地に対する地租等の減免の規定があるが、現在は、固定資産税評価において、砂防指定地のうち山林については2分の1を限度として減額評価することとされている。

《砂防工事等》

　砂防法第13条では、砂防工事の国庫負担が示されており、通常の都道府県施行の場合は2分の1、災害関連の場合は国庫負担が引き上げられる。また、砂防法第14条では、国直轄施行・管理の場合、都道府県が3分の1を負担することとされている。

## 2）地すべり等防止法関係

　地すべり等防止法では、地すべり区域であって公共の利害に密接な関連を有するものを、関係都道府県知事の意見をきいて、主務大臣が指定することとされている（第3条）。

　主務大臣は、砂防指定地の存する地すべり地域は国土交通大臣、保安林や保安施設地区の存する地すべり地域は農林水産大臣、それ以外の地域については、土地改良事業施行区域等の存する地すべり地域を除いて、国土交通大臣が主務大臣とされている（第51条）。

　地すべり区域の指定の基準は、「地すべり防止区域指定基準（昭和33年7月）」において、面積が5ヘクタール以上のもので、（ⅰ）下流河川、（ⅱ）鉄道、都道府県道以上の道路等、（ⅲ）官公署、学校、病院等、（ⅳ）大規模なため池、用排水施設等、（ⅴ）人家10戸以上、（ⅵ）農地10ヘクタール以上に被害を及ぼすおそれのあるものと定められており、国家的見地からみて、広域に大規模な被害が発生するおそれがあるなど、公共の利益に密接な関連を有する地域が指定されることとなっている。なお、市街化区域等にあっては、2ヘクタール以上で指定されることとなる。

　地すべり防止工事の施行その他地すべり防止区域の管理は、都道府県知事が行うものとされているが、（ⅰ）規模が著しく大であるとき、（ⅱ）高度の技術を必要とするとき、（ⅲ）高度の機械力を使用して実施する必要があるとき、（ⅳ）都府県の区域の境界に係るとき、のいずれかに該当する場合は、主務大臣が直轄で工事を施行することができるとされている。

## 3）急傾斜地法関係

　急傾斜地法に基づく急傾斜地崩壊危険区域の指定は、都道府県知事が行うものとされている。これは、砂防指定地、地すべり防止区域と異なり、急傾斜地の崩壊現象は局所的であることから、都道府県知事の事務とされたと考えられる。

　「急傾斜地崩壊危険区域指定基準（昭和44年8月）」において、（ⅰ）急傾斜地の高さが5m以上、（ⅱ）急傾斜地の崩壊により危険が生ずるおそれのある人家が5戸以上、または5戸未満でも官公署、学校、病院等に危害が生ずるおそれのあるもの、を対象とすることとされている。

　急傾斜地法の特徴は、急傾斜地崩壊危険区域内の土地の所有者等に対して、当該土地の維持管理については急傾斜地の崩壊が生じないよう努めなければならない（第9条）など、

急傾斜地の崩壊の防止は、一義的には当事者の責務であるという考えで整理されているところである。また、都道府県知事による改善命令、当事者が施行することが困難な場合における急傾斜地崩壊防止工事の施行などによる急傾斜地防災対策が盛り込まれている。

### (3) 砂防法と河川法との関係について

　砂防法は、明治29年に制定された旧河川法とあいまって制定された法律である。旧河川法が全面改正をみた今日においても、同法と密接な関係を保ちながら、治水上砂防の目的を達成するための基本法たる性格を有している。[1)]

　現行河川法との関係で特に留意が必要な点は、砂防法第1条にある「治水上砂防ノ為」の解釈である。現行河川法では、第3条第2項で「堤防またはダム貯水池の治水上または利水上の機能」とあるように、治水と利水は別概念と整理しているが、砂防法第1条の「治水上砂防ノ為」については、当時の帝国議会議事録においても政府委員が「例ヘバ、水源ノ涵養ノ如キ、其事柄ガ直グニ河川ニ影響シナクトモ、水源ノ涵養ノタメニ要スル砂防、即チ治水上必要ナ砂防トシテ此法律ヲ適用スル積リデゴザリマス」と答弁しており、利水目的も含む概念として規定されているものである。

### (4) 砂防法と関係法との調整規定について

　森林法では、水源のかん養、土砂の流出の防備、土砂の崩壊の防備、なだれまたは落石の危険の防止等（同法第25条第1項）を目的とした保安林、保安施設地区の制度を設けている。これらは、治水上砂防の目的で指定される砂防指定地と、その目的や指定された場合の行為規制、実施される事業等重複する部分が大きいが、法律上は両法の調整規定が置かれていない。

　このため、現場ではどちらの法律に基づく地域指定や事業を行うかしばしば問題が生じ、昭和3年に「砂防工事ト荒廃地復旧及開墾地復旧ニ関スル事務ニ関スル件」において、「原則トシテ渓流工事及山腹ノ傾斜急峻ニシテ造林ノ見込ミナキ場合ニ於ケル工事ハ内務省所管トス。森林造成ヲ主トスル工事ハ農林省ノ主管トシ尚渓流工事ト雖モ右工事ト同時ニ施行スル必要アル場合ニ於イテハ農林省ノ所管トス」という内容の閣議決定が行われ、以後、内務省・農林省による通達等が出されるとともに、治水砂防行政事務と治山行政事務の連絡調整を図るため砂防治山連絡調整会議を都道府県ごとに設置するなど調整が図られてきた。

　河川保全区域等や地すべり等防止法に基づく地すべり防止区域については、砂防法との調整規定が置かれていないが、実務的に調整が図られている。

　一方、海岸法は、海岸の防備のため、一定の区域を海岸保全区域として指定することができるものとしているが、河川法に基づく河川区域、砂防法に基づく砂防指定地、森林法に基づく保安林および保安施設地区については指定することができないとされている（同法3条）。

また、急傾斜法は、急傾斜地の崩壊による災害の防止に関する総合的な対策を樹立するという見地から、災害危険区域の指定や警戒避難体制の整備などの措置を講ずることができるため、砂防指定地をはじめ、地すべり防止区域、保安林、保安施設地区等と重複して指定できることとされているが、急傾斜地法第12条第2項において、砂防指定地等においては、急傾斜地崩壊防止工事を施行できないこととされている。よって、急傾斜地崩壊防止工事を砂防指定地内で行う場合は、砂防指定地の指定を解除した上で、急傾斜地崩壊危険区域を指定して、事業を行うこととなる。

参考文献
1）逐条砂防法：建設省河川局砂防法研究会編，全国加除法令出版，1972

### 1.4.2　事業体系
#### （1）事業体系

砂防関係事業の実施主体は、事業根拠法令としての砂防法、地すべり等防止法、および急傾斜地法から、原則、都道府県知事と想定されている。しかしながら、防災上および国土保全上の砂防関係事業の重要性により、補助要件を満たす場合には国庫補助事業として、国が費用の一部を負担することが可能であり、さらに、砂防事業および地すべり対策事業においては、下記条件（表-1.4.2.1）を満たす場合には関係都道府県に適切な負担を求めつつ、国が直轄事業として実施することが可能である。

表-1.4.2.1　直轄化要件

| 砂防法第6条 | 地すべり等防止法第10条 |
| --- | --- |
| 他の都道府県の利益を保全するため必要である時 | 地すべり防止工事が都府県の区域の境界に係る時 |
| その利害関係が一都道府県に止まらない時 | |
| その工事至難なる時 | 地すべり防止工事が高度の技術を必要とする時 |
| | 地すべり防止工事が高度の機械力を使用して実施する必要がある時 |
| その工費至大なる時 | 地すべり防止工事の規模が著しく大である時 |

また、急傾斜地崩壊対策事業と類似の事業として、人家要件を満たさないがけ地について、再度災害防止の観点から一般会計での災害関連緊急事業等の中に、市町村が実施主体となる災害関連地域防災がけ崩れ対策事業費への補助制度がある。

#### （2）予算科目

予算科目は、予算の目的と性質に応じて区分され、都道府県の事業費および負担金については、地方自治法第216条により、款、項、目、節として定められ、他方で国の事業費等については、財政法第23条および第31条第2項、および予算決算および会計令第14条により、項、目、目細として定められている。ただし、目および目細は国会審議上、参考扱いに留まり、立法科目ではなく、行政科目とされている。

都道府県単独事業については、地方財政計画に基づいて、原則的には通常債70％および一般財源30％の比率で支出充当が行われる。他方、砂防関係事業の大半を占める国庫補助事業（平成22年度からは通常事業については社会資本整備総合交付金、以下同じ。）

および国直轄事業の国費負担については、治水関係事業の一種として、財政法第13条第2項に基づく特別会計である社会資本整備特別会計中に区分経理された治水勘定により平成20年度以降、支出が行われてきた。また、国庫補助事業および国直轄事業の地方負担については、事業の種類毎に様々であるが、投資的性格が強い場合には一般公共事業債の起債対象とされるとともに、元利償還金への交付税措置が行われる。

砂防関係事業での治水勘定以外での支出は、従来は、行政的な制度的検討経費である行政部費を除けば、一般会計での災害関連緊急事業等が主体であったが、事業費の交付金化の進行に伴って、社会資本整備総合交付金の一部が平成23年度から地域自主戦略交付金に移されたことから、徐々に増えてきている（災害関連緊急事業等については4.2参照）。

砂防関係事業の大きな特徴としては、根拠法令の規定から、都道府県実施比率が高いことが上げられる。同様の理由により、直轄砂防事業・地すべり対策事業における機能保全的な取り組みは、鹿児島県桜島で実施されている直轄砂防管理を除けば、事業を完了して関係都道府県知事に引き継ぐまでの過渡的・限定的な位置付けとされ、予算科目面での手当は不十分な状況にある。また、治水勘定中の事業調査費についても、砂防事業関係では砂防事業調査費と急傾斜地崩壊対策事業調査費が計上されているものの、事業費との比率で見た場合、治水関係事業の平均の半分に満たず、国土保全上対策が必要な箇所を抽出・調査する観点からは不十分な状況にある。

砂防関係の事業体系図を図-1.4.2.1に示す。

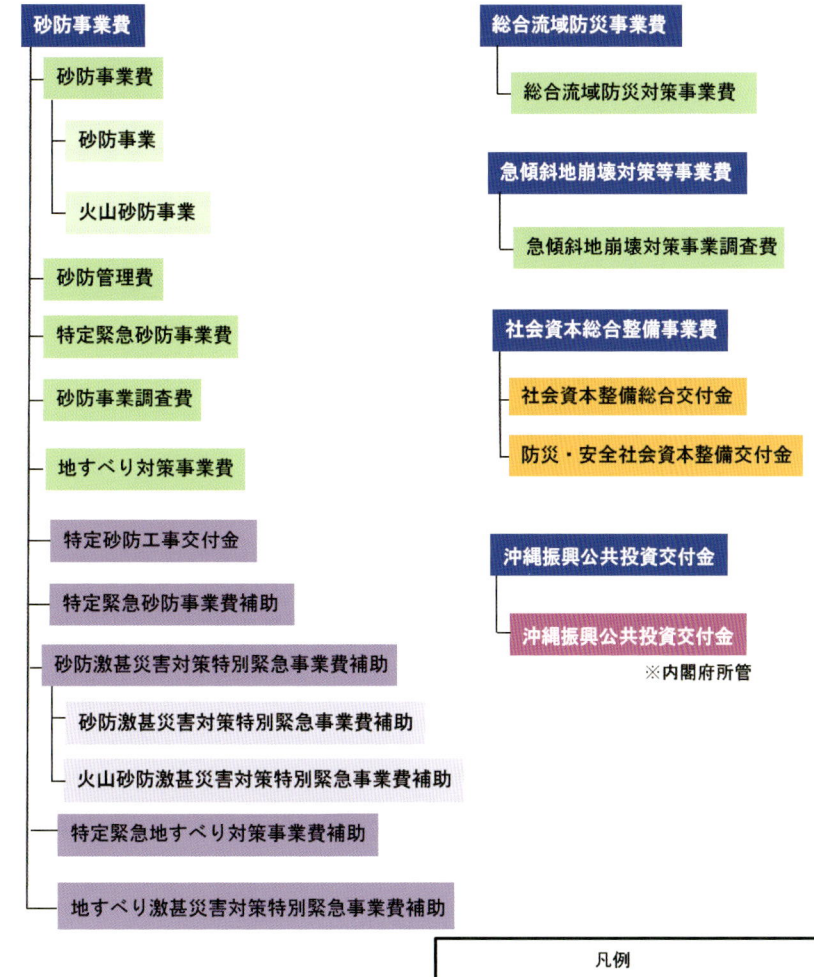

図-1.4.2.1　平成24年度時点での砂防関係事業体系図

### (3) 社会資本整備総合交付金

国土交通省所管の（項）社会資本整備総合事業費中の（目）社会資本整備総合交付金は、砂防関係事業を含む、従来からの国土交通省所管の補助事業を統合したもので、都道府県等被交付団体の策定する整備計画に基づいて、国土交通省全体で配分される。この統合に伴って従前からの所謂「ネーミング補助金」の多くが予算上明示されないこととなった（例えば雪崩対策事業等）。社会資本整備総合交付金は、基幹事業、関連事業、効果促進事業の3種類の事業で構成される。このうち、効果促進事業の比率は全体の2割未満に制限されているが、事業目的に沿う範囲で、固定資産形成を伴わないソフト事業に充当することができる規定となっている。交付金の導入に伴い、着手時の認可、変更認可、箇所間・事業間流用、年度間繰り越し等の従来の補助事業に伴っていた各種手続きは大幅に簡素化され、執行管理体制は、執行過程を逐次管理する事前のプロセス管理型から整備計画のアウトカム指標に基づく、事後の成果チェック型へと大きく変化し、被交付団体の説明責任が増加した。なお、平成24年度にのみ運用された地域自主戦略交付金および沖縄振興公共投資交付金については内閣府所管であったが、事業要綱上の適否の事前確認、補助金等に係る予算の執行の適正化に関する法律上の適否の事後確認等は、引き続き事業所管官庁が責任を負う体制であった[1]。

### (4) 費用負担率

砂防関係事業の国庫負担率・補助率については、平成5年度の予算編成にあたり、臨時行政改革推進審議会の答申等を踏まえ、国と地方の機能分担・費用負担の在り方等を勘案しつつ、国の負担金および補助金に関する整理および合理化等の措置が講じられ、平成4年12月21日の「公共事業等の補助率等の取り扱いについて」の閣議了解に基づき、国土交通省（旧建設省）関係では、平成5年度まで暫定措置が講じられることになっていた事業に係る補助率等についても、暫定措置を平成4年度までのものとするとともに、平成5年度以降の負担率・補助率等を、直轄事業にあっては2/3、補助事業にあっては1/2を基本として恒久化することとなった。その際、財務省（旧大蔵省）と各事業所管省庁との間での統一的な理解の下に見直し作業が行われたが、特に、補助事業の中でも、事業の性格や規模の大きさ等から一般の補助事業よりも国として当該事業に係る関与の度合いやその実施を確保しようとする関心の強さが大きいと考えられるものについては、5%の嵩上げを加えて5.5/10とするとされた結果、砂防関係事業においても、再度災害防止工事と位置付けられる砂防激甚災害特別緊急事業、地すべり激甚災害特別緊急事業、および火山砂防事業については5.5/10の補助率としてこれまでの負担率と同様に砂防法が改正された。

### (5) 砂防事業の柱

砂防関係事業は、Ⅰ．ハード対策、Ⅱ．立地抑制、Ⅲ．警戒避難、の3つの施策を柱

に展開されていることから、その柱を形成する代表的な事業の要綱を以下に示す。

1) 直轄砂防事業

　事業目的：流域における荒廃地域の保全を行うとともに下流河川の河床上昇を防ぎ、土砂流出による災害から人命、財産等を守ることを主たる目的とする。重荒廃地域、都市地域に重点をおいて、砂防堰堤、床固工群等の砂防設備の整備を行う事業である。

　採択基準等：砂防法第6条により、国土交通大臣の施行する砂防工事で、本川筋に著しく土砂を流送し、もしくは流送するおそれが顕著で、本川筋の河床維持上並びに公益保持上重大な影響を及ぼすもので、下記のうち少なくとも2つ以上に該当するもの。

- 荒廃状況として、流域内の崩壊面積または荒廃面積が、流域面積の約1割を超えるもの
- 流出土砂量として、大洪水の際に流送する土砂量がおおむね400,000m³以上のもの
- 事業費として、計画事業費が概ね100億円以上のもの
- 施行方法として、特に集中施行を要し、かつ高度の技術を要するもの
- 影響する範囲および程度として、本川筋の直轄改修区域あるいは重要都市に重大な土砂災害を及ぼしまたは及ぼすおそれが顕著なもの
- 以上のほか国土交通大臣が経費および技術上の見地から、都道府県に施行させることが不適当と認めたもの

2) 基礎調査（内閣府所管地域自主戦略交付金（平成24年度のみ）・総合流域防災事業）

　事業目的：総合流域防災事業は、個々の事業規模が小さいこと等から個別箇所ごとの予算管理を行う必要性が低い事業について、流域単位を原則として、包括的に水害・土砂災害対策の施設整備等および災害関連情報の提供等のソフト対策を行う事業に対し、国が交付を行う制度を定めることにより、豪雨災害等に対し流域一体となった総合的な防災対策を推進することを目的とする。

　採択基準等：土砂災害警戒区域等における土砂災害防止対策の推進に関する法律（平成12年法律第57号）に規定する土砂災害の防止のための対策の推進に関する基本的な指針に基づき、土砂災害警戒区域および土砂災害特別警戒区域の指定その他同法に基づき行われる土砂災害防止対策のための調査が必要な区域において実施する急傾斜地の崩壊、土石流、地すべりのおそれがある土地に関する地形、地質、降水等の状況および土砂災害のおそれがある土地の利用の状況その他事項に関する調査。

3) 情報基盤総合整備事業（内閣府所管地域自主戦略交付金（平成24年度のみ）・総合流域防災事業）

　事業目的：上記本節（5）砂防政策の柱2）基礎調査の事業目的と同じ
　採択基準等：河川等の情報収集・提供等を行うシステム（総事業費3億円以上）で、指定区間内の一級河川および二級河川、これら河川において都道府県が管理するダム、およ

び過去に土石流災害、地すべり災害、がけ崩れ若しくは雪崩災害を受けた地区または受けるおそれの高い地区に係る次のものを整備する事業をいう。

　ア　雨量計、水位計、水質計、積雪計、地震計、漏水量計、ワイヤセンサー、伸縮計および監視カメラ等の観測施設
　イ　観測されたデータを収集・処理・伝達するシステム
　ウ　水位や流量等を予測・提供するシステム
　エ　土石流、地すべり、がけ崩れおよび雪崩に関する予警報システム
　オ　河川利用者向けの情報提供システム（二級河川においては平成23年度までに限る。）

4）総合流域防災対策事業（直轄砂防関係事業における国土監視のための事業）
　地球温暖化に伴う気候変化や火山活動の活発化、地震による流域状況変化等の影響による水害・土砂災害の激化・頻発に対して流域一帯の危機管理対応を中心とした総合的な適応策を実施するため、平成21年度から治水勘定中に（項）総合流域防災事業費・（目）総合流域防災対策事業費が設けられ、全額国庫負担の国直轄事業として、先進的な技術の導入により下記項目に取り組むこととされた。
・災害監視、災害予測、災害予警報、避難行動に資する情報提供等に必要なシステム、サーバ、情報通信機器等の整備および運用管理
・危険情報（災害リスク情報、危険箇所情報、土地利用規制情報、災害対策シナリオ、避難関係情報等）の把握および周知

　図-1.4.2.2に総合流域防災対策事業のイメージ図を示す。

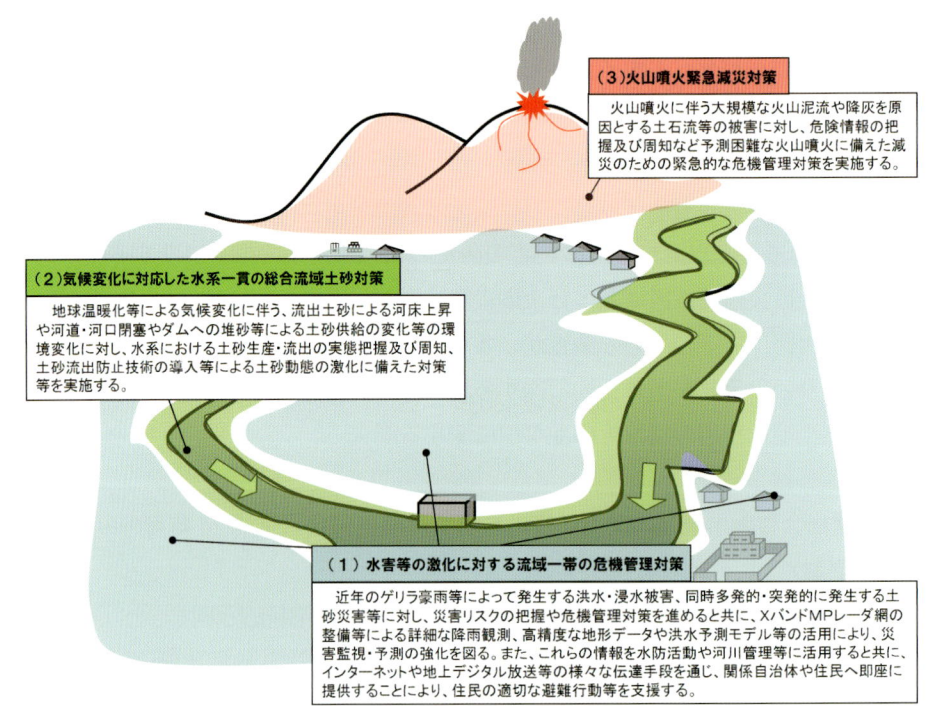

図-1.4.2.2　総合流域防災対策事業のイメージ図

## 5）直轄砂防管理のための事業

　火山噴火等の影響があるような地域では、土石流が年間 10 回以上発生する等、土砂流出が激しいため除石工事等の実施頻度が他の地域と比べ極めて高く、また、維持・管理の実施にあたっては噴石や有毒ガス等への配慮が必要となり、高い技術力を必要とすることがある。このような地域においては、一定計画に基づく砂防工事が概成した後も、継続的かつ大量の土砂流出があり、技術的・財政的見地から一都道府県で砂防設備の管理を行うことは極めて困難であるため、日常的に除石等を行うなど適正な砂防設備の機能の確保等を国において実施する必要がある。一定計画に基づく砂防設備の整備が概成した場合、通常は設備を移管し、都道府県で管理を行うべきところであるが、例えば桜島の野尻川等では、このような状況にある渓流の直轄工事がすでに概成もしくは概成する見込みが立ったことから、平成 20 年度から、砂防堰堤の除石等、適正な砂防設備の機能の確保等を国において実施している。なお、桜島では、火口より 2km 圏内は災害対策基本法第 63 条による警戒区域が設定され、立入が制限され、渓流の源頭部・最上流部に近づくことができない事情がある。直轄砂防事業による桜島における除石等による砂防設備の機能確保の事例は図 -1.4.2.3 のとおりである。

図 -1.4.2.3　桜島における除石等による砂防設備の機能確保の事例

## (6) 砂防基本計画

　砂防事業は土砂災害に見舞われやすい日本の国土特性への対応として生み出されてきた。オーストリアでの事業手法を参考としつつ、徐々に山腹工から渓流工中心へ転換され、事業経験が蓄積される中で、各地域・流域において工法論が発展し、河床の縦横断変動が流出土砂に対して支配的となっている荒廃河川を中心に事業計画としての改修計画が立案された[2]。

　他方で行政の計画化・標準化は公共事業・社会資本整備の分野でも進行し、第二次世界大戦後の復興期には治水事業5箇年計画が開始され、昭和35年からは治山治水緊急措置法により計画が法定化された[3][4][5]。砂防基本計画は、各流域での改修計画を背景としつつも、砂防事業分野で5箇年計画を基礎付ける枠組みとして成立した行政計画の一種であり、その統語法は同時期に検討された河川砂防技術基準（案）によって整理されている。

　現在では砂防基本計画は、政策評価の一環としての事業評価[6]や、5箇年計画を統合した社会資本整備重点計画等を基礎付ける役割も果たしている。行政計画の立案により、多様な政策手段の説明方法が統一化・標準化され、共通的・長期的な観点から最適な行財政資源の投入が図られる利点がある。他方で、変動の激しい日本の国土においては、流域ごとに調査モニタリングに基づいて、対策手法を常に最適化していくことが求められる。このため、砂防基本計画の下位計画としての事業計画レベルでは、対策箇所の重点化および優先順位の見直しの取り組みが継続的に進められている。

参考文献

1) 補助金等に係る予算の執行の適正化に関する法律（昭和30年8月27日法律第179号，最終改正：平成14年12月13日法律第152号）
2) （社）北陸建設弘済会：「鷲尾蟄龍・橋本規明・伊吹正紀各氏の業績を偲ぶ会」資料，1997
3) 友松靖夫・田畑茂清・藤村敏夫・川出勝：現代砂防の軌跡　木村正昭　その人と時代，（財）砂防フロンティア整備推進機構，1996
4) 建設省河川局砂防課：砂防基本計画樹立について、雑誌「河川」，1957年8月号，1957
5) 治山治水緊急措置法（昭和35年3月31日法律第21号）
6) 行政機関が行う政策の評価に関する法律（平成13年法律第86号）

# 第2章　国土保全

## 2.1　砂防で目指すべき国土保全

　上流山地の面的な管理は、砂防がその発祥以来取り組んできたものである。荒廃した斜面からの土砂流出を抑制し植生を回復させる山腹工や、渓流の侵食防止・土砂の貯留を図る砂防堰堤等の施工により下流地域への土砂移動を減少させ、もって河道の安定や洪水時の土砂氾濫の減少により下流の生産基盤を安定させるとともに、「緑の復元」により景観を含む生活環境の向上に貢献してきている。初期の砂防におけるこの様な国土保全の代表例として、滋賀県大津市田上山山腹工や愛知県瀬戸市郊外のホフマン工事、富山県立山の泥谷砂防工事や長野県牛伏川フランス式渓流工等があげられる。

　これら砂防の取組の効果と併せ、その後の社会経済情勢の変化により山地の森林資源への依存度が減少した結果として、現代の日本では山腹斜面の多くが植生で被覆されることにより表層からの土砂流出は減少した。また樹木等の根系による崩壊防止作用も斜面の浅層ではある程度は機能していると考えられる。

　しかし、植生に覆われた斜面でも崩壊現象等による人的被害の発生が決して稀ではないことからわかるとおり、わが国の急峻な地形や脆弱な地質、また豪雨や地震・火山活動が頻発する国土の特性においては、崩壊現象の防止効果としての植生の機能には限界があることは明らかである。したがって、植生の状態は過去のその土地の土砂移動の履歴を示すことはあっても、将来の土砂移動を予測する指標にはなり得ないのである。さらに、土砂の崩壊・流出に森林からの流木が加わった場合は、被害が拡大することや復旧・復興がより困難になることに留意する必要がある。また、深層崩壊の発生や火山噴火・天然ダム（河道閉塞）の決壊等に起因する大規模な土砂移動では、流域・水系そのものの状況を一変させるような地形の変化や、水・土砂の流出特性を変える地表状態の変化、あるいは通常の洪水とは挙動の異なる土砂濃度の非常に高い泥流を遠く下流域にまで到達させる場合がある。

　よって現代砂防が目指すべき国土保全として、荒廃山地において現に顕在化している土砂移動現象への対策に加え、将来発生し得る潜在的な土砂移動現象への対策として、素因となる地形・地質・地表の状態や誘因となる気象や火山・地震活動等様々な知見を総合的に勘案した、潜在的な土砂移動の性質やポテンシャルの高さを踏まえた国土の面的な監視が必要であり、かつ大規模な土砂移動現象が発生した場合の危機管理が重要となっている。

　砂防法に基づく砂防指定地の指定は、現に荒廃している斜面は勿論のこと、上述の様な観点から国土監視が重要とされる地域に面的に適用することが、土砂移動現象の兆候の

早期発見と迅速な対応のために極めて有効である。また、深層崩壊などの大規模な土砂移動現象をいち早く察知する大規模土砂移動検知システムを全国に展開しているほか、衛星監視技術の活用についても研究を進め、国土の変状を機敏に察知し得る面的な監視機能の強化を図っているところである。

　国土保全の観点からの大規模な土砂災害への対応であっても、事業の実施に当たっては地域保全との整合を図るべく地方自治体と十分な連携を行うことが重要であり、大規模土砂災害の復旧・復興に関しては、例えば平成2年の雲仙普賢岳災害対策において移転先となった安中（あんなか）三角地帯の嵩上げや、国道および島原鉄道の復旧における砂防事業の貢献事例等は今後の事業の参考とすべきである。

## 2.2 荒廃地域における根幹的な砂防施設の整備と効果

### 2.2.1 荒廃地域における土砂生産・流出

荒廃した山地からの土砂流出は河床の上昇をもたらし、土砂・洪水氾濫による被害や主要輸送手段であった舟運への支障などを引き起こした。こうした土砂移動現象に起因する障害から「国民の生命と財産を守り、国土を保全する」ために砂防は時代の変遷と技術の高度化とともに、荒廃地域における根幹的な対策を進めてきたところである。

本項では、日本の荒廃状況や大規模な土砂崩壊状況、さらには国土保全の取り組みとして荒廃渓流・山地における具体的対策事例について概説する。

#### (1) 重荒廃地・一般荒廃地

日本は、国土の7割を山地・丘陵地が占め、日本アルプスに代表される脊梁山脈から流れ出る諸河川はいずれも急流河川となっている。地質的には、中央構造線や糸魚川－静岡構造線等をはじめとする断層の影響を受け、非常に複雑で脆弱な地質が広く分布している。このような地形・地質的要因から、日本には恒常的に土砂を生産する荒廃地が広く分布している。

国土交通省によると重荒廃地域は、大規模な崩壊・とくしゃ地・滑落崖地を含んだ地質および植生の不安定な地域であり、大規模な崩壊地とは一崩壊地面積 $0.3km^2$ 以上、大規模なとくしゃ地とは一とくしゃ地 $2.0km^2$ 以上、大規模な滑落崖地とは断続的な滑落崖に含まれる面積が $1km^2$ 以上のものとされている。また、一般荒廃地は、崩壊地・とくしゃ地・滑落崖地が点在し、その延面積がその地域の相当量を占め、その地域に荒廃をもたらすとともに、下流地域に土砂氾濫および洪水氾濫の危険を及ぼす恐れのある地域とされ、相当量の基準として、崩壊地1%以上、とくしゃ地10%以上、滑落崖地5%以上としている。重荒廃地域としては、月山、谷川岳をはじめ、日本アルプスを構成する北・中央・南アルプス、富士山、紀伊半島有田、四国吉野川等の14地域、面積約 $3,980km^2$ が、また、一般荒廃地域としては26地域、面積約 $53,600km^2$ が示されている。

#### (2) 明治期以降の大規模な土砂崩壊と災害

表-2.2.1.1は、明治期以降の大規模な土砂崩壊と災害の事例を既往文献等から整理したものである。崩壊土砂量に着目すると、明治22年十津川災害、明治44年稗田山大崩壊、近年では平成16年新潟県中越地震、平成20年岩手・宮城内陸地震、平成23年台風12号紀伊半島災害が、崩壊土砂量1億 $m^3$ 以上となる大災害が150年もたたないうちに5回発生していたことが分かる。また、昭和期に入ってからも、崩壊土砂量が数百万㎥から数千万㎥となる土砂災害が多数発生しており、豪雨や地震等による大規模な土砂生産が繰り返し行われ、荒廃地域から土砂が継続的に流出している状況にある。荒廃地域における根幹的な砂防

表-2.2.1.1 明治期以降の大規模な土砂災害

| No. | 災害発生(西暦) | 年月(和暦) | 災害名 | 主な被災県 | 災害原因 | 崩壊土砂量 | 出典 |
|---|---|---|---|---|---|---|---|
| 1 | 1889.8 | 明治22年8月 | 十津川災害 | 奈良県 | 豪雨 | 約2億m³ | 田畑ら：『天然ダムと災害』 |
| 2 | 1895.8 | 明治28年8月 | ナンノ谷崩壊 | 岐阜県 | 豪雨 | 約150万m³ | 越美山系砂防事務所調べ |
| 3 | 1911.8 | 明治44年8月 | 稗田山大崩壊 | 長野県 | 豪雨 | 約1億5000万m³ | 土木研究所資料「歴史大規模崩壊の実態」 |
| 4 | 1938.7 | 昭和13年7月 | 阪神大水害 | 兵庫県 | 豪雨 | 約500万m³ | 六甲砂防事務所ホームページ |
| 5 | 1953.7 | 昭和28年7月 | 有田川災害 | 和歌山県 | 豪雨 | 約2000万m³ | 全国治水砂防協会』『日本砂防史』 |
| 6 | 1959.8 | 昭和34年8月 | 富士川昭和34年災害 | 山梨県 | 台風 | 約4500万m³ | 富士川砂防事務所調べ |
| 7 | 1961.7 | 昭和36年7月 | 伊那谷三十六災害 | 長野県 | 豪雨 | 約7300万m³ | 天竜川上流河川事務所調べ |
| 8 | 1965.9 | 昭和40年9月 | 奥越豪雨 | 岐阜県、福井県 | 豪雨 | 約4800万m³ | 越美山系砂防事務所調べ |
| 9 | 1967.7 | 昭和42年7月 | 羽越豪雨 | 新潟県、山形県 | 豪雨 | 約850万m³ | 飯豊山系砂防事務所調べ |
| 10 | 1975.8 | 昭和50年8月 | 仁淀川災害 | 高知県 | 豪雨 | 約2700万m³ | 全国治水砂防協会』『砂防計画論』 |
| 11 | 1982.8 | 昭和57年8月 | 富士川昭和57年災害 | 山梨県 | 台風 | 約3000万m³ | 富士川砂防事務所調べ |
| 12 | 1984.9 | 昭和59年9月 | 長野県西部地震(御岳崩れ) | 長野県 | 地震 | 約3400万m³ | 多治見砂防国道事務所調べ |
| 13 | 1995.1 | 平成7年1月 | 兵庫県南部地震 | 兵庫県 | 地震 | 約37万m³ | 財団法人砂防・地すべり技術センター：『土砂災害の実態』 |
| 14 | 1995.7 | 平成7年7月 | 7.11姫川水害 | 長野県、新潟県 | 豪雨 | 約1000万m³ | 栃木ら：砂防学会誌 Vol.59No.5 |
| 15 | 2004.1 | 平成16年10月 | 平成16年新潟県中越地震 | 新潟県 | 地震 | 約1億m³ | 国土交通省記者発表資料 |
| 16 | 2005.9 | 平成17年9月 | 台風14号(鰐塚山) | 宮崎県 | 台風 | 約680万m³ | 宮崎県ホームページ |
| 17 | 2008.6 | 平成20年6月 | 平成20年岩手・宮城内陸地震 | 岩手県、宮城県 | 地震 | 約1億3000万m³ | 平成20年岩手・宮城内陸地震に係る土砂災害対策技術検討委員会資料 |
| 18 | 2009.7 | 平成21年7月 | 平成21年7月中国・九州北部豪雨 山口県防府市周辺 | 山口県 | 豪雨 | 約235万m³ | 中国地方整備局ホームページ |
| 19 | 2011.9 | 平成23年9月 | 台風12号(紀伊半島分) | 奈良県、和歌山県、三重県 | 台風 | 約1億m³ | 国土交通省記者発表資料 |

対策の重要性と必要性は、有史以来変わらず現在にいたっているといえる（写真-2.2.1.1）。

## 2.2.2 荒廃山地からの土砂流出対策の事例

ここでは、南アルプス北岳を擁し、糸魚川－静岡構造線等の影響を受け非常にもろく崩れやすい地質となっている「富士川流域」、火山噴出物からなる脆弱な地質で構成され、地震に起因して大規模な荒廃地となった「常願寺川流域」、北アルプス、フォッサマグナを擁するとともに、第三紀層の地質により流域全域に地すべり地・地すべり性崩壊地が多数分布する「姫川流域」、人為的要因（用材の採取）により荒廃したが明治以降長年の取り組みにより植生の回復を図ってきた「田上山」、明治22年および平成23年に深層崩壊を伴

写真-2.2.1.1 荒廃地域における砂防堰堤
（天龍川流域本谷砂防堰堤）

う大規模な土砂災害を繰り返し被った「紀伊山地」の5流域・地域における砂防の取り組みを根本的な対策の具体的事例として取り上げる。

## (1) 富士川流域

### 1) 流域の特徴

富士川は流域面積3,990km²、釜無川、御勅使川、笛吹川等の支川を合流しながら甲府盆地を流下し、早川を合わせ駿河湾に注いでいる（図-2.2.1.1）。流域内には南アルプス最高峰の北岳（3,192m）や間ノ岳（3,189m）等の急峻な山岳が連なり、最上川、球磨川とならび日本三大急流河川の一つに数えられている。地質的には、主に粘板岩、砂岩、チャート等の堆積岩より構成されている。また、糸魚川－静岡構造線が流域を縦断する形で走っていることから、構造線の影響により地質は強く破砕を受け、非常に脆く崩れやすい状態となっている。急峻な地形と脆弱な地質から、「七面山の大崩壊」のほか、「八潮崩れ」、「アレ沢の大崩壊地」等の大規模な崩壊地が多数存在しており、土砂生産源として大量の土砂を下流域に流出している（写真-2.2.2.1）。

図-2.2.2.1 富士川流域図

写真-2.2.2.1 七面山の大崩壊

### 2) 災害の歴史

富士川流域における災害の歴史として、古くは天長2年（825年）に大洪水が発生した記録が残っている。また、戦国時代には、武田信玄により御勅使川等の河川において、洪水氾濫による被害を軽減するため、信玄堤などの治水対策が行われている。明治期以降の土砂災害としては、明治40年と明治43年の台風災害、昭和34年の台風7号・15号（伊勢湾台風）災害、昭和57年の台風10号、18号災害、平成23年の台風12号、15号災害等、幾度となく大きな被害をもたらしている（写真-2.2.2.2）。

写真-2.2.2.2 昭和34年災害

### 3）直轄砂防事業とその効果

　富士川流域における国直轄による砂防事業は、明治16年より、御勅使川、小武川、大柳川、早川で開始され、土砂災害の発生状況を踏まえつつ施工区域を拡大しながら、荒廃した流域における砂防施設の整備を進めてきた。特に昭和34年に発生した台風7号および伊勢湾台風災害による被害が激甚であったことから、昭和35年4月に国直轄による施工区域を大幅に拡大し現在にいたっている。大規模崩壊地を有する支川から流出する土砂に起因する災害から甲府盆地をはじめ下流域を保全するため、各支川において土砂生産・流出をコントロールする基幹砂防堰堤等の整備を重点的に行っている（写真-2.2.2.3）。

　土砂災害による被害を繰り返し被ってきた富士川流域であるが、砂防施設の整備の進展等、土砂災害に対する安全度の向上に伴い、食品・飲料水企業の企業立地等、流域内の土地利用の高度化による地域経済の活性化が図られている。写真-2.2.2.4は、昭和34年災害によって沿川集落が壊滅的被害を受けた大武川であるが、上流域における砂防堰堤の整備、釜無川合流点扇状地部における床固工群等の砂防施設の整備とともに、住宅地や農地等が形成され沿川の土地利用の高度化が図られた様子が見て取れる。

写真-2.2.2.3　大春木川の砂防施設

写真-2.2.2.4　大武川床固群の整備状況と沿川の土地利用状況

### （2）常願寺川流域

#### 1）流域の特徴

　常願寺川は流域面積368km$^2$、北アルプス北ノ俣岳（2,661m）に源を発し、立山カルデラより流れ出る湯川等の支川を合わせながら、わずか56km富山県の中央部を北流して富山湾に注いでいる（図-2.2.2.2）。平均河床勾配は1/30の急流河川となっている。

　地質的には、飛騨変成岩類と花崗岩類を基盤とし、これらを中生代、第三紀の地層および第四紀の十数万年前から活動した立山火山の火山噴出物が覆っている。特に立山カルデ

ラの内部は、火山岩類が変質・風化して脆弱化しており、幾度となく崩壊を繰り返している。また、常願寺川流域には、跡津川断層に代表される活断層が複数存在しており、地質構造を複雑なものとしている。安政飛越地震は、跡津川断層の活動によって引き起こされた内陸直下型の地震であるとされている。

### 2) 災害の歴史

安政5年（1858年）2月26日（旧暦）に発生した、マグニチュード7前後と推定される安政飛越地震により、常願寺川上流域では大鳶・小鳶山の大崩壊（写真-2.2.2.5）をはじめ、立山カルデラの各所で崩壊が発生した。その崩壊土砂は約4億1千万m$^3$に及ぶ膨大な量に達し、その土砂は渓谷を埋めつくし、いくつもの天然ダムと湛水池が形成された。その後、天然ダムは二度にわたって決壊し、巨石を含む土石流が富山平野を襲い、当時の加賀藩領だけで死者140名、流出家屋1,612戸、被災者8,945名に及ぶ被害が生じたと記録されている。

古文書等の記録には、安政飛越地震以前においてもたびたび災害が繰り返されていたことが示されている。また、近年でも昭和27年、昭和39年、昭和44年等に豪雨による災害が発生しており、特に昭和44年8月の集中豪雨では、新規崩壊地が1,500箇所以上生じるなど、常願寺川上流部で土石流、渓岸崩壊が多数発生している。

図-2.2.2.2　常願寺川流域図

写真-2.2.2.5　鳶山崩壊地

### 3) 直轄砂防事業とその効果

常願寺川流域における砂防事業は、富山県により明治39年に開始されている。しかし、富山県による砂防工事は困難を極め、大正8年の出水により、それまで整備を進めてきた一連の石積堰堤等が破壊され、基幹砂防堰堤となる白岩砂防堰堤も被害を受けた。さらに、その復旧過程にあった大正11年に、再び大きな出水に見舞われ、多くの砂防施設が

写真-2.2.2.6　白岩砂防堰堤

写真-2.2.2.7　本宮砂防堰堤

被災するなど、厳しい自然条件下における難工事を余儀なくされていた。このようなことから、国直轄による砂防工事を望む声が高まり、砂防法の改正（28ページ参照）もあり富山県により行われていた砂防工事は、大正15年より国に引き継がれ現在にいたっている。

常願寺川における代表的砂防施設として、立山カルデラ対策の基幹施設である白岩砂防堰堤があげられる（写真-2.2.2.6）。同堰堤は、昭和4年に着工され、昭和14年に竣工している。本堰堤の高さが63.0m、長さが76.0m、重力式コンクリート砂防堰堤とアースフィルタイプ堰堤を一体的に施工した複合堰堤という特徴を有している。また、重力式コンクリート砂防堰堤部においても越流部と非越流部で断面形状を変えるなど、当時では極めて先進的な設計手法を取り入れ、工期短縮と工事費縮減を達成している。なお、白岩砂防堰堤は平成11年に登録有形文化財に登録され、さらに、平成21年に砂防施設としては初めて重要文化財に指定された。

前述した白岩砂防堰堤は、常願寺川流域の土砂生産源である立山カルデラの出口において、山脚の固定と河床の侵食防止の機能を遺憾なく発揮し、カルデラ内の砂防施設の基幹砂防堰堤としての役割を果たしている。また、常願寺川中流部に建設された本宮砂防堰堤は、下流部への土砂流出を抑制し、下流河川の河床上昇を防ぐ役割を担っている（写真-2.2.2.7）。

写真-2.2.2.8　山腹工の施工により緑が回復した水谷平

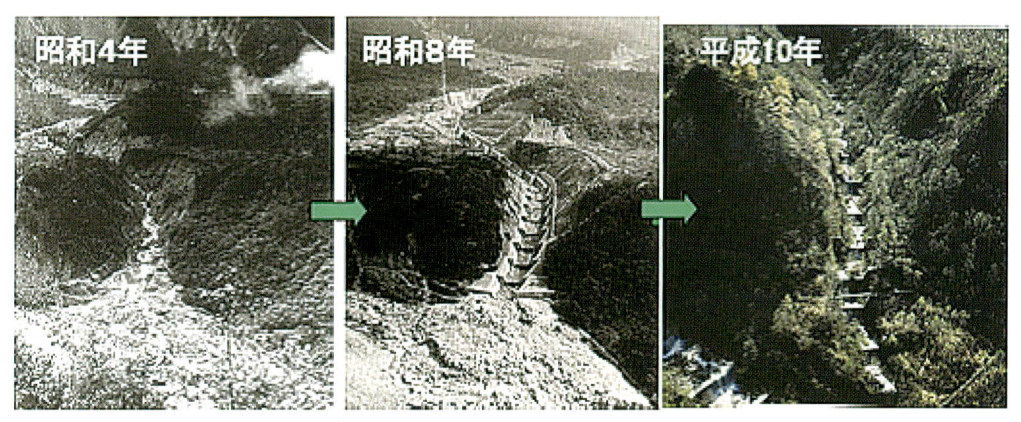

写真-2.2.2.9　泥谷砂防堰堤群の効果

　著しく荒廃した立山カルデラであったが、砂防事業の進捗に伴い、カルデラ内の緑が復元されている。写真-2.2.2.8 は、山腹工の施工により緑が回復した水谷平の斜面であり、写真-2.2.2.9 は、砂防堰堤群の施工により、渓岸山腹や渓床が安定したことにより、崩壊の痕跡も判別できないほど樹林に覆われた泥谷の状況である。このように砂防施設の整備により、荒廃した常願寺川上流域の安定化を図り、下流富山平野を土砂災害から守っていることを伺い知ることができる。

## (3) 姫川流域

### 1) 流域の特徴

　姫川は流域面積 691km$^2$、長野県白馬村に源を発し、北流しながら北アルプス白馬連峰より流れ出る平川、松川、浦川等の土砂流出の著しい支川を合流し糸魚市で日本海に注いでいる（図-2.2.2.3）。姫川の流域はフォッサマグナの影響から脆弱で崩れやすい。フォッサマグナは本州のほぼ中央部を南北に貫き、糸魚川－静岡構造線はその西縁に位置している。この糸魚川－静岡構造線より東側の第三紀新期岩類から構成されるフォッサマグナ地帯は、地すべり活動が活発な地帯となっている。一方、西側は古生層・中生層の蛇紋岩、粘板岩、砂岩、チャート等が分布している。

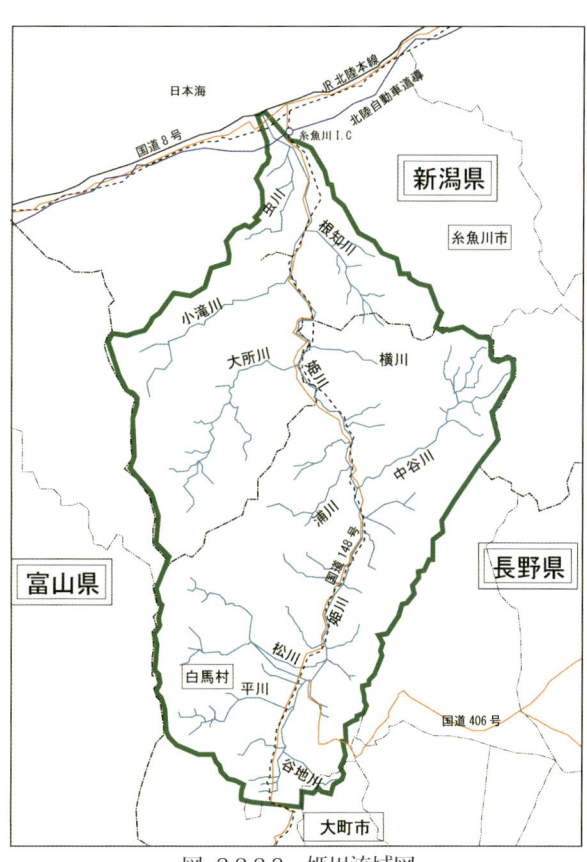

図-2.2.2.3　姫川流域図

写真-2.2.2.10　稗田山の崩壊

写真-2.2.2.11　浦川・姫川合流点付近の状況

2) 災害の歴史

　姫川流域で特筆すべき災害は、明治44年に発生した稗田山の大崩壊である（写真-2.2.10）。姫川の左支川浦川の水源地域を構成する稗田山は過去古くから崩壊を繰り返しており、享保19年（1726年）に稗田山が崩壊し、姫川をせき止めたことにより被害が発生した記録が残されている。明治44年8月に発生した稗田山の大崩壊は、全長約3km、高さ約300mに及び、崩壊した土砂は土石流となって浦川を埋めつくしながら流下し、姫川本川に高さ約60mの天然ダムを形成し、上流約3kmにわたって湛水池を発生させた。なお、この稗田山の大崩壊により23名の犠牲者が生じている。さらに、翌年7月の豪雨では天然ダムが決壊し、土砂・洪水流が下流の来馬集落等を襲い人家を押し流すとともに、姫川に架かっていた橋梁を全て流失させる被害が生じた（写真-2.2.11）。

　近年では、平成4年浦川において大規模な土石流が発生したほか、平成7年7月の梅雨前線による集中豪雨では、姫川温泉、国道148号、JR大糸線などに甚大な被害が生じるなど、繰り返し姫川本川に大量の土砂を流出している状況である（写真-2.2.12）。

写真-2.2.2.12　平成7年災害平岩地区付近（新潟県）

3) 直轄砂防とその効果

　姫川流域における砂防事業は、昭和17年から長野県により開始された。その後、昭和34年の伊勢湾台風による支川松川、平川等の災害を契機として、昭和37年から国直轄

による砂防事業が始められている。さらに、昭和39年、40年の浦川の土石流災害、昭和42年の大所川の土石流災害の発生を受け、両河川を直轄施工区域に編入するなど、土砂災害の発生状況を踏まえつつ施工区域を広げ現在にいたっている。

また、稗田山の崩壊地が控える浦川では、大きな降雨があると現在も多量の土砂が流出することから、異常土砂流出時のみに流出土砂を補足・

写真-2.2.2.13　浦川スーパー暗渠砂防堰堤

昭和34年災害時の土砂氾濫・冠水区域

平成7年災害の流下状況

昭和34年　家屋の被災　流失・浸水114戸　　　　平成7年　家屋の被災　0戸（被災無し）
写真-2.2.2.14　松川流路工における砂防事業の効果

調節することを目的とした、日本初の大暗渠を有する砂防堰堤「浦川スーパー暗渠砂防堰堤」を設置した（写真-2.2.2.13）。

写真-2.2.2.14は、松川流域における昭和34年伊勢湾台風による土砂・洪水氾濫区域と平成7年7月の梅雨前線豪雨後の出水状況を比較したものである。平成7年の豪雨では、松川流域は過去最大の出水を記録し、上流域では多数の斜面崩壊等が発生したにもかかわらず、整備された砂防堰堤、床固工、渓流保全工の効果が

写真-2.2.2.15　はじめに砂防ありきの碑
（国土交通省北陸地方整備局）

発揮され、本川河道への土砂流出を抑制するとともに下流扇状地での土砂・洪水氾濫を防止することができた。長年にわたり着実に整備を進めてきた砂防事業の効果が発揮された一例である。現在、白馬村はリゾート地として発展を遂げている（写真-2.2.2.15）。

### (4) 田上山
#### 1) 荒廃の経緯
　田上山は、瀬田川の右支川大戸川流域に位置している（図-2.2.2.4）。大戸川流域には花崗岩が強い風化を受け「マサ」化した地質が広範囲に広がっている。田上山を含む流

写真-2.2.2.16　荒廃した田上山

図-2.2.2.4　田上山位置図

域一帯は、千数百年以前には「ヒノキ」、「スギ」、「カシ」等が鬱蒼と繁茂する一大美林であったといわれている。しかし、飛鳥、奈良、平安時代に都の造営や社寺仏閣の建立のため水源山地はくり返し山林伐採を受けたほか、度重なる戦火や陶土の採掘、燃料としての薪の採取などにより田上山一帯は極度に荒廃した状態となったとされる。なお、藤原京の造営に要した木材を田上山より伐採した様子が「万葉集」に記述されている。その結果、江戸時代には、一本の木も生えていない程の荒れ果てた山々となり（写真-2.2.2.16）、大量の土砂が流出し、下流の瀬田川、淀川では流出した土砂が河床に堆積して、疎通能力の阻害による河川の氾濫被害を生じさせるとともに、淀川の舟運に著しい支障を来していた。

2）砂防の歴史

　寛文6年（1666年）には「諸国山川掟」が定められ、流域内における無用の乱伐と焼畑を禁止し、苗木の植栽による緑化工事が進められている。明治政府は、明治元年に淀川流域が大洪水に見舞われたことを契機に、明治4年に五畿内の府藩県等に「砂防五箇条」を通達し、翌明治5年から滋賀県による大戸川、野洲川流域の砂防工事に着手している。さらに、明治6年には「淀川水源防砂法八箇条」を定め、砂防工事に本格的に取り組むべく制度の充実が図られている。

　その後、明治7年には、淀川の修築工事が開始されるとともに、明治11年から大戸川等の流域において直轄砂防事業が開始されている。直轄砂防事業の初期の段階においては、田上山をはじめ荒廃した水源地域の植生復旧が急務とされ、オランダ人技師デレーケの指導を受けつつ、積苗工等の山腹工事と鎧積堰堤に代表される渓流工事が精力的に実施されている（写真-2.2.2.17，18）。

写真-2.2.2.17　山腹工施工状況写真　　　　　　　写真-2.2.2.18　鎧積堰堤

　明治11年直轄砂防事業に着手以来、平成19年度末までに、田上地区山腹工として約830haの荒廃地に山腹工を施工してきた。130年を超える長年の取り組みにより荒廃山地の大半は緑化が進み、山地からの土砂生産の抑制に加えて、自然環境や景観整備の観点からも大きな成果をあげている。また、堰堤をはじめとする砂防施設は、下流域への土砂流出を抑制し、下流域の安全の確保に貢献している。写真-2.2.2.19は昭和39年と平成12年に撮影された田上山の空中写真を比較したものであり、荒廃地の緑化が飛躍的に進んでいることが分かる。また、写真-2.2.2.20は田上山より流れ出る天神川に建設され、大量の土砂を抑止・調節している天神川砂防堰堤である。

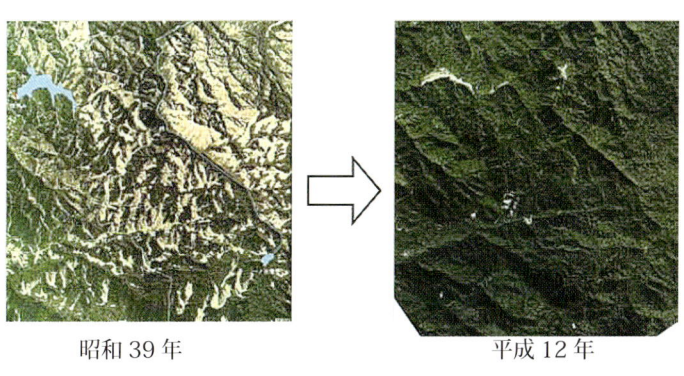

昭和39年　　　　　平成12年
写真-2.2.2.19　田上における山腹工の施工効果写真

写真-2.2.2.20　流出土砂を抑止・調節する天神川砂防堰堤

参考文献

1) 日本の荒廃地域：国土交通省HP（http://www.mlit.go.jp/river/sabo/link302.htm）
2) 日本の砂防：(社)全国治水砂防協会，1990
3) 日本の砂防〜国土保全に資する日本の砂防〜：(社)全国治水砂防協会，pp.12，2012
4) 平成23年台風12号による土砂災害について：(社)全国治水砂防協会，砂防と治水205号，pp.23，2012
5) ふるさとを土砂災害から守る：天竜川上流河川事務所，2011
6) 富士川流域の南アルプスにおける砂防事業：富士川砂防事務所，2012
7) 常願寺川の上流をたずねて：立山砂防事務所
8) 白岩砂防堰堤：立山砂防事務所，2010
9) 松本砂防事務所の概要：松本砂防事務所，2008
10) 松本砂防管内とその周辺の土砂災害：松本砂防事務所，2003
11) 瀬田川砂防田上山の山腹工：琵琶湖河川事務所

## 2.3 火山地域における砂防事業

### (1) 火山地域における土砂生産・土砂流出の実態

日本は世界有数の火山国であり、世界にある約1,500の活火山の約7％に相当する110の活火山が存在している。その周辺では温泉や火山地域特有の地形を擁することなどから多くの観光地が存在するとともに多数の人々が生活している。このため過去から世界中で火山噴火に伴う土砂災害により、多くの犠牲者が生じ、社会・経済活動でも大きな影響を被ってきた[1]。

火山噴火に起因した土砂移動現象は、火山泥流、溶岩流、火砕流といった火山噴火とほぼ同時に発生する土砂災害だけでなく、降灰等の火山噴出物が山腹斜面に堆積した後に降水によって土石流（以下、「降灰後土石流」という）となったり、火山活動に伴う地震等によって山体崩壊が発生することもある。また、他の土砂災害に比べ影響が激甚かつ広範囲にそして長期間継続する場合が多い。このことは、平成2年11月から平成7年頃まで噴火活動が継続した雲仙・普賢岳のケースでもわかる。

火山地域特有の裾野の広い緩斜面には、時々の噴火活動に応じて発した溶岩流、火砕流、岩屑流、土石流（泥流を含む）等が、山腹斜面には降下火山灰が幾重にも厚く堆積していることが多い[2]。これらの堆積物はその後の降雨等により侵食・流出し、下流域においては二次流出物としてさらに堆積することになる。

表-2.3.1に18世紀以降に日本で発生した主な火山噴火災害を示す。また、図-2.3.1に日本での大規模噴火山噴火の規模を示す。火山噴火に起因する災害は多様な現象により引き起こされており、降下火砕物、溶岩流、火砕流、火山泥流、岩屑なだれ（山体崩壊）は、火山噴火活動時にその時々の活動に応じて発生する（図-2.3.2）。このようなことからここでは、どの火山でも見られている土石流を代表とする降雨により発生する土砂災害の特

表-2.3.1　日本で10人以上の死者・行方不明者が出た火山活動（18世紀以降）[3]

| 噴火年月日 | 火山名 | 犠牲者（人） | 備考 |
|---|---|---|---|
| 1721（享保6）年6月22日 | 浅間山 | 15 | 噴石による |
| 1741（寛保元）年8月18日 | 渡島大島 | 1467 | 津波による |
| 1779（安永8）年11月8～9日 | 桜島 | 150余 | 噴石・溶岩流などによる　「安永大噴火」 |
| 1781（天明元）年4月11日 | 桜島 | 8, 不明7 | 高免沖の島で噴火、津波による |
| 1783（天明3）年8月5日 | 浅間山 | 1151 | 火砕流、土石なだれ、吾妻川・利根川の洪水による |
| 1785（天明5）年4月18日 | 青ヶ島 | 130～140 | 当時の島民は327人、以後50余年無人島となる |
| 1792（寛政4）年5月21日 | 雲仙岳 | 約15,000 | 山体崩壊と津波による「島原大変肥後迷惑」 |
| 1822（文政5）年3月12日 | 有珠山 | 50～103 | 火砕流による |
| 1846（天保11）年11月16日 | 恵山 | 多数 | 泥流により民家230戸埋没し、死傷者多数 |
| 1856（安政3）年9月25日 | 北海道駒ヶ岳 | 21～29 | 降下軽石、火砕流による |
| 1888（明治21）年7月15日 | 磐梯山 | 461（477とも） | 岩屑なだれにより村落埋没 |
| 1900（明治33）年7月17日 | 安達太良山 | 72 | 火口の硫黄採掘所全壊 |
| 1902（明治35）年8月7日 | 伊豆鳥島 | 125 | 全島民が死亡 |
| 1914（大正3）年1月12日 | 桜島 | 58 | 溶岩流、地震などによる　「大正大噴火」 |
| 1926（大正15）年5月24日 | 十勝岳 | 144（不明を含む） | 融雪型火山泥流による　「大正泥流」 |
| 1940（昭和15）年7月12日 | 三宅島 | 11 | 火山弾・溶岩流などによる |
| 1952（昭和27）年9月24日 | ベヨネース列岩 | 31 | 海底噴火（明神礁）、観測船第5海洋丸遭難により全員殉職 |
| 1958（昭和33）年6月24日 | 阿蘇山 | 12 | 噴石による |
| 1991（平成3）年6月3日 | 雲仙岳 | 43（不明を含む） | 火砕流による　「平成3年（1991年）雲仙岳噴火」 |

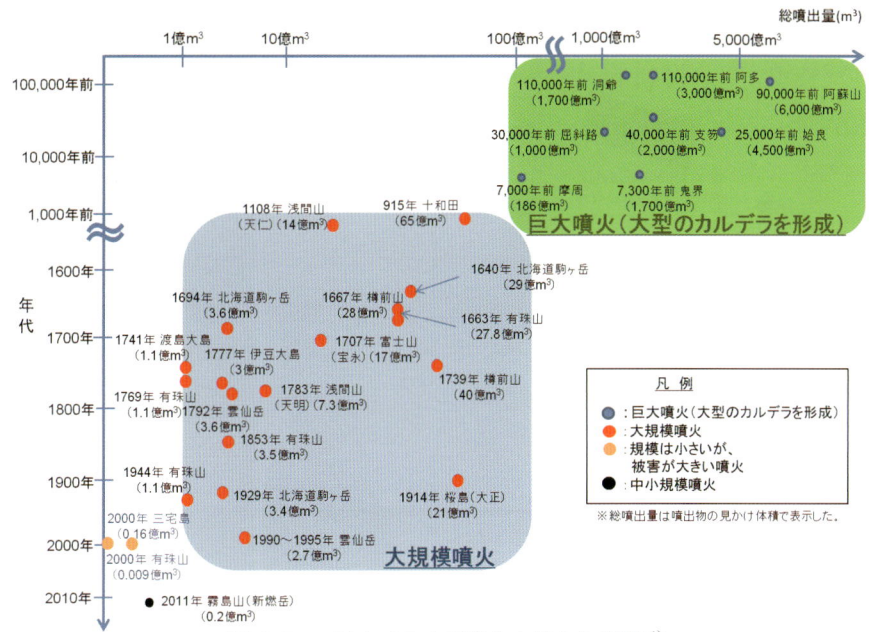

図-2.3.1　日本での大規模火山噴火と規模[4]

写真-2.3.1　桜島・野尻川での土石流
（国土交通省九州地方整備局）

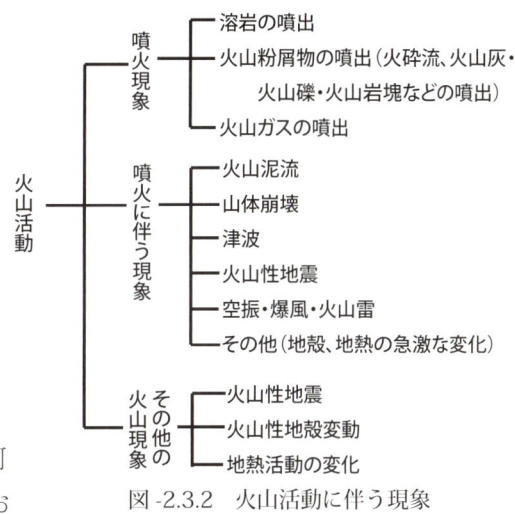

図-2.3.2　火山活動に伴う現象

徴を述べる（写真-2.3.1）。

　富士山や桜島等の火山周辺には、普段は河川に水が流れていない水無川が多く存在しており、一定規模以上の降雨になると、雨水は火山の山腹斜面の渓流や河川を流下する。これは、火山の山腹斜面は過去の大量の火山噴出物によって構成されており、この堆積物は透水性が高い部分が多いため、小規模の降雨ではすぐに地中に浸透するためである。

　一方で、火山噴出物の堆積斜面は雨水による侵食を受けやすく、多くの転石が存在していることから、大雨により表流水が発生する状況では土石流・泥流となって流出しやすいといえる。火山噴火活動が活発になると、多量の細粒の火山灰が噴出降下して山腹に堆積し、以前と比較すると浸透能を低下させる場合が多い。その場合、雨水が浸透できず表面流となって流下を始め、渓流部に集中することで不安定土砂を侵食しながら土石流となって土砂を流出させることになる（図-2.3.3）。

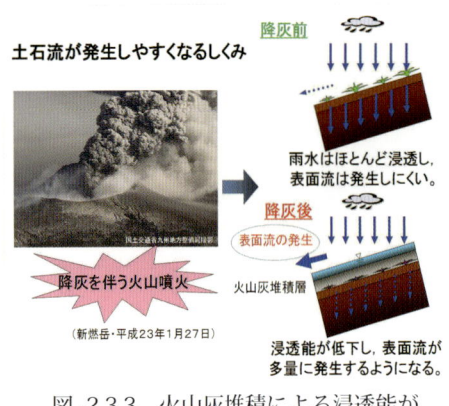

図-2.3.3　火山灰堆積による浸透能が低下するしくみ

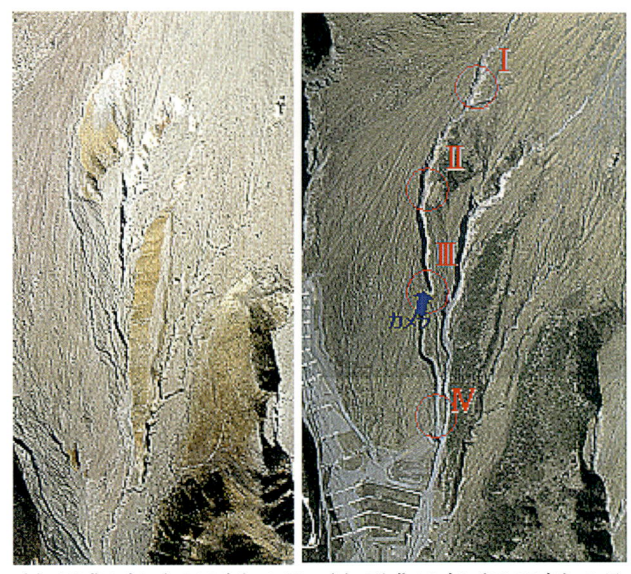

(a) 平成8年（1996年）2月　(b) 平成19年（2007年）2月
写真-2.3.2　水無川赤松谷におけるガリーの発達状況
（国土交通省九州地方整備局）

　写真-2.3.2は、雲仙・普賢岳水無川上流域の赤松谷における平成8年2月から平成19年2月にかけての空中写真であり、写真-2.3.2(b)に示しているⅠ～Ⅳ地点でのガリー侵食の推移を示したものが図-2.3.4である。

　上流部ではガリーの侵食・拡大が進行する一方で、下流部では堆積への反転や流路の移動も見られる。雲仙・普賢岳の火山活動は平成2年11月から平成10年6月までであったことから、噴火活動停止後の上流斜面では土砂生産・流出が活発であったことがわかる。

　図-2.3.5は雲仙・普賢岳における土石流発生時の最大時間雨量の経年変化を示したものであるが、雲仙・普賢岳の火山活動は平成2年11月から平成10年頃までであったことから、火山灰等が供給されている時期およびマグマ活動に伴う火砕流が停止するまでの

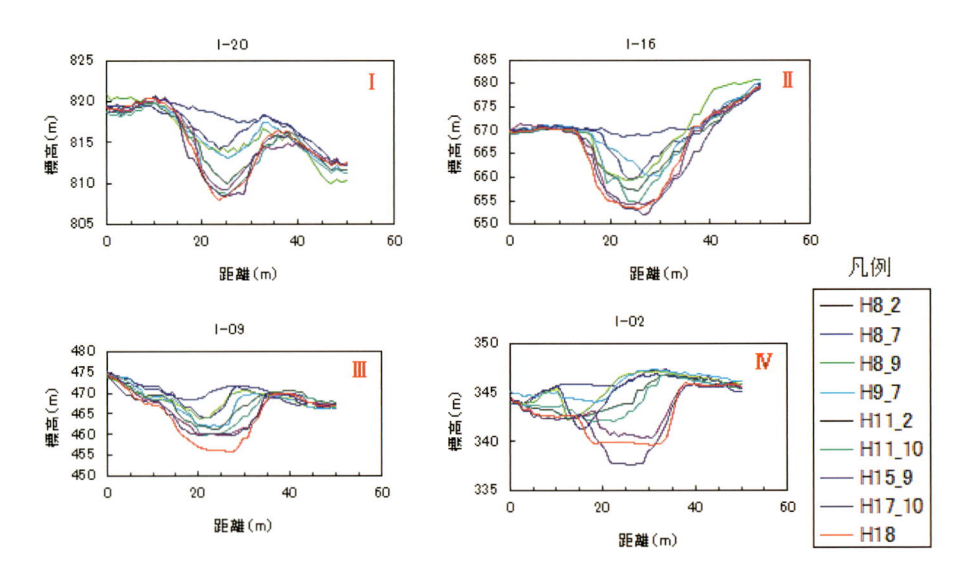

図-2.3.4　ガリー侵食の推移（国土交通省九州地方整備局）

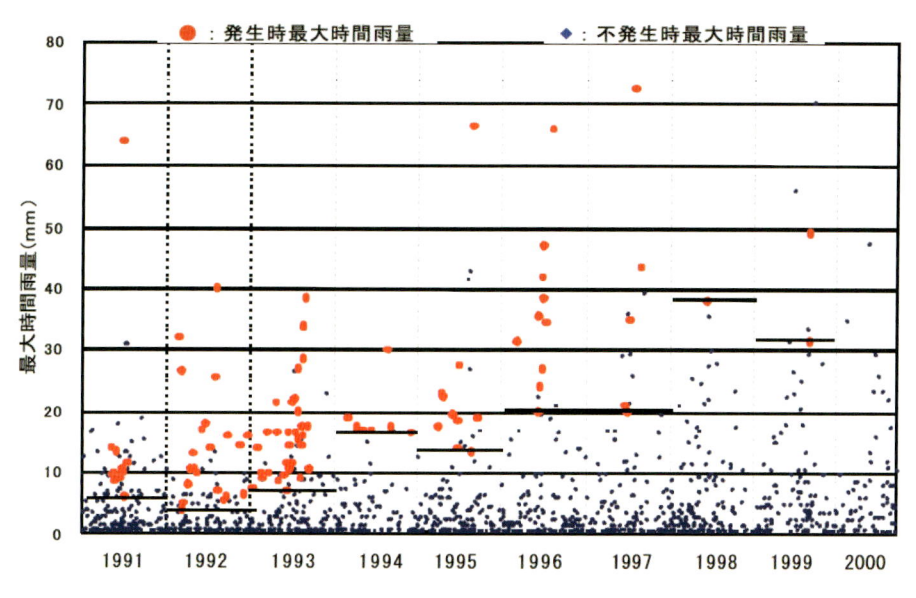

図-2.3.5　土石流発生時の最大時間雨量の経年変化（『雲仙普賢岳砂防基本計画』2001）

間は、少量の降雨でも土石流が発生しやすくなっていたといえる。この状況は現在も活発な噴火活動を継続している桜島でも同様である[5]。これらのことから、火山地域における土砂流出は定常的に活発であり、特に火山噴火活動期においては、さらに活発な土砂生産および土砂流出が行われ、大きな土砂災害を発生させうることが理解できる。

### （2）火山砂防事業

#### 1）火山砂防事業

以前は、火山地域における砂防事業は通常の砂防事業として行われてきたが、昭和58年の三宅島、昭和61年の伊豆大島における噴火活動による災害を契機として、火山地域の安全を確保し地域の人々が安心して生活できる基盤を創出するため、平成元年に火山砂防事業が創設された。これにより、火山噴火に起因した土砂災害対策および脆弱な地質条

写真-2.3.3　桜島・野尻川2号、3号堰堤
（国土交通省九州地方整備局）

写真-2.3.4　十勝岳流路工
（国土交通省北海道開発局）

写真-2.3.5　錦多峰川2号遊砂地（樽前山） 　　　　写真-2.3.6　溶岩導流堤（伊豆大島）

件を有する全国の火山地域（火山地、火山麓地または火山現象により著しい被害を受ける恐れがある地域）において砂防事業が行われている。火山砂防事業の対象となる土砂災害は、火山噴火等に伴う火山泥流、火砕流、溶岩流や土石流、および火山噴火活動が沈静化している場合における降雨に伴う土石流等の土砂流出現象である。砂防堰堤、遊砂地、導流堤等の整備による地域の安全確保をはかるためのハード対策（写真-2.3.3〜6）と、火砕流や土石流、火山泥流等の発生監視装置の整備、予想区域図の作成等により地域住民の安全確保をはかるための警戒避難体制確立に資するソフト対策を行う。

2）火山噴火緊急減災砂防事業

　火山噴火活動は、その発生時期や噴火場所の特定、被害範囲の長期的な予測は困難であるとともに、火山噴火の規模は大小様々であり噴火の頻度も小さい。また、施設整備には多くの時間と費用を要することから、噴火活動に伴う災害全てを対策施設で保全することは難しく、必ずしも合理的ではない。そこで、火山噴火に伴う土砂災害を対象とし、できるだけ被害を軽減するため、「平常時」には最低限の基幹的な施設の整備や用地取得等を行い、「緊急時」には噴火活動に応じた機動的な工事を行う「火山噴火緊急減災対策砂防計画」に基づく対策が行われている[6]（図-2.3.6）。

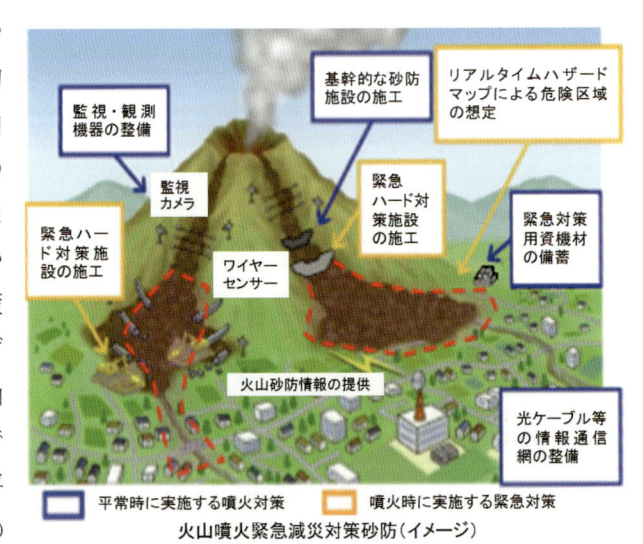

図-2.3.6　火山噴火緊急減災対策砂防のイメージ

## (3) 雲仙・普賢岳における火山砂防事業の実例

ここでは代表事例として、平成元年の火山砂防事業開始直後に大規模な火山噴火活動が発生した雲仙・普賢岳における取り組みをあげる。この取り組みでは、噴火時対策と噴火後対策の取り組みを明確にした砂防基本構想の公表、無人化施工技術開発の取り組みが行われる等、火山砂防事業において一つの転機になったものであった。

### 1) 噴火活動と被害の概要

雲仙・普賢岳は、長崎県島原半島中央部にある雲仙火山の主峰であり、雲仙火山は江戸時代以降、寛文3年（1663年）、寛政4年（1792年）、平成2年（1990年）からの3回の噴火が起こっている。

平成2年11月17日に198年ぶりに噴火活動を再開した雲仙・普賢岳は、平成7年5月25日のマグマ供給と噴火活動の停止会見までの4年半にわたり活発な火山活動を継続し、平成8年6月に噴火活動終息宣言がなされた。この間、島原市、深江町では度重なる土石流や・火砕流等の災害により、死者41人、行方不明者3人、負傷者12人、建物被害2,511棟（うち住家1,399棟）の被害が発生した。特に、平成3年6月3日に発生した火砕流は、死者40人、行方不明3人、負傷者9人、建物被害179棟という悲惨な被害をもたらした。溶岩総流出量は約2億m³であり、粘性の大きな溶岩が火口に盛り上がり、溶岩ドームとして成長・崩落を繰り返した。この溶岩ドームの崩落が火砕流となり流下した[7]。そしてこの膨大な火砕流堆積物を生産源として土石流が多発し、下流域の人家やインフラ施設、田畑等に壊滅的な被害を与えた。平成3年6月3日の大火砕流による被害の後には災害対策基本法に基づく警戒区域が設定され、同区域への立ち入りが規制

表-2.3.2 雲仙・普賢岳における火砕流・土石流による家屋災害（平成3年5月～平成5年8月）

| 年月日 | 災害区分 | 住家 全壊 | 半壊 | 一部損壊 | 床上浸水 | 床下浸水 | 計 | 非住家 | 合計 | 備考 |
|---|---|---|---|---|---|---|---|---|---|---|
| 平成3年5月15日 | 土石流 |  |  |  |  |  |  | 1 | 1 | 島原市 |
| 5月26日 | 火砕流 |  |  |  |  |  |  |  |  | 島原市 |
| 6月3日 | 火砕流 | 49 |  |  |  |  | 49 | 130 | 179 | 島原市 |
| 6月8日 | 火砕流 | 70 |  | 2 |  |  | 72 | 135 | 207 | 島原市、深江町 |
| 6月11日 | 噴石 |  |  | 11 |  |  | 11 |  | 11 | 島原市 |
| 6月30日 | 土石流 | 49 | 21 | 7 |  | 21 | 98 | 104 | 202 | 島原市、深江町、有明町 |
| 9月15日 | 火砕流 | 53 |  |  |  |  | 53 | 165 | 218 | 島原市、深江町 |
| 平成4年8月8日 | 火砕流 | 5 |  |  |  |  | 5 | 12 | 17 | 深江町 |
| 8月8日から15日 | 土石流 | 28 | 23 | 10 | 50 | 53 | 164 | 80 | 244 | 島原市、深江町 |
| 平成5年4月28日から5月2日 | 土石流 | 208 | 32 | 10 | 59 | 63 | 372 | 207 | 579 | 島原市、深江町 |
| 6月12日から16日 | 土石流 | 16 | 7 | 2 | 7 | 16 | 48 | 33 | 81 | 島原市、深江町 |
| 6月18日から19日 | 土石流 | 83 | 9 | 11 | 15 | 17 | 135 | 72 | 207 | 島原市、深江町 |
| 6月22日から23日 | 土石流 | 25 | 4 | 2 | 7 | 11 | 49 | 29 | 78 | 島原市、深江町 |
| 6月23日 | 火砕流 | 92 |  |  |  |  | 92 | 95 | 187 | 島原市 |
| 7月4日から5日 | 土石流 | 5 |  | 1 | 9 | 3 | 18 | 7 | 25 | 島原市、深江町 |
| 7月16日から18日 | 土石流 | 4 | 7 | 8 | 15 | 29 | 63 | 20 | 83 | 島原市 |
| 8月19日から20日 | 土石流 | 1 | 4 | 4 | 26 | 135 | 170 | 22 | 192 | 島原市、深江町 |
| 合計 |  | 688 | 107 | 68 | 188 | 348 | 1,399 | 1,112 | 2,511 |  |

出典：『雲仙・普賢岳噴火災害誌』

され、この警戒区域は火山活動レベルに応じて縮小されているが、平成25年現在でも溶岩ドーム付近では設定を継続している。

　土砂災害の発生状況は、火砕流や土石流が発生し始めた平成3年5月から終息宣言のあった平成8年6月までの間、火砕流発生回数9,432回、土石流発生回数62回、総流出土砂量約760万m³であり、国道および鉄道の不通は、国道57号：817日（H3.6.3～H7.4.28）、国道251号：196日（H3.6.8～H3.12.20）、島原鉄道：1,698日（H3.6.4～H9.4.1）にも及び、島原半島全体に大きな支障を与えた[7)8)9)]。また、家屋被害の状況を表-2.3.2に示すが、被害はすべて火砕流、土石流および噴石によるものであり、うち土石流による住家被害は約80%を占めている[7)]。

2) 土砂災害対策（緊急応急対応）の概要

　土砂災害対策としては、火砕流の流下が続き、警戒区域が設定される状況下での対応となることから、警戒区域より下流エリアにおける土石流の捕捉および除去により氾濫拡大を防ぐ暫定的対策と、各流域における砂防計画の基本構想（図-2.3.7）に基づく抜本的対策の段階的取り組みを実施している。噴火活動後の取り組みは、当初長崎県によって行われていたが、火山活動の活発化および長期化による被害の拡大、現地安全施工の困難性から、長崎県の要請により平成5年度から建設省（現国土交通省、以下同じ）の直轄砂防事業が開始された。しかし、平成5年梅雨期における大雨による大規模土石流の多発（4月～7月までの想定総流出土砂量約400万m³、写真-2.3.7）、中尾川流域への火砕流流下開始（6月には火砕流による死者発生）もあり、対策は作業員の立入が可能な範囲で

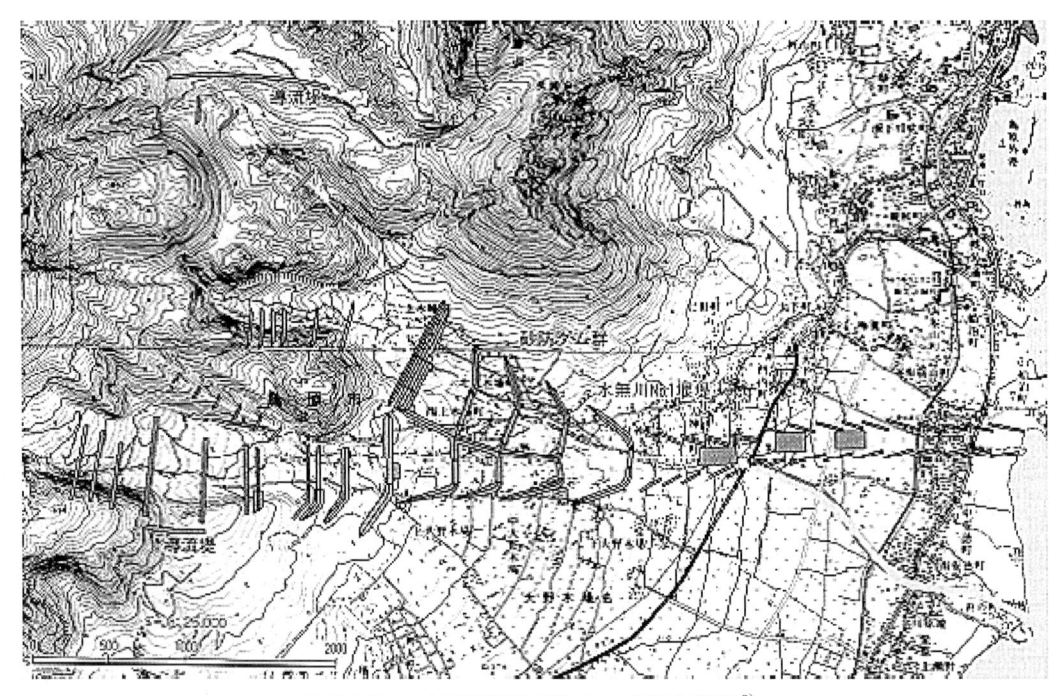

図-2.3.7　水無川砂防計画における基本構想[6)]

写真-2.3.7　平成5年4月29日土石流による被害状況
（国土交通省九州地方整備局）

写真-2.3.8　水無川緊急遊砂地

写真-2.3.9　水無川仮設導流堤

の既設砂防堰堤の除石、緊急遊砂地の整備および除石、鋼矢板による仮設導流堤建設等の緊急・応急的対応に留まった[10]（写真-2.3.8〜9）。こうしたことから建設省は無人化施工技術の開発を進め、平成6年からは警戒区域内での無人化施工による除石工事を開始し、また、基幹堰堤として平成7年から施工された水無川1号砂防堰堤工事においても活用された（写真-2.3.10〜11）。

仮設導流堤は、想定した土石流の流下・侵食や堆積傾向、氾濫域や流向変化、迅速施工かつ堆積土砂の活用を考慮した鋼矢板構造とし、この仮設導流堤をその後の恒久導流堤の一部とする段階施工を考慮した幅や配置（霞堤方式）とした。こうした緊急対策工は、警戒区域より下流での施工を原則としていたが、万一、火砕流が想定よりも下流に流下した場合でも、工事従事者の安全管理を確保する必要がある。このため、火砕流監視を行っていた自衛隊からの通報連絡体制整備、および火砕流発生通報後の工事従事者へのサイレン・フラッシュライト・携帯無線による周知体制の整備、迅速な避難のための自動車のエンジンをかけたままの下流向き配置、逃げ遅れも想定した避難用シェルターの設置、上流でのワイヤセンサーによる警報装置の設置等の対策も行った[11]。

噴火活動中の火山砂防計画においては、頻発して流出する土石流の堆積土砂の処分が極めて重要であるが、雲仙においては大量の流出土砂を地域の再生に利用されている（6.2の（2）参照）。

3）土砂災害対策（抜本的対策）の概要

抜本的対策は、「水無川砂防計画における基本構想（平成4年2月公表、同10月変更）」

写真-2.3.10　水無川での無人化除石工事

写真-2.3.11　水無川1号砂防堰堤（基準点のある堰堤）と水無川上流域

（以下、「水無川砂防基本構想」という）、「中尾川砂防計画における基本構想（平成5年12月公表）」、および「湯江川砂防計画における基本構想（平成6年12月公表）」に基づき実施されている。

　水無川砂防基本構想は、噴火沈静化後の10年間に連続して発生する土石流の総流出土砂量と、豪雨により発生する大規模な土石流の流出土砂量に加え、土石流の流下に伴う流木量の総量を計画対象土砂量とし、次の3項目の基本的考え方に基づき作成された。

1) 想定規模の土砂移動現象に対し、水無川と赤松谷川合流点から上流に砂防堰堤を配置し、長期的に地域の安全を確保する。
2) 想定規模を超える土砂移動現象等から災害の範囲、程度を軽減するとともに、砂防堰堤の完成までの土砂移動現象から地域の安全を図るため、中下流部に導流堤等の施設を計画する。
3) 噴火中並びに沈静化直後の降雨による土石流災害から被害を防止・軽減するため、緊急遊砂地の整備を行う。

　また、この基本構想に対する住民理解を得るため、地元住民代表、マスコミ関係者等を対象とした公開水理模型実験を平成5年1月に実施した。この結果、水無川と赤松谷川の合流地点直下流の水無川1号砂防堰堤をはじめ上流部に40基（変更後）の砂防堰堤群を配置し、水無川1号堰堤下流部には、平成3年6月30日に有明海まで直進した土石流の流下方向に導流堤を建設するという水無川砂防基本構想に示されている砂防施設の効果が確認された。

　平成7年9月、水無川砂防施設群の基幹となる水無川1号砂防堰堤に着手した。この堰堤は、水無川本川と支川赤松谷川の合流点下流に位置する堤長870m、高さ14.9m、堆砂容量100万$m^3$の大規模な堰堤であり、上流水無川本川および赤松谷川からの土石流捕捉、膨大な上流火砕流堆積物の2次移動抑制としての縦断コントロールの上で基幹的な施設である。他方、平成7年5月に火山噴火予知連絡会によるマグマ供給と噴火活動

山頂部に堆積する約1億m³
の火山噴出物
(福岡ヤフードーム約53杯分)

写真-2.3.12　平成23年10月現在の水無川流域（国土交通省九州地方整備局）

の停止会見が行われていたが、溶岩ドームは依然高温であり、その崩落の危険性がなくなった状況ではなかった。そのため、この水無川1号砂防堰堤の施工に当っては、本体部には超固練りコンクリートを用い、両袖部には現地発生土砂にセメントを混合した砂防ソイルセメント工法を用いた設計がなされ、その堰堤の一部を無人化で施工することとなった。無人化施工技術は、さらに上流堰堤群の建設においても活用されている。

　火山噴火活動停止後の流域の状況は、当初の火山砂防計画の基本構想が策定された頃と比べ、土石流の発生回数や流出土砂量が減少した。そのため、建設省は、豪雨時には土石流の連続発生している状況を踏まえ、水無川および中尾川では平成5年の土砂流出実績等を考慮し、梅雨や台風等の出水期での豪雨により連続発生する土石流を想定した計画として平成13年に火山砂防計画を見直した。また、火砕流の影響を受けた森林が回復しておらず、流出する土石流にほとんど流木が含まれないことから、土石流の発生に伴う流木量は見込まないこととした[7]。

## 4）今後の課題

　火口山頂部には、現在も約1億m³もの溶岩ドームが存在しており、雲仙復興事務所の観測によると、この溶岩ドームは平成9年〜23年の14年間に約1m移動していることが把握されており、この溶岩ドーム崩落に関する危険度や影響調査を踏まえ、崩落対策に取り組むこととしている（写真-2.3.12）。

参考文献
1）国土交通省砂防部：火山噴火に起因した土砂災害予想区域図作成の手引き（案）平成25年3月
　　http/www.mlit.go.jp/river/shishin_guideline/sabo/kazan_hm_h2503.pdf
2）稲垣秀輝・小坂英輝：火山地域の地形・地質の特徴と自然災害に対するリスクマネージメントによる土地利用－那須火山地域を例として、応用地質、第42巻第3号、pp149-162、（社）日本応用地質学会,2001
3）気象庁編：日本活火山総覧（第3版）、平成17年
4）内閣府防災広域的な火山防災対策に係る検討会　大規模火山噴火対策への提言（参考資料）
　　http://www.bousai.go.jp/kazan/kouikibousai/pdf/20130516_teigen_sanko.pdf
5）国土交通省九州地方整備局大隅河川国道事務所：土石流調査情報（土砂災害防止法第29条2項に基づく情報）

http：//www.qsr.mlit.go.jp/osumi/sabo/jyouhou/jyouhou04.htm
6）国土交通省砂防部：火山砂防事業について，平成24年度火山砂防事業評価検討委員会資料
　　　http：//www.mlit.go.jp/river/sabo/h24_kazansabo_hyoka/120120_shiryo2.pdf
7）内閣府防災中央防災会議：災害教訓の継承に関する専門調査会，1990-1995雲仙普賢岳噴火，災害教訓の継承に関する専門調査会議報告書，平成19年3月
8）国土交通省九州地方整備局雲仙復興事務所：砂防事業の概要－平成23年度
　　　http：//www.qsr.mlit.go.jp/unzen/gaiyo/gaiyo/sabo_gaiyo.pdf
9）国土交通省九州地方整備局：主な災害の概要、防災の取り組みと過去の災害
　　　http：//www.qsr.mlit.go.jp/bousai/index_c11.html
10）松井宗廣：火山砂防と噴火災害からの復興，雲仙普賢岳の火山災害から20年，自然災害科学97，Vol.30, No.1, pp10-18，日本自然災害学会 2011
11）国土交通省砂防部：火山噴火緊急減災対策砂防計画策定ガイドライン，平成19年4月

## 2.4 国土保全のための監視技術

　日本で土砂災害が多い理由は、険しい地形、脆弱な地盤、厳しい気象条件などであると考えられる。これら厳しい条件の下、変化する国土利用と災害の形態、社会的要請に応じた土砂災害対策を適時適切に実施するためには、国土の状態と変化を適切かつ効率的に把握する必要がある。

　広い国土を一律の精度で稠密に監視することは困難であるため、リモートセンシング技術を活用した広域の概略監視と、特定の現象や保全対象を念頭においた一定範囲の詳細監視、さらに個々の砂防施設点検記録等を組合せ、メリハリをつけた監視を実施する必要がある。また、監視情報を迅速に収集するためには、情報通信網の整備・活用も重要となる。

### (1) 監視技術と対象

　従来、面的な情報を得る手法として、空中写真撮影を用いていた。

　空中写真には航空機に搭載したカメラを用いて垂直方向あるいは斜め方向に地物を撮影した「垂直写真」、「斜め写真」がある。

　斜め写真は特定の対象に対して立体感を持った全容の把握が可能であるため、災害発生時の主要被災箇所調査などに用いられる。垂直空中写真は航空機の真下方向を連続して撮影するもので、隣り合った写真に映り込んだ同一地物の倒れ込みの違い（視差差）を利用した実体視判読や地形図の作成（空中写真測量）に用いられる。また、倒れ込みを補正することで、歪みのない写真（オルソフォト：正射投影写真）を作成することが可能となる。オルソフォトは継ぎ目が無く広域を把握できるため、複数時期のオルソフォトを用いて崩壊面積の変化量の計測等に活用できる。

#### 1) リモートセンシング技術

##### ⅰ) 航空レーザ計測等

　レーザ計測は機器から対象物に向けてレーザを照射し、反射して機器に戻ってくるまでの時間から対象物までの距離を取得する計測方式の総称であり、航空機に搭載したもののほか、地上設置型や車両搭載型、手持ち式（単独距離計測用）など、計測方法は種々ある。

　航空レーザ計測では航空機に搭載した機器から毎秒数万発以上のレーザパルスを地表に向けてジグザグに照射し、航空機の位置・姿勢とレーザパルス出力方向・距離から地物（地形）の絶対座標を点群として取得する。

　植生に覆われた山地では、レーザパルスが照射されると、一部のレーザパルスは枝葉で反射されるが、その他が枝葉のすき間を通り抜け、地表面に到達する。この地表面の反射波だけを抽出し、格子状に配列することで地表面のDEM（数値標高モデル）が取得できる。DEMの精度は都市域や道路では±10～20cm程度であるが、山間地域など植生に覆われた領域では地表面に到達したレーザパルスの割合に応じて低下する。

一般的に計測幅は、数百メートル程度であるため、広域の計測には複数のコースを飛行する必要がある。また航空機の位置精度確保、コース間位置調整、地表面点群の抽出など、DEM 取得までの処理には一定の時間を要する。

ⅱ) 衛星リモートセンシング

土砂災害対応での衛星リモートセンシングは、主に「航空機観測できない場合の情報」、「迅速な広域情報」、「均質な広域情報」を把握する場合に活用することが多い。具体的には、火山噴火中、荒天時、夜間などの航空機観測が困難な場合や、広域で発生した土砂災害（大規模地震災害 等）の概略把握に活用される。また、目的物が自動解析できる場合は、広域で均質な情報が得られる衛星データの活用が有効である。

土砂災害対応の衛星リモートセンシングで使用するセンサーは、大きく分けて、光学センサーと、合成開口レーダ（SAR）の 2 つに分けられる。

・光学センサー

光学センサーは、太陽の光（可視光・赤外線）の反射を観測するセンサーであり、航空写真と比べて、同じ画像品質でより広域かつ安価に撮影できるという特徴を持ち、噴火時の降灰範囲の把握、大震災時の崩壊地分布の把握、海外の土砂災害の状況把握等に活用される（写真 -2.4.1）。

・合成開口レーダ（SAR）

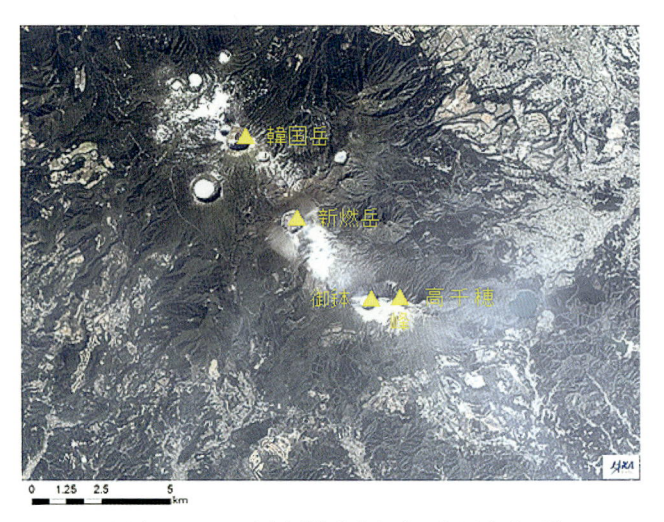

写真 -2.4.1　霧島新燃岳噴火時の衛星光学画像
（2011 年 2 月 7 日だいち撮影 JAXA）

衛星合成開口レーダ（衛星 SAR）は、人工衛星が進行方向に対して真横斜め下方向に向けてマイクロ波（図 -2.4.1 参照）を照射し、その地表からの反射波が衛星に到達した順に反射強度を記録するシステムであり、悪天候時や夜間でも撮影できる。分解能は、光学センサーに比べ低いが、悪天候時の天然ダムの探索（図 -2.4.2）、微少な地盤変動の調査（SAR 干渉解析）等で活用される。

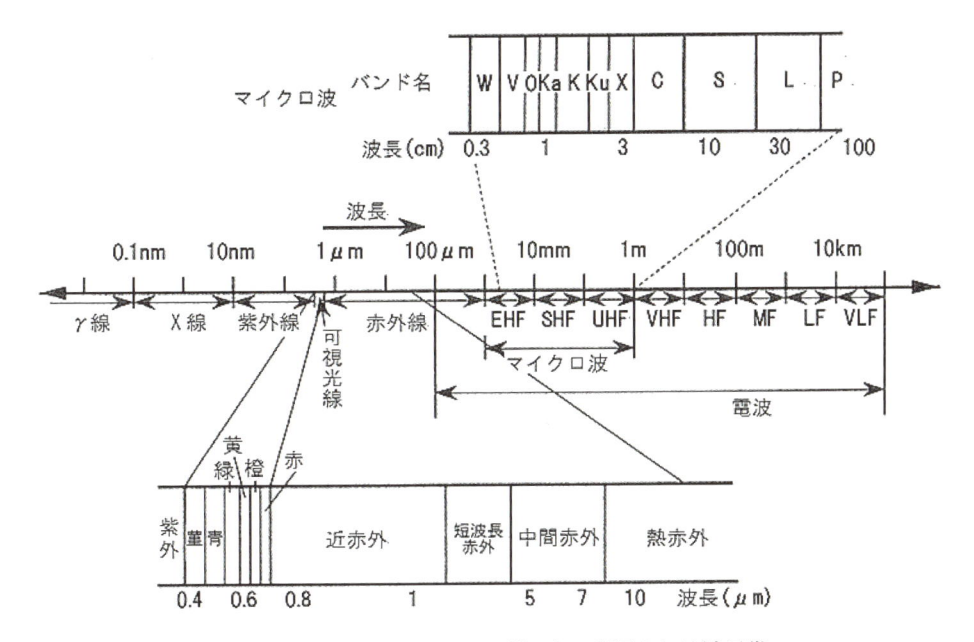

図-2.4.1 リモートセンシングで主に利用される波長帯
（日本リモートセンシング学会 1992 より）

写真-2.4.2 平成23年台風12号による河道閉塞
（五條市大塔町赤谷）の衛星SAR画像
（2011年9月5日観測 TerraSAR-X）

2）現地監視技術

ⅰ）土石流の監視

　土石流監視は、土石流の流下をセンサー等で検知し、工事の安全管理等に活用する。検知情報はその地域で土石流災害が続発する危険性が高まっていることを示す有用な情報であり、周辺に居住する住民に避難を促すための参考情報として活用できる。

　土石流の流下を検知する方法としては、ワイヤーセンサー、振動センサー等の土石流検知センサーがある。ワイヤーセンサーは、土石流が流下すると思われる渓流の河道を横断するようにワイヤーを張り、土石流の通過に伴い切断することで土石流の通過を検知する

接触型センサーである。現在最も一般的に使われているが、一度切断されると、再度ワイヤーを設置しなければならないことが課題である。一方、振動センサーは、土石流が流下する際に発する地盤振動がある一定の閾値(いきち)を超えたら検知するセンサーである。非接触型センサーであることから、比較的安全に設置ができ、土石流が連続して発生する場合でも繰り返し検知が可能である。現在、ワイヤーセンサーに次いで全国的に広く用いられている。その他の非接触型センサーとしては、CCTV画像等から画像認識技術を応用して土石流を検知する技術なども開発されている。

ⅱ）流域土砂移動の監視

豪雨時に斜面崩壊や土石流が多発した場合や大規模崩壊が発生した場合には、下流域に多量の土砂が流出し、谷底平野や扇状地などにおいて土砂災害が発生する恐れが高まる。さらに、大規模崩壊に伴い河道閉塞した場合には天然ダム決壊により甚大な被害も懸念される。これらの被害の回避・軽減をはかるには、まずは流域内における土砂移動現象を即座に把握することが重要である。

土砂災害が発生するような豪雨時等、特に山地部における土砂移動現象は人目に触れにくく、また、情報が伝達されるまでに時間を要することなどから、より即時的に土砂移動現象を把握するため、流域監視体制の構築が望まれる。

流域内の土砂移動を把握する手法として、①崩壊や土石流の発生源において直接的に土砂移動を検知する手法（土石流検知センサー、斜面崩壊検知センサー）、②渓流に流送された土砂の流砂量を把握する手法（流砂量計、濁度計）、また、大規模な崩壊現象においては、③土砂移動に起因する震動波形から崩壊を検知する手法（振動センサー）、④上流域における天然ダムの発生を河川水位の急変により把握する手法（水位計）などが考えられる。

いずれの手法についても、土砂移動現象の発生を見逃しや空振りすることなく確実に捉えることは困難であるため、複数手法の組み合わせや、誘因となる雨量情報との組み合わせによって総合的に判断して土砂災害防止対策につなげていくことが望ましい。

ⅲ）地すべりの監視

地すべりの監視は、地すべりの地表変動を計測し、警戒避難等の判断の参考とするために行われる。地盤伸縮計、地盤傾斜計、地上測量、GPS測量等によって、地表に発生した亀裂、陥没、隆起等の変動を計測することが多い。

地表変動を計測するために最も一般的に用いられているのは地盤伸縮計である。滑落崖等の亀裂をまたいで設置し、亀裂を挟む区間の伸縮量（変位量）を計測する。計測値の意味合いが明確であることや精度が良いことなどから多く使われ、警戒避難等の管理基準値の設定事例を含めて多くの実績がある。また、変位速度の変化から滑落時期の予測を行うこともなされている。

滑落崖等の地すべりの境界部が不明瞭な場合は、多数の伸縮計を測線に沿って連続的に設置する方法や、地盤傾斜計、地上測量、GPS測量等が用いられる。地盤傾斜計では、

変動の累積傾向から地すべりの活動状況を判断する。微少な変動を捉えることができ、近年は様々なセンサータイプの傾斜計が開発されている。地上測量、GPS 測量では、三次元の変位量が得られるため、伸縮量だけでなく、隆起・沈降の状況も把握できる。

地すべりの変位速度が大きく、地すべり地内への立入が困難な場合は、ターゲットを地すべり地外からボウガン等で打ち込んで測量する方法やレーザースキャナによる測量等も実用化されている。

iv）火山監視

火山監視は、火山噴火に起因した土砂災害に対する緊急減災対策等の対応を迅速に行うことを目的として、そのような土砂災害発生の急迫性を示す情報を早期に把握するために行う。

火山噴火後は土石流が頻発する恐れがあるが、その急迫性を示す情報を把握するためには、降灰状況を監視する必要がある。例えば、火山噴火が何度も繰り返す桜島では、自動的に降灰量を計測する自動降灰量計等が使われている。

また、溶岩流、火砕流、火山泥流等、火山活動が直接の引き金となって発生する現象については、これらによる土砂災害発生の急迫性を早期に把握するために、気象台や火山の専門家と連携して、これらの現象の発生の予兆となる現象、例えば、地震や火山体の変形量等を監視する必要がある。例えば、雲仙普賢岳では、現在も溶岩ドームの変形が進行しており、光波距離計等を使って監視を行っている。

3）土砂災害情報収集・伝達システム

ⅰ）監視情報の通信技術

前述のような現地監視システムが取得した情報を集中して監視するために、監視施設に情報を収集する必要がある。通信経路は大きく有線通信と無線通信に分けられる。一般的に通信の信頼性が第一条件であり、その次に通信速度が条件となるほか、現地の状況やコスト等を考慮して、監視現場ごとに最適な通信経路を選択する必要がある。

監視情報のうち、特にCCTVなど、通信容量が大きい情報については有線を用いて高速に通信することが望まれる。有線の伝送路はメタル回線や光ファイバー回線であり、無線通信に比べて回線容量が大きく、通信が安定しているという特長を持っているが、容易に移動することができないこと、初期投資が高額になること、災害により通信ケーブルが切断されると通信できなくなることなどの欠点を持つ。

一方の無線通信は伝送路を持たないため、移動しながらの通信や同報が可能であり、緊急的な通信網を早く設置することができるという特長があるが、電波伝搬環境が悪い場合（植生、地形、電波干渉、気象状況による減衰、回折、屈折、干渉、反射など）は通信ができなくなることがある。無線システムには無線 LAN、携帯電話回線、衛星通信等、様々なものがあるが、平成 23 年 3 月 11 日の東日本大震災時における携帯電話回線のように、周波数が逼迫することにより通信ができなくなる場合があるため、無線システムの選定に

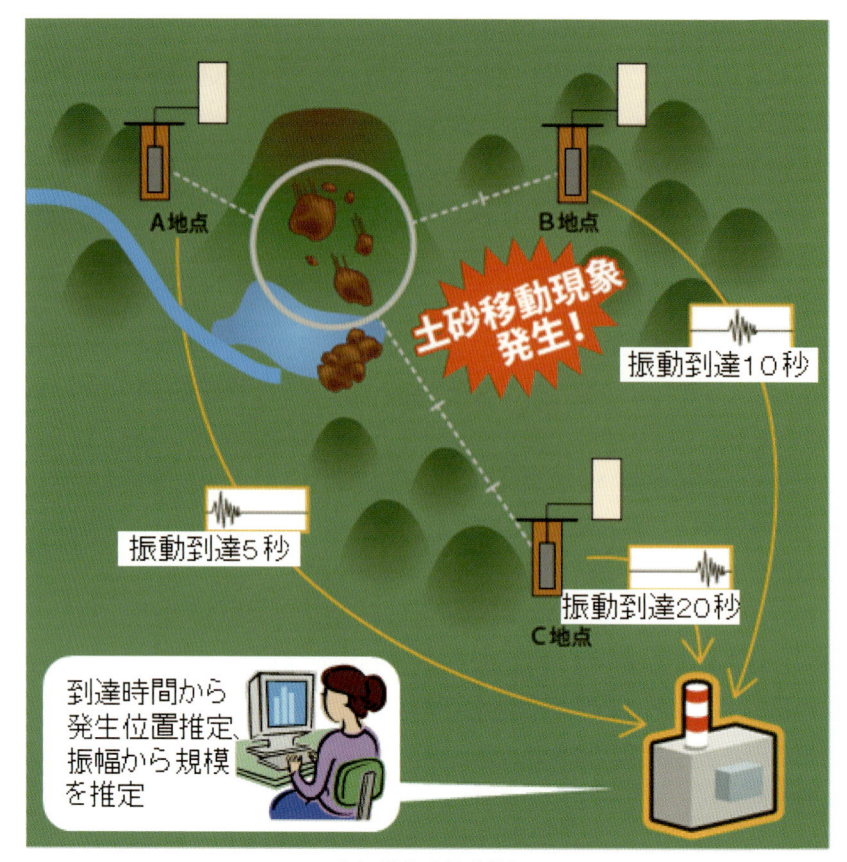

図-2.4.2　大規模土砂移動検知システム

は注意が必要である。また、無線システムの無線局自体が故障すれば、当然に通信ができなくなるため、無線局の耐震性や無停電化措置等を考慮する必要がある。

ⅱ）大規模土砂移動検知システム

　山腹崩壊などの大規模土砂移動現象発生時には、地盤振動が複数の観測地点で同時期に観測されることから、地震の震源決定技術を応用し、大規模土砂移動現象の発生位置を特定する技術が開発されてきた。そこで、振動センサーを面的に配置し、その観測データから大規模土砂移動現象の発生箇所を監視するシステムが国土交通省によって整備されてきている（図-2.4.2）。

　大規模土砂移動検知システムは「観測局」、「通信」、「監視局」の3つの要素からなる。「観測局」は、大規模土砂移動現象が発する地盤振動を観測するための振動センサーおよび振動センサーの観測記録を監視局に送信するための通信設備等で構成される。「通信」設備によって観測局で得られた観測記録を監視局まで送付する。「監視局」では、観測局から送られてくる観測記録を記録・保管するとともに、演算・処理して、大規模土砂移動発生箇所を推定するためのサーバ等が設置される。

## （2）砂防施設の点検

　国土や地域の保全のために設置された砂防設備、地すべり防止施設および急傾斜地崩壊対策施設（以下、「砂防関係施設」という）が所期の効果を継続的に発揮するように、管理者はその機能に影響を及ぼし得る周辺の状況を把握し、状況に応じて対策を行う必要がある。

　砂防関係施設および周辺の状況把握のために実施する点検は、定期的な点検と、出水・地震等の後に臨機に実施する点検とに大別される。

　定期的な点検は、原則として年1回以上、出水期前までに実施することとしており、構造物の状況および周辺における斜面等の変状や崩壊・土砂流出の有無、その他維持管理上必要と認められる事項について目視点検を基本として実施することとしている。

　点検の結果、砂防施設の管理上重大な支障の可能性がある場合には、詳細点検を実施するとともに、対策が必要な場合には対策手法を検討・実施する。

　また、出水・地震等の後に実施する点検は、土砂流出や斜面崩壊、地震動による構造物の破損等の被害の有無を中心に、砂防関係施設の効果の発現状況、周辺状況を含めて点検し、被害の拡大や再度災害を防止するための対策が必要と認める場合には、適切な対策手法を検討・実施する。なお、地震については、震度4以上の地震が発生した場合に速やかに点検を実施することとしている。

　この他、水辺に親しむ一般の利用を念頭に置いた砂防関係施設を対象として利用者の安全確保の観点から実施する安全利用点検があり、利用者が増加すると想定される時期までに点検を実施することとしている。

　これらの点検を通じて得られた結果は、日常の維持管理や次回以降の点検に活用できるよう記録する。また、安全利用点検の結果については、一般に周知するとともに、変状等が確認された箇所への立入規制等の応急措置を速やかに実施することとしている。

## 2.5 総合的な土砂管理

### (1) 総合的な土砂管理が求められる背景

　河川流域や海岸における土砂移動に係る問題は、土砂災害、ダム堆砂、河床低下による河川構造物等の洗掘、河床上昇による洪水氾濫、河口砂州の縮小、海岸侵食など多種多様である。これらのうち主要なものとして、1960年代の高度成長期において、多目的ダムや発電ダムが数多く建設されたこと、全国のコンクリート骨材需要を支えるため、河川の中下流域を中心に大量の砂利採取が行われたこと、また、砂防事業や治山事業の進展による禿山の減少・植生の回復と土砂の流出抑制効果などにより、多くの河川で河床低下傾向が顕著となり、海岸侵食が著しくなったことがある。

　これまで、土砂移動に係る問題については、主にそれぞれの領域において、砂防事業、ダム事業、河川事業、海岸事業等の個別事業で対応してきたが、個々の領域における対処療法的な対応では抜本的な解決とならない事態となってきている。このため、流域の源頭部から海岸までの一貫した土砂の運動領域を「流砂系」という概念で捉え、総合的な土砂管理に取り組むことが、平成10年7月、河川審議会総合土砂管理小委員会により提言された[1]。

　ここで、「総合的な土砂管理」とは、土砂移動に関する課題に対して、砂防・ダム・河川・海岸の個別領域の問題として対策を行うだけでは解決できない場合に、各領域の個別の対策にとどまらず、流砂系一貫として、土砂の生産抑制、流出の調節等の必要な対策を講じ、解決を図ることをいう。

　流砂系において土砂移動により生じている防災、環境上の課題等を上流から下流方向に順次まとめると以下のようである。

### 1) 山地・山麓部・扇状地等における土砂災害

　砂防事業が対象とする領域であり、かつては森林伐採や山火事等の影響で全国的に禿山が広がっていたが、現在ではその多くが植生で覆われている。また、砂防施設等の整備効果もあり、死者・行方不明者が一度に数百名を超えるような激甚な土砂災害が発生することは極めてまれとなった。しかし、現在でも年間約千件程度の土砂災害が発生し、人命や生活基盤に直接的な影響を及ぼしている。また、大規模な地震、豪雨等に伴い、深層崩壊、天然ダムの形成・決壊など、流砂系において大規模な土砂生産があった場合、災害直後の影響に加えて、数年から数十年、場合によっては百年以上にわたり、下流の土砂動態・環境に大きな影響を及ぼす場合がある。

### 2) ダム堆砂と下流河川への影響

　平成17年度現在における全国の974ダム（国土交通省所管、発電ダム等）の堆砂量は総貯水容量に対する率で約8％となっている[2]。ダム堆砂が計画以上のスピードで進行している場合には、洪水調節容量の減少による洪水調節機能への影響、利水容量の減少に

よる必要水量確保への影響、取水施設の機能低下など様々な障害が生じる。

また、ダムにより土砂の移動が妨げられると、下流河川では河床材料が粗粒化するとともに、洪水流量も減少するので高水敷の冠水頻度の低下、澪筋の固定化、高水敷の樹林化など河川環境の悪化が生じる場合がある。

3）河道における土砂堆積および河床低下・局所洗掘による被害

上流からの土砂供給の減少により河床が急激に低下すると、護岸等の河川管理施設や橋脚等の許可工作物の基礎が洗われ、補強・改築が必要となってくる。他方、上流域で大規模な土砂生産があった場合、土砂供給の増加による河床の急激な上昇は、洪水氾濫の危険性を増大させる。

4）海岸侵食

海岸侵食は全国的に顕在化しており、昭和53年〜平成4年の15年間では、年平均160haの侵食量があった。それ以前の約70年間で年平均72haの侵食があったことと比較すると、侵食速度が急速に増加している[3]。ダム等の設置や砂利採取等により、河川から海岸への土砂供給が減少するとともに、海岸構造物の設置による沿岸漂砂の遮断など、様々な要因が組み合わさって海岸侵食を引き起こしている。海岸侵食の進行は貴重な国土そのものの減少、高潮・波浪等に対する砂浜が持つ防災効果を直接低下させるだけでなく、海岸保全施設の防災効果も低下させる。また、ウミガメの産卵に必要な砂浜、海岸植生の減少は、自然環境や景観への影響にも支障が生じている。

(2) 総合的な土砂管理の基本理念

河川審議会総合土砂管理小委員会は、総合的な土砂管理の目標を「時間的・空間的な拡がりをもった土砂移動の場（流砂系）において、それぞれの河川・海岸の特性を踏まえて、土砂の移動による災害の防止、生態系・景観等の河川・海岸環境の保全、河川・海岸の適正な利活用により、豊かで活力ある社会を実現する」とした。この目標を達成するため、以下の視点を十分に考慮することが重要である。

1）場の連続性

土砂管理の場として、最上流部の山腹斜面から海岸の漂砂域まで土砂移動が生じる領域全体（流砂系）を捉える必要がある。その際、上流から下流の縦方向の連続性や流域といった面的広がり、また、海岸の沿岸方向の連続性等を考慮することが重要である。

2）時間の連続性

大規模な洪水時において生産された土砂は、洪水期間中の短期間に全て移動するのではなく、その後の中小洪水を含む出水により、不連続的に下流へ移動する。このため、土砂

管理は洪水時の短期的な土砂移動だけでなく、その後の中長期的な平常時の土砂移動も対象とする必要がある。

### 3）土砂の量と質

河床を構成している土砂の粒径は、一般的に上流ほど粗く、下流に行くほど細かくなるが、実際には、河床勾配、川幅、流量等に応じて大小様々な粒径が混在する。このため、土砂の量的な管理だけでなく、粒径で代表される質の変化も考慮した管理を行う必要がある。

### 4）水との関連

土砂は不連続的に移動するが、その移動外力は水である。このため、土砂の管理は水の管理とともに検討する必要がある。

## (3) 総合的な土砂管理の取り組み事例

ここでは、代表事例として安倍川流砂系（図-2.5.1）を取り上げる。

### 1）流砂系の概要

静岡県の安倍川は流域面積約567km$^2$、幹川流路延長約51km、平均河床勾配約1/25.5（約2.2度）の急流河川である。上流部には日本三大崩れの1つである大谷崩れ（写真-2.5.1、面積約1.8km$^2$、崩壊土砂量約1億2千万m$^3$）を有する。流域は、糸魚川－静岡構造線の西側に位置し、これに平行する2本の逆断層（十枚山構造線、笹山構造線）の影響を受け、著しく破砕され風化しやすく脆弱な地質構造となっている。また、上流域は年平均降水量が2,800mmを越える多雨地帯であり、平野部の平均降水量も約2,200mmとなっている。このため、上流域では活発な土砂生産が行われ、流出土砂は堆積と移動を繰り返しながら安倍川を流下し、静岡平野を形成するとともに、駿河湾に至り、漂砂として連続して静岡・清水海岸を形成している。安倍川は下流域においても、河床勾配が1/250程度と急であり、中流域の様相のまま河口に至るため、河口部においても砂に混じって礫や小石が多く見られる。また、安倍川は静岡市の市街地を貫流し、国道1号、東海道新幹線、東名高速道路などの重要交通網が集中している。

安倍川における主な水害・土砂災害としては、大正3年8月の天然ダムの決壊による洪水被害、昭和41年9月の梅ヶ島温泉街を中心とする土石流災害等があげられる。近年では、昭和57年8月洪水、平成3年9月洪水で堤防欠壊が生じたが、水防活動に

写真-2.5.1　大谷崩れ

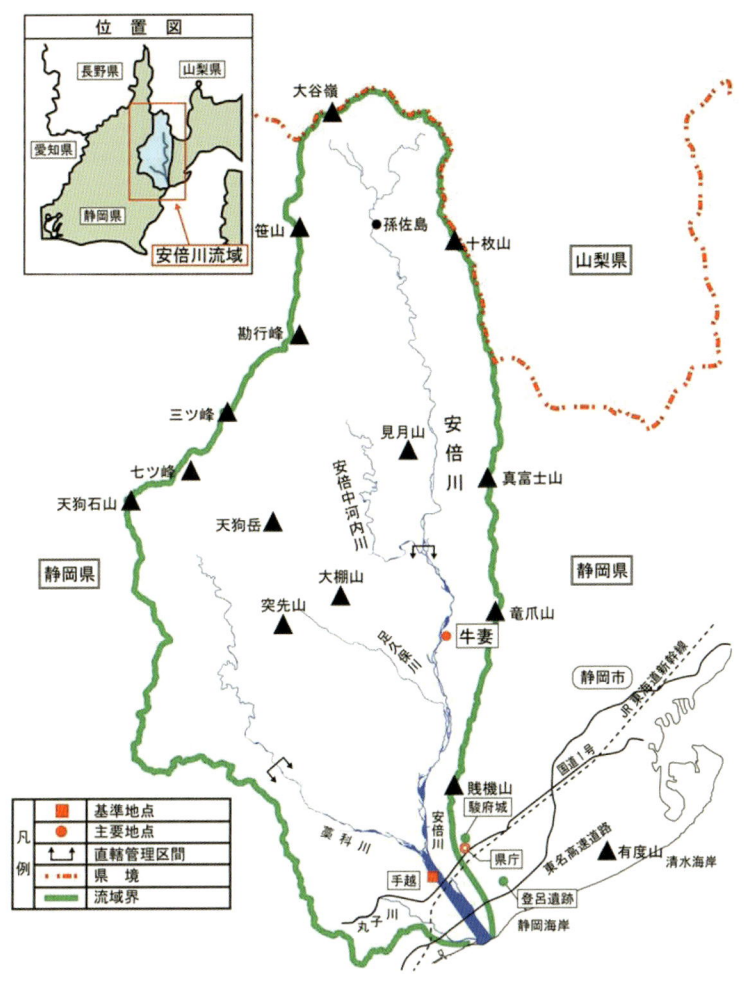

図-2.5.1　流域平面図

より破堤を免れた。

　駿河湾は、湾入口の水深が 2,500m に達する日本有数の深い湾であることから、急峻な海底地形を有し、外洋からの波浪がほとんど減衰せず海岸線に到達するため、海岸侵食と高波浪による被害が発生している（写真-2.5.2）。

## 2）各領域における対応と総合土砂管理上の課題

　上流域では大正 5 年より静岡県による砂防事業が、昭和 12 年度より国による直轄砂防事業が実施されている。直轄砂防事業では、主に大谷崩れからの土砂生産・流出を抑制し、河状の安定および洪水時の河川災害の防止を図るため、平成 23 年度までに砂防堰堤 20 基、床固工 61 基等の整備が行われた。

写真-2.5.2　静岡海岸の被災状況
（昭和 56 年）

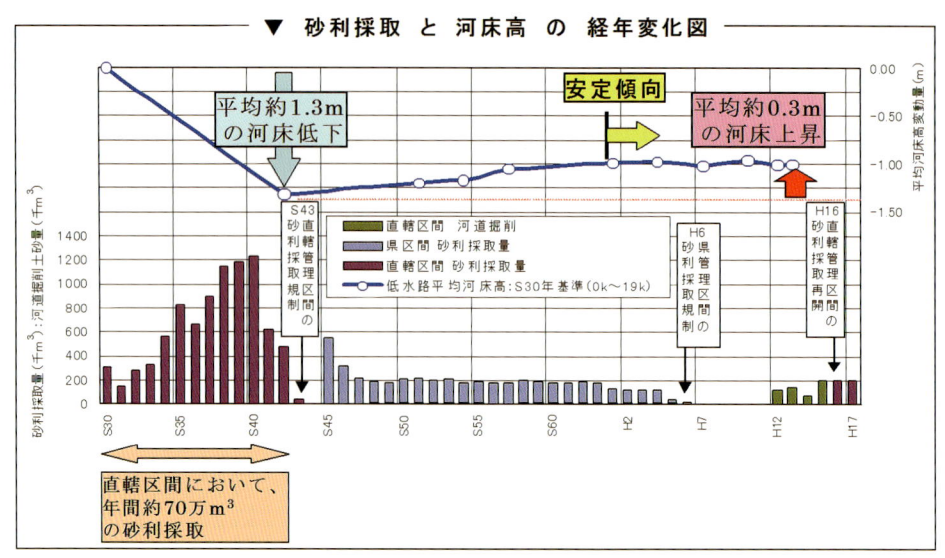

図-2.5.2　年度別砂利採取量と河床高の経年変化[4]

　中・下流域では、高度成長期の昭和30年から昭和43年にかけて約870万m³（年平均約70万m³）の砂利採取が行われ、昭和31年と比較して、全区間にわたり平均0.5m〜2.5m程度河床が低下した。その結果、橋梁、護岸など構造物が被災した。このため、昭和43年に直轄河川管理区間（河口から22km）の砂利採取が、平成6年には県管理区間の砂利採取が規制され、直轄管理区間の河床は上昇傾向に転じている（図-2.5.2）。近年では、下流区間において洪水時には流下断面の不足や澪筋の偏流により、高水敷や堤防の侵食等の被害が発生している。このため、緊急対策として平成12年度より河床掘削に着手し、掘削土砂の一部を海岸の養浜に利用している。

　海岸域では、高度成長期の大量の砂利採取に起因すると推定される海岸侵食が、昭和40年代に入ってから安倍川河口付近に現れ始め、昭和52年以降東側に向かって年平均270mの速度で急速に拡大し、昭和60年代には清水海岸まで到達した。しかし、砂利採取の規制に伴う安倍川からの土砂供給や養浜、離岸堤整備等により、安倍川の河口に近い静岡海岸では汀線は回復傾向になっている（図-2.5.3）。

3）土砂動態の実態と予測

　昭和54年〜平成23年の33年間の流量データ、砂利採取データ等をもとに、赤水の滝（45.2km）から河口まで一次元河床変動計算による各断面の通過土砂を求めると図-2.5.4のようである。これより、河口から海岸への土砂供給は年平均25万m³程度となり、このうち、0.075mm〜0.25mmの細砂が8割、0.25mm〜75mmの砂礫が2割を占めることがわかる。

　主要区間ごとに見ると、赤水の滝の上流域と砂防区間の支川からを合わせて年平均16万m³の供給土砂があり、同区間における侵食土砂量が15.4万m³、砂利採取量が6.8万

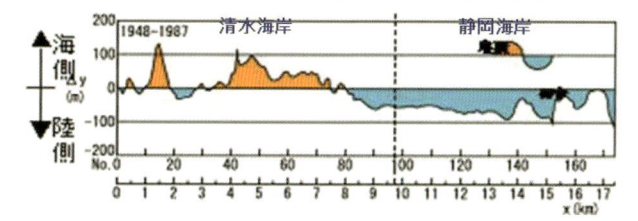

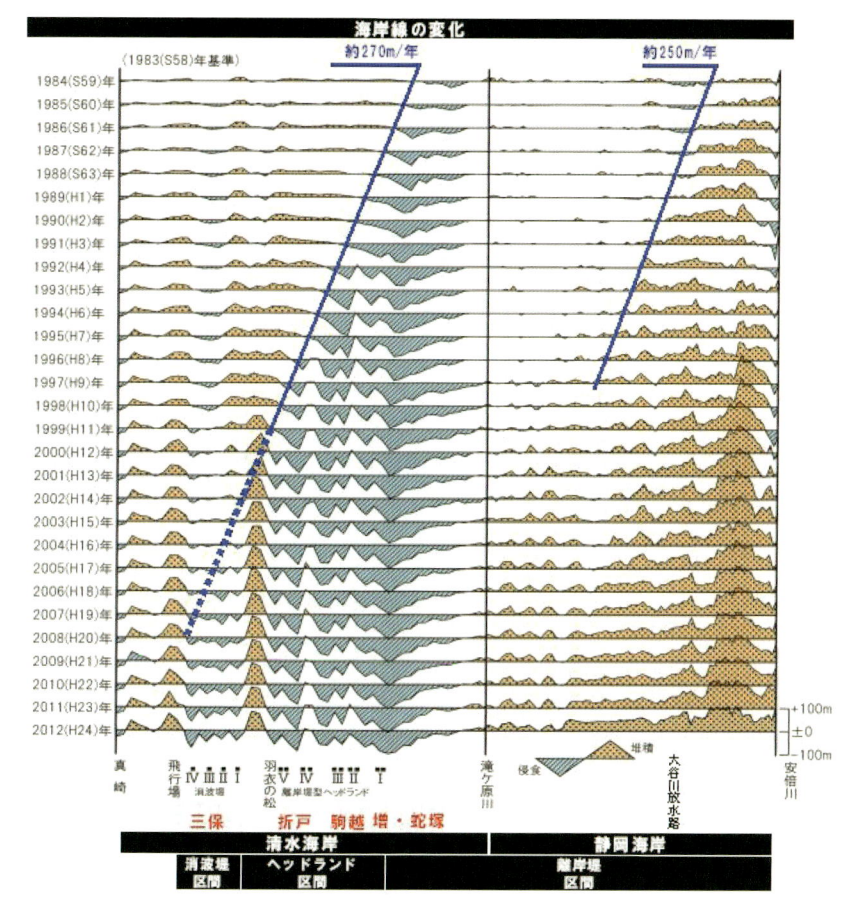

図-2.5.3　静岡・清水海岸における汀線変化[4]

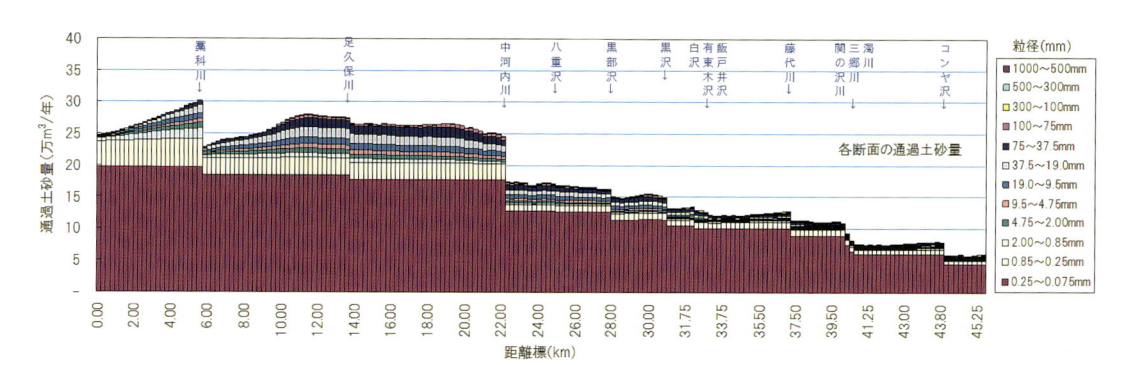

図-2.5.4　粒径別通過土砂量[5]

m³ で、玉機橋（22km）から本川下流へ年平均 24.6 万 m³ の土砂が流出している。玉機橋より下流では、中河内川、藁科川など支川から年平均 15.3 万 m³ の土砂供給、本川河道で 9.2 万 m³ の土砂堆積、6 万 m³ の砂利採取により、差し引き 24.7 万 m³ の土砂が河口から海岸へ流出していることになる。

4）総合土砂管理の基本方針と対策

　国土交通省および静岡県の連携による安倍川流砂系の総合土砂管理の基本原則は以下の 6 つである[6]。
　(a) 国土の維持・保全に必要な土砂は流砂系内でまかなう。
　(b) 土砂の連続性を確保する。
　(c) 主要地点での目標土砂移動量を設定する。
　(d) 時間的・空間的に移動速度の異なる土砂移動現象を反映した各領域毎の管理を行う。
　(e) 土砂動態を評価する計画対象期間は数十年間（30 年程度）とする。
　(f) 持続的に実施していき 5 ～ 10 年を一応の管理サイクルとし、計画も含めて適宜見直しを行う。

　また、「砂防、河川、海岸の連携のもと、各領域の管理・保全施設等を活かして安全性を確保しながら、土砂の連続性を考慮し、可能な限り自然状態に近い土砂動態によって形成される流砂系を目指す」ため、各領域における管理方針[6]を以下のとおりとしている。
　(a) 土砂生産・流出領域
　　　急激な土砂生産・流出による災害を抑制しながら、下流へ安全に移動させる土砂動態を目指す。
　(b) 山地河川領域
　　　洪水時の急激な土砂の流下を抑制しながら、下流へ安全に移動させる土砂動態を目指す。
　(c) 中・下流河川領域
　　　洪水に対する安全性を確保（著しい局所洗掘等の防止、流下能力の確保）しながら、安倍川特有の河川環境を維持し、かつ安定的に海岸へ移動させる土砂動態を目指す。
　(d) 海岸領域
　　　高潮・越波災害に対する安全、三保の松原等の景勝地の保全等の観点から、可能な限り自然の土砂移動により必要な砂浜幅を確保する。

　これらの基本方針に基づき、安倍川流砂系では、国土交通省、静岡県等の関係機関の連携のもと、全国初となる総合土砂管理計画を平成 25 年 7 月に策定した[6]。

(4) 総合的な土砂管理のための調査・モニタリング

　平成 24 年 6 月に改定された河川砂防技術基準・調査編では、第 16 章「総合的な土砂管理のための調査」を新たに設け、流砂系一貫した調査の目的、基本方針、調査内容等を

示している。基本方針では、総合的な土砂管理が持つ基本的性格を踏まえ、以下の3つの要件を満たすよう調査を行うこととしている。

(a) 対象とする流砂系の全体像を捉えること

　総合的な土砂管理を支える基本情報を得るための種々の調査（現地調査、観測、モニタリング、データ整理、モデリング・解析、これらに基づく分析等）は、流砂系の全体像の理解に資するように統合的に進めていくことが重要である。

(b) 課題を生じさせている構図とそこでの流砂系の関わり方を明らかにすること

　個々の課題の抽出・羅列にとどまらず、課題に関わる因果関係の全体像、すなわち課題の構図を、流砂系に直接関係しないものも含め、具体的に理解・想定し、その構図において、流砂系がどのように関係しているかを明確にし、その上で、流砂系の課題解決につなげることが重要である。

(c) 課題解決のための要素技術の検討を土砂管理の検討に適切に組み合せること

　課題解決のためになすべき施策の方向性を具体的に明らかとし、施策を実行する手段としての要素技術の検討を組み込むことが重要である。要素技術としては、ダムからの排砂技術、土砂管理による土砂流送量の増減が下流河川の環境に与える影響の評価法、土砂動態を制御する構造物等の機能評価等などがある。

　以上の3要件は相互に関連するものであり、対象とする流砂系の特徴を踏まえ、3要件間で適切なバランスを取るとともに、3要素が満足される調査内容を統合的に計画・実施していくことが重要である。

　山地河道の土砂動態のモニタリングは、流砂の形態が土石流、掃流状集合流動、掃流砂、浮遊砂など多様であるとともに、流量の増減が急激に生じるため、これまで連続的な流砂水文観測を実施することが難しかった。最近では音響センサー（ハイドロフォン）を用いた掃流砂観測、濁度計、浮遊砂サンプラーを用いた浮遊砂観測等が全国の直轄砂防流域で実施されるようになり、標準的な観測手法も確立されつつある。ただし、これらの観測手法を単独で用いるのではなく、従来から行われてきた砂防堰堤・貯水池の堆砂測量、河床縦横断測量等も合わせて実施し、総合的に解析することが必要である。平成24年4月に公表された「山地河道における流砂水文観測の手引き（案）」[7]では、山地河道における流砂水文観測の考え方や標準的な手法等が示されている。

参考文献

1)「流砂系の総合的な土砂管理に向けて」報告，河川審議会総合政策委員会総合土砂管理小委員会，1998年7月
2) 国土交通省水管理・国土保全局HP（ダムに関する主な課題）
3) 国土交通省水管理・国土保全局HP（平成22年度海岸事業予算概算要求概要）
4)「安倍川総合土砂管理計画検討委員会資料」静岡河川事務所，2007年3月
5)「第8回安倍川総合土砂管理計画検討委員会資料」静岡河川事務所，2012年3月
6)「安倍川総合土砂管理計画」中部地方整備局，2013年7月
7)「山地河道における流砂水文観測の手引き（案）」国土技術政策総合研究所資料，2012年4月

# 第3章　地域保全

## 3.1　砂防で目指すべき地域保全

　土石流・がけ崩れなどにより人命や財産が直接的な被害を受けることを防ぐため、砂防は地域において砂防法や土砂災害防止法等による土地の指定を行い、砂防施設や警戒避難体制の整備等を行っている。この際には基礎的自治体や町内会等の地域団体、そして地域住民との連携・協力が不可欠である。これら関係者とともに、土砂災害に強い地域づくりを考え実行していくのであるが、その過程において地域それぞれの歴史、文化、産業、自然環境等との繋がりを尊重し、これらが継承されつつ持続的に発展する地域の形成に貢献していくこと、これが砂防で目指すべきと考える地域保全である。

　土砂災害対策は、発生斜面・渓流への対策と被災区域への対策の両面からのアプローチが必要であり、発生斜面・渓流と要施設区域には砂防法等による指定地と砂防施設等の整備を、被災想定区域には土砂災害防止法による区域指定と警戒避難体制の整備をセットで進めることが基本である。少なくとも、砂防法等によるものと土砂災害防止法による区域指定の両方を行うことが必要である。また、これらの実施に伴う協議や説明の場は、基礎的自治体や住民等が地域の土砂災害の危険性、関係者それぞれの役割や課題について理解を深め、平常時からの防災活動や砂防施設の維持管理等への参画、非常時の迅速・適確な対応に向けて重要な場であることを意識することが必要である。

　災害が発生した場合には、迅速に緊急的な二次災害防止の措置を行い、さらに恒久的な再度災害防止のための対策を行うことになる。これらは原則として都道府県が主体となるが、国も専門家派遣等により関係市町村と伴に対応し、一刻も早い地域の復旧・復興を目指す。このことは、結果として国に全国の比較的大きな災害対応等の経験や知見、データが蓄積されることとなり、わが国の技術力の向上につながることになる。

　また、災害の規模が大きい場合や工事実施が困難な場合には、国がその対策を実施することになるが、対策が終わった後には施設の管理は原則として都道府県へ引き継ぐ仕組みになっている。この仕組みは地域の保全という観点から、国と県の役割分担を考えた場合に合理的と考えられる。ただし、噴火や強い地震、長雨で発生した土砂災害の場合は国土保全の立場から経時的な状況変化を検証しておく必要がある。

　被災地域の復旧・復興にあたっては、砂防関係事業を通じた地域の振興も念頭においておくことが必要である。過去にも多くの例があるが、例えば昭和9年の室戸台風で災害を受けた京都府雲原村（現福知山市）においては、農地の整備と一体となった砂防事業

が立案・実施され、農村地域の復旧と復興を併せて成らしめた砂防事業として現在でも参考にされている。

　土砂災害によりもたらされた地域の社会・経済的なダメージを早期に回復し、将来に向け持続的に発展するための全体構想が、砂防を含む関係者で策定・共有されていることが地域保全において重要である。

## 3.2 土石流・地すべり・がけ崩れ・雪崩災害の概要と対策の基本的考え方

### (1) 土砂災害の発生状況

斜面が、重力や流水などによる力を受け、安定限界を超えると斜面の下方へ移動を開始する。これらの現象の中に、がけ崩れ、地すべり、土石流などがあり、このような土砂移動現象が、人家や道路、田畑などに直接被害を与えたり、二次的な被害をもたらすことを土砂災害という。また、斜面の雪が移動して発生する雪崩災害についても、ここで取り扱う。

図-3.2.1 に、平成 14 年から平成 23 年までの土砂災害の発生状況を示した。全体としては、がけ崩れの発生件数が多く、次いで土石流あるいは地すべりの順である。

近年、地球規模の気候変動の中、局地的な激しい豪雨による土砂災害が目立ち、この10年間の死者・行方不明者数は 276 名に達し、この間の土砂災害発生件数を平均すると年間 1,150 件にのぼる。

土砂災害は、様々な自然災害の中でも死者が発生する割合が高く、図-3.2.1 に示した10年間でも平成 19 年を除く全ての年に犠牲者が出ている。これは、土砂災害を防止する施設の整備率が 20％程度と低いことと、災害発生の前兆的な現象がわかりにくく、住民にとっては現象が突然起きるため避難行動が取り難いことが挙げられる。

そのほか、土砂災害の特徴としては、中山間地域で発生しやすいため、集落や交通網に壊滅的な被害を与え、人的被害のみならず地域社会に甚大な影響を与える場合がある。

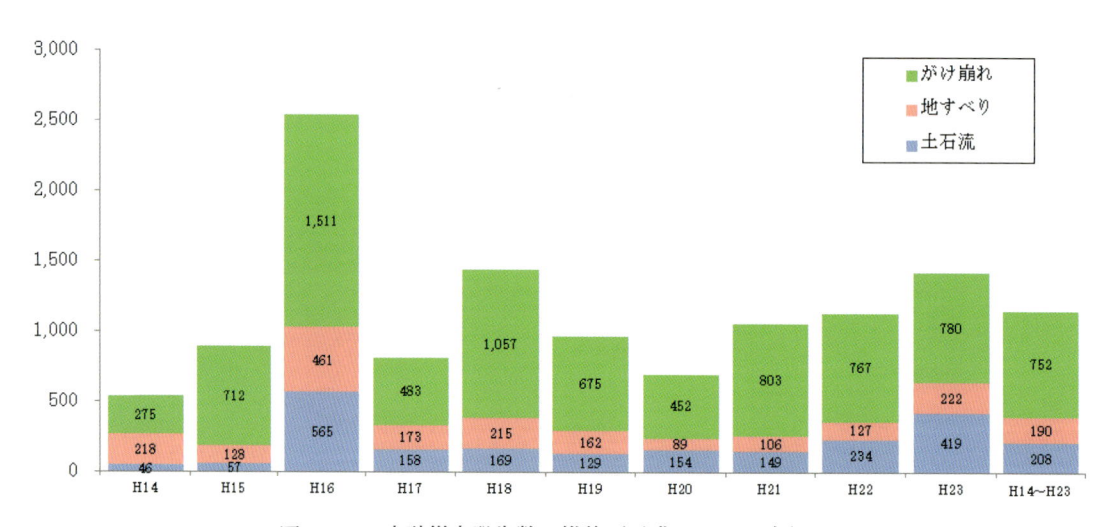

図-3.2.1 土砂災害発生数の推移（平成 14 ～ 23 年）

### (2) 土砂災害の特徴と対策

1) 土石流災害

## ⅰ) 土石流の特徴

### a) 土石流とは

　土石流とは、山腹や渓床を構成する土砂や石礫の一部が、水と混然一体となって流れ下る流動現象を言う。土石流は規模や構成材料などによってその性質は異なり、日本では主に、先頭部が多くの礫で構成されている石礫型土石流と、桜島などで発生している粒子の細かい材料で構成されている泥流型土石流が発生している。流動深が数 m 程度の通常の土石流が流下する速度は、石礫型土石流で秒速 3～10m、泥流型土石流で、秒速 5～20m といった値が観測されている[1]。また土石流には、直径数 m の巨石や多くの流木が含まれる場合があり、巨石は先頭部に集まる性質があるため大きな破壊力を有する（写真 -3.2.1）。巨石や流木を含んだ土石流が勾配の急な流下域において木造家屋等に衝突すると、一瞬のうちにそれらが破壊され、大きな災害を引き起こすことがある。

写真 -3.2.1　石礫型土石流の写真
（上高地の上々堀沢）

### b) 発生・流下・堆積

　土石流の発生機構としては、斜面崩壊した土砂がそのまま流動化する場合、渓流に堆積している土砂が流水の力で集合的に動き出す場合、渓流をせき止めて形成された天然ダム（河道閉塞）が決壊して発生する場合がある。土石流は、降雨を誘因として発生する場合がほとんどであるが、地震による斜面崩壊や融雪期の地すべり末端部の流動化などが原因となって発生する場合もある。土石流は、その規模や構成材料、河床状況によって形態が異なるが、一般に河床勾配が 15°以上の区間で発生し、10～20°の区間で流下し、2～15°の区間で堆積する（図 -3.2.2）。

　堆積域では土石流の流速は衰え、先頭部から徐々に停止する。後続流の量が多い場合には、後続流は土砂流状あるいは掃流状態になって、停止した先頭部の脇をすり抜けてさらに下流に流下し堆積する。堆積域で土石流が家屋に到達する場合には、家屋の 1 階部分のみが破壊されたり、家屋は破壊されないまま土砂に埋もれることもある。土石流はしばしば、複数回にわたり発生・流下し、堆積域では最初に堆積して河床が高くなった区域を避けて後続の土石流が流下堆積する「首振り現象」を起こす場合があり、このような場合には堆積範囲は谷出口から枝分かれして広がる（写真 -3.2.2）。1

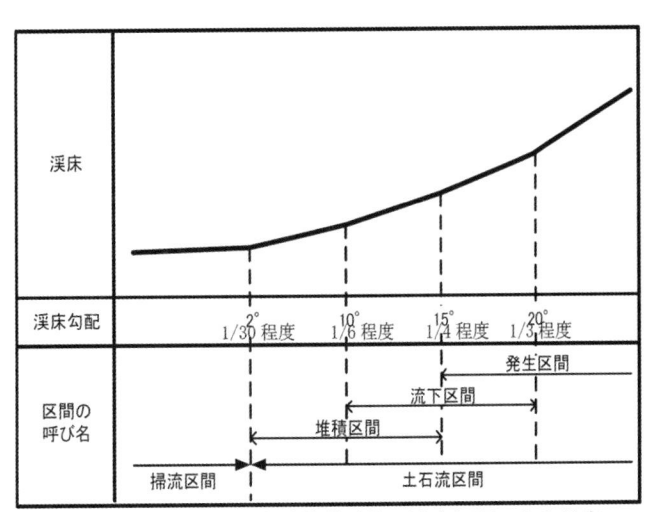

図 -3.2.2　土石流の土砂移動形態の渓床勾配による目安

写真-3.2.2　土石流災害写真（平成21年防府市）

回の土石流の規模は、発生時点での土砂量と流下時に河床等の土砂を巻き込む量によって異なるが、多くの土石流が発生する流域面積1km²以下の渓流では、数千m³から数万m³の規模の土石流が多い。

ii）土石流対策

土石流対策の主な施設は砂防堰堤（土石流捕捉工）であるが、そのほかに土石流導流工、土石流堆積工などがある（図-3.2.3）。

流木の発生・流出が予想される場合は、土石流とともに流木に対しても、合理的かつ効果的な対策が実施されている。流木は、立木、倒木、伐採木等が山腹崩壊、渓岸侵食、土石流の流下等に伴って発生する。

a）砂防堰堤（土石流捕捉工）

砂防堰堤は、土石流や流木を捕捉し下流への流出量を減少させる機能を持つ。また、土石流が砂防堰堤を越える場合にも、下流へ

図-3.2.3　土石流・流木対策施設の種類

の到達時間を遅らせたり、土石流先頭部の巨礫や流木を捕捉して土石流を土砂流に変化させるなどの機能を持つ。

砂防堰堤には、満砂になるまで常時の土砂を貯め続ける不透過型堰堤と、常時の土砂はスリット部から流出させ、洪水時にはスリットの機能により土砂や流木を捕捉する透過型堰堤の2つのタイプがある。

不透過型砂防堰堤は、常時流入する土砂を堆積させ堆砂域を形成することから、堆砂域の山脚が固定され、渓流の両岸で発生する崩壊や地すべりを防ぐ機能を持つ。また、平時堆砂勾配と出水時堆砂勾配の間の空間に、土石流を捕捉することができる。ただし、土石流捕捉後、中小洪水により出水時堆砂勾配が平時堆砂勾配に自然に戻ることは必ずしも期待できないので、次の土石流発生時においても同様の効果を期待するためには、堆砂域に貯まった土砂を取り除くための除石工事を日頃から行っておくことが望ましい。少なくとも、土石流捕捉後速やかに除石することが必要である。土石流対策としての不透過型砂防堰堤は、通常、重力式コンクリートタイプであるが、近年、スリット間隔を小さくした鋼製スリット堰堤も設置されている。

土石流対策の透過型砂防堰堤には、鋼製スリット砂防堰堤（写真 -3.2.3）とコンクリートスリット砂防堰堤があり、

写真 -3.2.3　透過型砂防堰堤による土砂と流木の捕捉

河床勾配が2°以上の渓流を対象として設置する。どちらも平常時の土砂を流下させ、土石流の捕捉量を確保する機能は高いが、コンクリートスリット砂防堰堤では中小出水時に流水の塞き上げの影響で多少の土砂が貯まる可能性がある。また、コンクリートスリット堰堤の場合、捕捉していた土砂が洪水時後半に抜け出る可能性があるので、スリット部分には土砂流出防止用の桟を設ける必要がある。土石流捕捉後は速やかに除石工事を行い、土石流捕捉容量を回復しておく必要がある。

土石流対策の砂防堰堤は、そのタイプや現地状況により流木捕捉量が異なるので、計画量を適切に算定する必要がある[2]。

b）土石流導流工、渓流保全工

土石流導流工は、安全な場所まで土石流を導流するよう、主に砂防堰堤の下流部に計画する。土石流が上流域で十分処理される場合には、通常の渓流保全工を計画する。渓流保全工は扇状地を流下する渓流などで、渓岸の侵食・崩壊などを防止するとともに、縦断勾配の規制により渓床侵食などを防止する施設で、床固工、帯工、護岸工などの組み合わせで構成される。

渓流保全工は、多様な渓流空間・生態系の保全、自然の土砂調節機能の活用の観点から、

拡幅部や狭窄部などの自然の地形を活かして計画する必要がある。

c）土石流分散堆積地、遊砂地

　土石流分散堆積地は、土石流を面的に安全に捕捉するために設置するもので、その形状は土石流の流動性および地形の特性を把握して適切な形状とする。土石流分散堆積地の上下流端には砂防堰堤または床固工を設ける。土石流の堆積区間より緩勾配の区間で、土石流の後続流の土砂を堆積させるためには、遊砂地を設ける。

2）地すべり災害

ⅰ）地すべりの特徴

a）地すべりとは

　地すべりとは、斜面を構成する地盤の一部が、地下水の影響などにより、ほぼ原型を保ちながら一体となってゆっくり斜面下方に向かって移動する現象を言い、主として粘性土をすべり面として活動する。

　多くの場合10～20°の緩斜面で発生し、移動速度は1日あたり0.01～10mm、規模は1～100haのものが多い。移動する土塊の厚さは、数十mに達するものもあるが、平均して20m前後の値を示す。その活動には持続性、再発性があり、年間15～20mmの速度で十数年も同様の動きをする場合もあれば、年間数十mm～1m以上移動し最終的に、移動速度が増して一気に滑り落ちるいわゆる「滑落」に至る場合もある。また、降雨の影響により雨期に動きが活発になり、雨期が終わると移動速度が落ちたり、移動が停止したりする場合もある。また、すべり面勾配が20°以上の場合、等速で移動を開始し、その後変位が加速して、短時間のうちに滑落することもある。30°以上の急斜面で多く発生し、斜面の一部が崩れ小さく分解して移動する「がけ崩れ」とは特徴が異なる。

b）原因

　地すべりが発生する主な原因としては、降雨や融雪などに起因する浸透水が土塊の間隙や岩の割れ目に浸入し、土塊や岩石のせん断強度を減少させる作用と、浸透水が下位に存在する地下水に加わり、地下水圧または間隙水圧を増加させ、その結果地すべりのせん断抵抗力を減少させる作用が挙げられる。また、地震や、河川水による侵食、人為的な盛土・切土なども原因となる場合がある。

c）分布

　地すべりの多くは、特定の地質や構造体で発生している[3]ことから、地すべりの発生しやすい地域がある。固結度の低い岩石が分布するグリーンタフは北海道西南部から東北、北陸、山陰および北西九州地方に分布し、地すべりの発生が多い地域である。また、固結度の比較的高い岩石が断層や褶曲などによって破砕されていたり、破砕や風化が深部まで進行している中央構造線沿いの中部地方、紀伊山地、四国地方、九州地方では比較的大規模な地すべりが発生している。その他、温泉地すべりなどと呼ばれる、別府や箱根のように火山岩類の変質による粘土化が原因して発生する地すべりも多い。

d) 分類

　地すべりは一定期間の運動の後に休止し、その後また運動を繰り返す場合が多いため、地すべり地形といわれる特徴ある地形が見られる。図-3.2.4は典型的な円弧すべりによって出現した地すべり地形を示したものである。このような地形を呈する斜面は再活動の可能性が高いため、地すべりの危険個所として認識される。

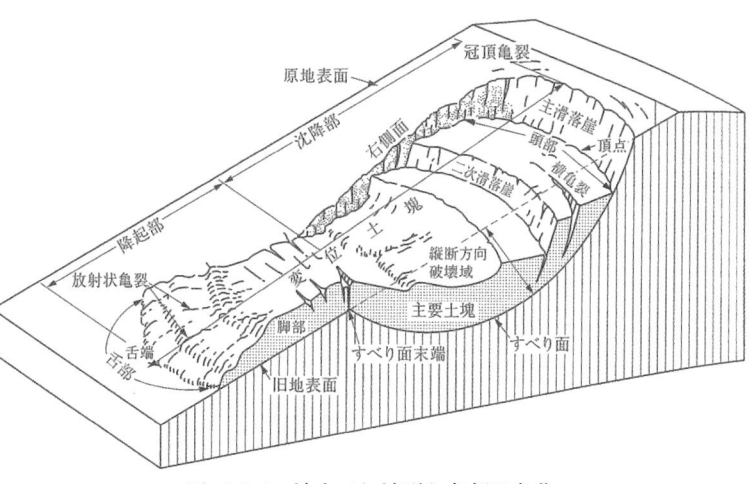

図-3.2.4　地すべり地形と各部の名称

　地すべりは一般に、岩盤地すべり、風化岩地すべり、崩積土地すべり、粘質土地すべりに分類される。

- 岩盤地すべりは、過去に前歴がない斜面が突発的に移動して発生する、一般に深い地すべりで、発生面積も大きいことが特徴である。
- 風化岩地すべりは、岩盤地すべりの風化が進行し、再発したものといわれ、地すべり土塊は強風化岩である。
- 崩積土地すべりは、土塊が主として礫混じり土砂で構成されており、風化岩地すべりから移行したものや、崖錐堆積物が移動を始めたものがある。典型的な地すべり地形を示し、運動は断続的である。また、多くの地すべり運動ブロックに分割され、末端部では流動性を帯びる。
- 粘質土地すべりは、土塊の大部分が礫混じりの粘性土で構成され、地すべりのブロック化はさらに進行して複雑な相互運動を起こし、運動は継続的なものとなる。地形的には、ほぼ一様な斜面勾配を有する細長い明瞭な凹状の緩斜面を呈する。

e) 災害の形態

　通常の地すべりは、その動きが緩慢であるため避難は比較的容易にでき、人的被害は少ないが、広範囲にわたって道路などの構造物や人家などに亀裂や傾きを生じさせ、地域の生活に大きな影響を与える。また、地盤の変位が大きくなる場合は、道路や構造物、人家が破壊されるなどの重大な被害が生じる。岩盤地すべりや地震によって発生する地すべりなど、移動速度が早い地すべりの場合には、道路や人家などが短時間に移動、破壊される危険性が高くなる他、斜面下方に河川がある場合、天然ダムを形成することもある。

　多くの地すべりは、発生後大きな移動はせずに、発生域に留まるが、一部の地すべりでは、運動が活発化し滑落が生じ、移動土塊の一部が流動化して下流域の人家などに被害を及ぼすことがある。

地すべりの前兆としては、地盤に亀裂や陥没・隆起などが発生したり、地下水に変動が起こる。これらの変位は、地表面や道路周辺の構造物などから確認されることが多い。

ii) 地すべり対策

a) 地すべり対策の基本

地すべり防止施設は、抑制工と抑止工に分けられる（図-3.2.5）。地表水や地下水を排除したり、地すべり

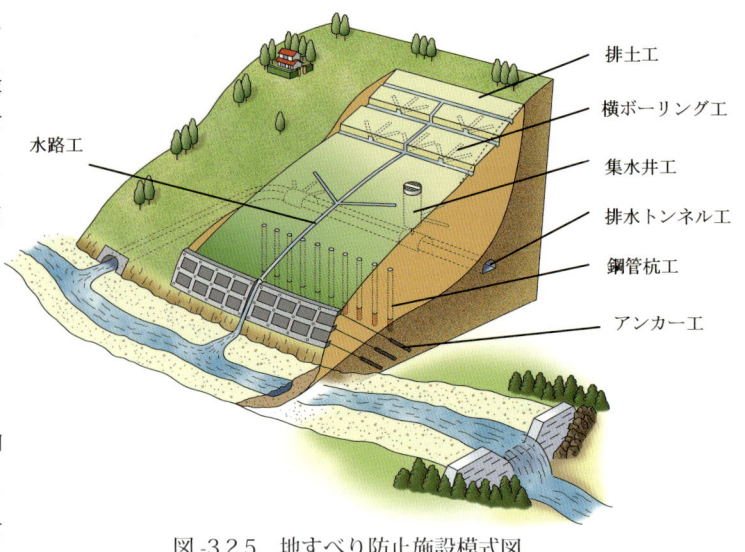

図-3.2.5　地すべり防止施設模式図

の頭部排土や押え盛土などの地形改変を行うことにより斜面のバランスを改善する方法を抑制工と呼ぶ。杭工やアンカー工などの構造物により、地すべりの推力に対する抵抗力を増加させて地すべりを停止させる方法を抑止工と呼ぶ。

地すべり対策は、抑制工と抑止工を組み合わせて実施することが多い。通常は、抑制工から実施し、地すべりの動きを低減させてから抑止工に着手することが適切である。

b) 抑制工

「排土工」は、地すべりの推力を減じる点でもっとも確実な工法であり、地すべりの頭部域で排土を行う。「押え盛土工」は、地すべり末端域に盛土することによって、せん断抵抗力を増加させる工法である。「水路工」は、地すべり地内に流入する地表水を排除するために施工する。

地下水を排除するための施設としては、横ボーリング工、集水井工、排水トンネル工などがある。「横ボーリング工」は地表面から斜め上に5〜10°の角度でボーリングを行い、穴のあいた塩化ビニル管などを挿入して地下水を排除する方法である。「集水井工」は、直径3.5〜4.0m程度の井戸を掘削し、井戸内部からすべり面に向かって集水のためのボーリングを行って地下水を排除する方法である。「排水トンネル工」は、地すべりのすべり面の下側、あるいはすべり面の外側の安定した地盤にトンネルを掘削し、トンネル内部からボーリングによって地すべり土塊にある地下水を排除する方法である。移動層が厚い場合などに計画される。

c) 抑止工

「杭工」は、すべり面より深い位置にある不動地盤に達する杭を設置することで、杭の抵抗力によって地すべり活動を停止させる工法である。杭の材料には主に鋼管が用いられる。杭の直径は一般的に300〜500mmで、掘削は大口径ボーリングマシンで実施される。

「シャフト工」は深礎工とも呼ばれ、地すべりの規模が大きく、鋼管杭では地すべりの

力に対抗できない場合や大口径ボーリングマシンなど大型の施工機械が搬入できない場合に計画される。シャフト工の径は一般に2～6mで、孔壁をライナープレートなどの部材で保護しながら掘削し、その後鉄筋を建込み、内部にコンクリートを充填してシャフトを完成させて地すべりに抵抗させるものである。

「アンカー工」は、不動地盤まで、アンカー材と呼ばれる鋼材を挿入して定着部をコンクリートで固め、アンカー頭部をコンクリートで固定することにより鋼材の引張り強さを利用して地すべりに抵抗する工法である。

3) がけ崩れ災害
ⅰ) がけ崩れの特徴
a) がけ崩れとは

がけ崩れとは、勾配の急な斜面の一部が、雨や地震などの影響によって急激に崩れ落ちる現象をいう。がけ崩れは30°以上の急斜面での発生が多く、崩れた土塊は小さく分離して移動する特徴を持つ。緩斜面で発生し、土塊の一定範囲がほぼ原形を保ちながら一体となって移動する地すべりとは特徴が異なる。

b) 災害の形態

がけ崩れで崩落する土塊の厚さは2～3m以下の場合が多く、移動する土砂の規模は比較的小さいが、がけに近接して家屋が存在する場合には、崩落土砂は直接人家に被害を及ぼすことになる。また、がけ崩れは初期段階では変位は小さいが、変位が一定の大きさになると突然崩落するため、人的被害が発生する割合も高くなる特徴を持っている。

がけ崩れは全ての地質において発生するが、花崗岩系の風化マサ土、火山噴出物のシラス、火山灰土など特殊土壌地域の場合には、集中的に発生することがある。また、がけ崩れは地形的要素との関係も少ないが、勾配については急勾配ほど発生確率が高く、特に50°を超えると高い確率になる[4]。がけ崩れの多くは、比較的薄い表土層で発生していることから、雨量強度がその発生に強く影響するものと考えられる[5]。

がけ崩れの前兆としては、がけにひび割れができる、小石がぱらぱらと落ちてくる、がけから水が湧き出る、普段からある湧き水が止まる、湧き水が濁る、地鳴りがする、などが報告されているが、兆候がなく突発的に発生することもあり、雨量強度の大きい降雨が予想される場合には早めの避難が重要である。

なお、がけ崩れが発生した場合の土砂の到達距離は、統計的にがけ地の脚部からがけ高の範囲に8割、がけ高の2倍の範囲に9割がほぼ収まっている[6]。

ⅱ) がけ崩れ対策

がけ崩れ対策は、「急傾斜地の崩壊による災害の防止に関する法律」で行われることが多い。同法で規定されている急傾斜地崩壊防止施設は、斜面の形状、地表水、地下水の状態等の自然条件を変化させることによって斜面の安定を図る抑制工と、構造物によって斜面の崩落、滑落を抑止する抑止工に大別される（図-3.2.6）。工法の選定は一般に、まず

図-3.2.6　斜面崩壊防止施設模式図

写真-3.2.4　のり枠工施工後

斜面の全体的な安全を保つために必要な抑止工の選定を行い、次に法面保護工などの抑制工を選定する。

抑制工には、斜面への水の流入を防ぐ「排水工」、不安定な土塊を切り取る「切土工」、植生により法面を保護する「植生工」、構造物により法面を保護する「張工」、「のり枠工」（写真-3.2.4）などがある。

抑止工としては「擁壁工」があり、斜面脚部の安定と斜面中段での崩落を抑止する機能を持つが、斜面上部からの崩壊土砂を待受ける機能を持つ場合もある。このほか、抑止工としてアンカー工や杭工がある。

### 4）雪崩災害

#### ⅰ）雪崩の特徴

#### a）雪崩とは

雪崩とは、山腹斜面に積もった雪が重力の作用によって滑り落ちる現象をいう。

厳冬期に多く発生する表層雪崩と春先に多く発生する全層雪崩とがある。表層雪崩は、すべり面が積雪内部にあり、気温が低く積雪が多いとき、あるいはすでに存在する積雪上に短期間で多量の降雪があった場合などに発生する。大規模な場合は、巨大な雪煙を伴い、山麓から下方数kmに達することがあり、大きな災害を引き起こすことがある。全層雪崩は、すべり面が地表面にあり、斜面上の固くて重たい雪が滑り落ちるもので、春先や降雨後、フェーン現象などにより気温が上昇したときに発生する。

雪崩は、勾配30°以上の斜面で発生しやすく、35～45°で最も発生例が多い。また、低木林やまばらな植生の斜面で発生の危険性が高くなる。雪崩の堆積区から雪崩発生区の上端を見通した角度を見通し角と言い、高橋の経験則によれば表層雪崩の場合18°、全層雪崩の場合24°を最大到達範囲としている（図-3.2.7、図-3.2.8）。

雪崩は発生してから災害に至る時間はかなり短いため、察知してからの避難は難しく、事前の対応や避難が重要である。

図-3.2.7　雪崩の発生区・走路・堆積区　　　　　　図-3.2.8　雪崩の最大到達範囲

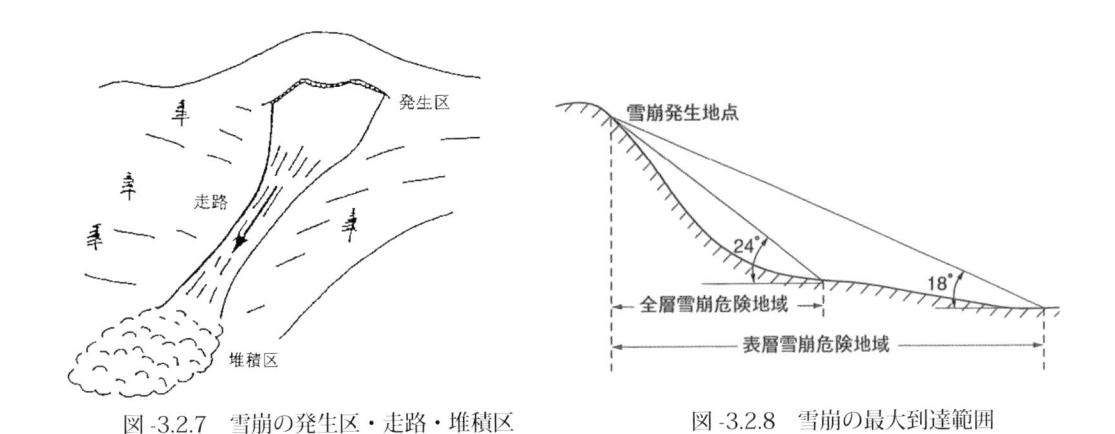

b）雪崩危険箇所

　豪雪地帯対策特別措置法により指定された豪雪地帯で、見通し角を18°とした雪崩の被害想定区域内に人家5戸以上（5戸未満であっても官公署、学校、病院、災害時要援護者施設、駅、旅館等のある場合を含む）がある箇所を雪崩危険箇所と呼ぶ。平成16年度に公表された危険箇所は、全国に20,501箇所存在する。

ii）雪崩対策

　雪崩対策施設には、雪崩の発生を未然に防止する予防工と、発生した雪崩から集落等の保全対象を守る防護工がある。雪崩対策施設の計画の際には、雪崩発生予防工を最初に検討し、予防工の設置が不適切な場合に雪崩防護工を選定する。

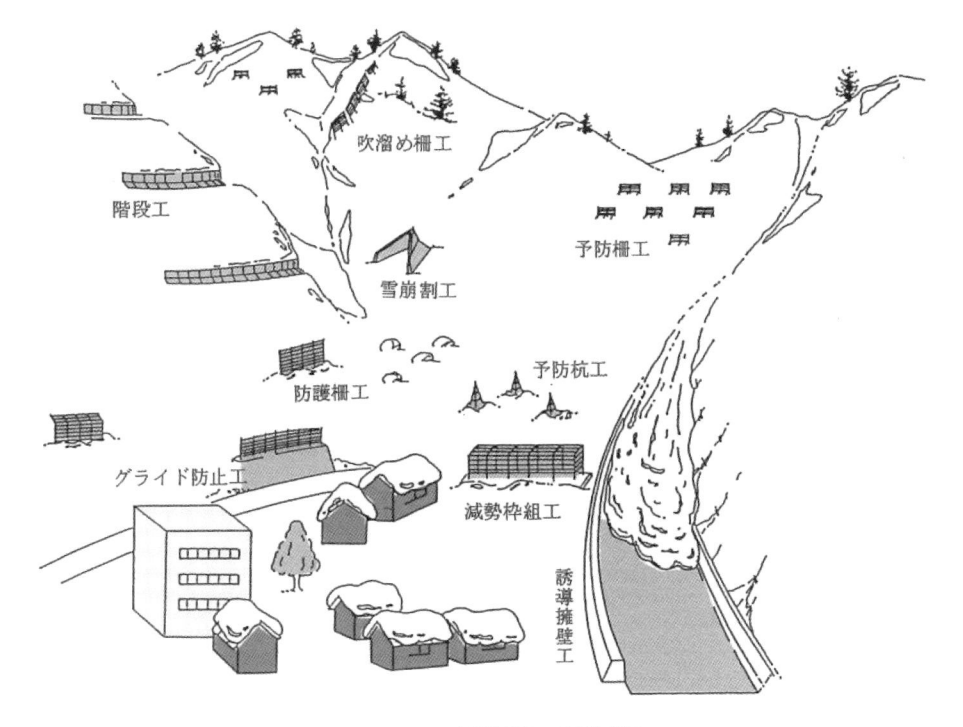

図-3.2.9　雪崩対策工法模式図

予防工としては、雪崩の発生を防止するために雪崩発生区に、予防柵工、予防杭工、階段工、吹き溜め柵工、グライド防止工などを設置する。防護工は、阻止工、誘導工、減勢工からなり、雪崩の走路や堆積区にこれらを設置して保全対象を防護する。(図-3.2.9)。

### (3) 地域保全における土砂災害対策の考え方

これまで、地域の安全を確保するための砂防関係事業は砂防施設による「ハード対策」を基本に、警戒避難等の「ソフト対策」を組み合わせて総合的に実施されてきたが、平成13年からは土砂災害防止法に基づく、土地利用規制と危険区域からの移転という、新たな「ソフト対策」を加えて実施されている。

地域におけるハード対策は、国の支援により都道府県が実施しているが、地域全体について熟知しているのは市町村であり、地域住民であるので、都道府県は市町村や地域住民と十分な連携をとってハード対策を計画し進めることが望まれる。

ソフト対策については、市町村と都道府県はハード対策の進捗状況を確認しつつ、住民とともに計画を作成し、進めていく必要がある。特に、市町村には砂防の技術者がほとんどいないのが現状であるので、都道府県は積極的な技術的支援を行い、市町村とともに地域の実態にあったソフト対策を進める必要がある。

地域での土砂災害対策を進めるには、行政と個々の住民の連携だけでなく、消防団や自主防災組織、ボランティア団体などとの連携も重要である。特に、災害時の避難行動などについては個人の行動とともに、お年寄りや体の不自由な災害時要援護者の避難を組織的に援助することが求められている。また、平時における避難訓練や防災学習会、あるいは地域内の土砂災害危険箇所の点検や砂防関係施設の点検なども、これらの組織と連携して実施されることが期待されている。さらに地域全体の防災意識向上のためには、地域にある小学校や中学校で土砂災害防止教育が実施されることが望まれ、都道府県職員とともに地域の防災リーダー的な人々が参加することも重要と考えられる。

以上のことを着実に進めていくために、近年、地域にある渓流の整備に当たって、地域住民や地域組織の協力の下、渓流周辺の間伐や支障木の除去、作業道の設置などを砂防堰堤などの本体工事と連携して行う「里山砂防」という総合的な砂防事業が進められつつある。地域防災力の向上や地域活性化も視野に入れて、渓流の整備や管理の強化を進めようとするものである。

参考文献

1) 池谷浩:土石流災害,岩波新書,pp.47-48,1999
2) 砂防基本計画策定指針(土石流・流木対策編)解説,国土技術政策総合研究所資料第364号,pp.57-60
3) 池谷浩・吉松弘行・南哲行・寺田秀樹・大野宏之:現場技術者のための砂防・地すべり・がけ崩れ・雪崩防止工事ポケットブック,山海堂,p.176
4) 小橋澄治:山地保全学,文永堂出版,p.157,1993
5) 小橋澄治・武居有恒:地すべり・崩壊・土石流 予測と対策,鹿島出版会,p.61,1980
6) がけ崩れの実態,国土技術政策総合研究所資料,第530号,p.117,2009

## 3.3 土砂災害危険箇所：全国調査の経緯と危険箇所数・分布

### (1) 全国調査の経緯

「土砂災害危険箇所」調査は、昭和41年台風第26号による山梨県での西湖災害を契機として、全国で頻発する土石流災害に対して計画的に対策を実施していくために、土石流危険渓流等の抽出による量的な把握から開始された。これに引き続き昭和42年から急傾斜地崩壊危険箇所に対する調査が、更に昭和44年から地すべり危険箇所に対する調査が順次開始され、以後、実態を把握するために調査内容の見直し等も行われながら実施されてきた。調査の実施にあたっては、建設省（現国土交通省、以下同じ）において調査要領等が定められ、一定の期間の間隔を置いて、各都道府県により実施されてきているが、「土砂災害危険箇所」の定義や調査の実施に関する内容については法令等では規定されていない。

土砂災害危険箇所は上記3種類の危険箇所（渓流）の総称として、公式には昭和58年5月24日に開催された中央防災会議の「当面の防災対策の推進について」の「第二　豪雨等による災害対策について　(3) 土砂災害対策の推進」において使用されたことが確認されている。

### (2) 危険箇所数およびその分布
#### 1) 土石流危険渓流

土石流危険渓流とは、土石流の発生の危険性があり、1戸以上の人家（人家がなくとも官公署、学校、病院等の公共的な施設等のある場所を含む。以下、「人家」については同様。）に被害を生ずるおそれがある渓流を言う。土石流の発生する危険性があり、人家5戸以上等に被害を及ぼすおそれのある渓流は「土石流危険渓流I」、人家戸数1～4戸が影響を受けるおそれのある渓流は「土石流危険渓流II」、住宅等が新規に立地する可能性があり、一定の要件を満たす渓流は「土石流危険渓流に準ずる渓流III」として調査されている。平成14年度に公表された全国の土石流危険渓流数は、162,908渓流であり、内訳としては、土石流危険渓流Iが89,518渓流、土石流危険渓流IIが73,390渓流となっている。参考として、土石流危険渓流IIIは20,955渓流であった。

#### 2) 地すべり危険箇所

地すべり危険箇所とは、地すべりの発生するおそれのある箇所で、人家に被害を及ぼすおそれのある箇所を言う。但し、調査対象は国交省所管の地すべり対策事業が実施される可能性のある箇所（地すべり等防止法第7条）に限定されている。地すべり危険箇所の箇所数は数箇年程度で大きく変動するとは考えにくいことから、平成10年度に全国で11,288箇所と公表されて現在に至っている。

3）急傾斜地崩壊危険箇所

　急傾斜地崩壊危険箇所とは、傾斜度30度以上、高さ5m以上の急傾斜地で、1戸以上の人家に被害を及ぼすそれがある箇所を言う。急傾斜地崩壊危険箇所についても、土石流危険箇所と同様の調査がなされ、対象人家戸数5戸以上、人家戸数1〜4戸、住宅等が新規に立地する可能性があり、一定の要件を満たした箇所をそれぞれ急傾斜地崩壊危険箇所 I、II、および III と分類している。平成14年度に公表された全国の急傾斜地崩壊危険箇所は、289,739箇所であり、内訳としては、急傾斜地崩壊危険箇所 I が113,557箇所、急傾斜地崩壊危険箇所 II が176,182箇所となっている。参考として急傾斜地崩壊危険箇所 III は40,417箇所であった。

　土石流、地すべり、および急傾斜地崩壊の危険箇所数を全国合計すると、土砂災害危険箇所数等（I+II+III）は、525,307箇所、土砂災害危険箇所数（I+II）は、463,935箇所、5戸以上等の土砂災害危険箇所数（I）は214,363箇所となる。但し、ここで I〜III の分類のない地すべりはすべてに計上されている。都道府県別の土砂災害危険箇所数を表-3.3.1 に、危険箇所数の多い市町村を着色したものを図-3.3.1 に示す。

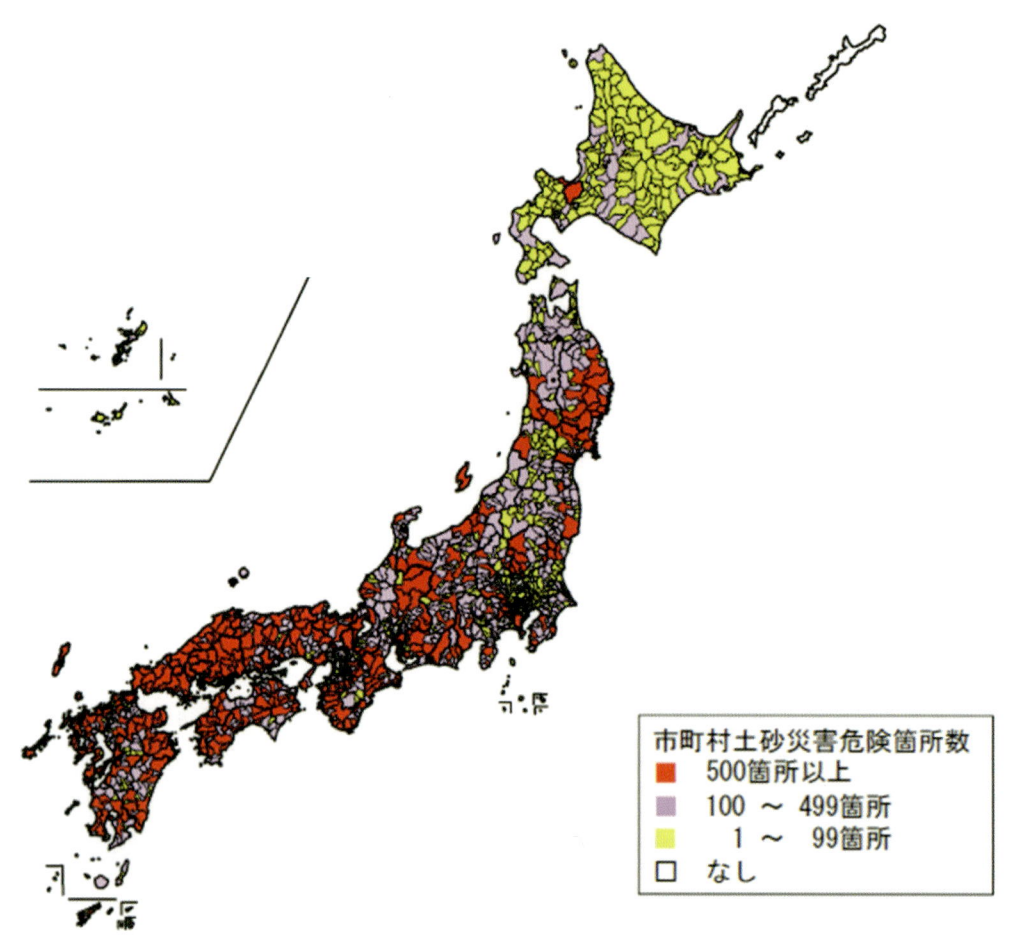

図-3.3.1　全国での危険箇所数の多い市町村（2011年11月時点）

表-3.3.1　都道府県別の土砂災害危険箇所数

| 都道府県 | 土石流危険渓流※1 Ⅰ | Ⅱ | Ⅲ | 計 | 地すべり危険箇所数※2 | 急傾斜地崩壊危険箇所数※1 Ⅰ | Ⅱ | Ⅲ | 計 | 合計 |
|---|---|---|---|---|---|---|---|---|---|---|
| 北海道 | 1,607 | 2,703 | 685 | 4,995 | 437 | 3,158 | 2,428 | 880 | 6,466 | 11,898 |
| 青森県 | 645 | 347 | 138 | 1,130 | 63 | 1,318 | 1,100 | 394 | 2,812 | 4,005 |
| 岩手県 | 2,204 | 3,017 | 1,977 | 7,198 | 191 | 1,792 | 4,686 | 481 | 6,959 | 14,348 |
| 宮城県 | 1,359 | 1,754 | 300 | 3,413 | 105 | 1,841 | 2,570 | 553 | 4,964 | 8,482 |
| 秋田県 | 1,692 | 2,057 | 438 | 4,187 | 262 | 1,318 | 1,732 | 186 | 3,236 | 7,685 |
| 山形県 | 1,268 | 683 | 265 | 2,216 | 230 | 585 | 737 | 3 | 1,325 | 3,771 |
| 福島県 | 1,678 | 2,434 | 160 | 4,272 | 143 | 1,435 | 2,718 | 121 | 4,274 | 8,689 |
| 茨城県 | 537 | 1,094 | 34 | 1,665 | 105 | 1,105 | 839 | 365 | 2,309 | 4,079 |
| 栃木県 | 1,043 | 1,652 | 604 | 3,299 | 96 | 887 | 2,147 | 495 | 3,529 | 6,924 |
| 群馬県 | 1,863 | 857 | 295 | 3,015 | 213 | 1,667 | 2,230 | 291 | 4,188 | 7,416 |
| 埼玉県 | 585 | 599 | 18 | 1,202 | 110 | 825 | 1,174 | 908 | 2,907 | 4,219 |
| 千葉県 | 212 | 394 | 35 | 641 | 52 | 1,613 | 6,445 | 1,013 | 9,071 | 9,764 |
| 東京都 | 391 | 258 | 54 | 703 | 26 | 2,046 | 842 | 169 | 3,057 | 3,786 |
| 神奈川県 | 705 | 179 | 76 | 960 | 37 | 2,511 | 4,282 | 370 | 7,163 | 8,160 |
| 山梨県 | 1,653 | 278 | 55 | 1,986 | 104 | 1,412 | 1,089 | 214 | 2,715 | 4,805 |
| 長野県※3 | 4,027 | 1,093 | 792 | 5,912 | 1,241 | 3,197 | 3,784 | 1,887 | 8,868 | 16,021 |
| 新潟県 | 2,544 | 919 | 482 | 3,945 | 860 | 1,975 | 1,745 | 266 | 3,986 | 8,791 |
| 富山県 | 556 | 376 | 498 | 1,430 | 194 | 1,004 | 1,465 | 366 | 2,835 | 4,459 |
| 石川県 | 1,030 | 784 | 188 | 2,002 | 420 | 1,177 | 527 | 137 | 1,841 | 4,263 |
| 岐阜県※3 | 2,950 | 1,906 | 681 | 5,537 | 88 | 2,965 | 2,200 | 2,293 | 7,458 | 13,083 |
| 静岡県 | 2,311 | 1,806 | 130 | 4,247 | 183 | 3,749 | 5,879 | 1,135 | 10,763 | 15,193 |
| 愛知県 | 1,555 | 2,078 | 1,548 | 5,181 | 75 | 2,910 | 4,268 | 5,349 | 12,527 | 17,783 |
| 三重県 | 2,693 | 1,281 | 1,674 | 5,648 | 85 | 4,090 | 3,510 | 2,873 | 10,473 | 16,206 |
| 福井県 | 2,080 | 628 | 403 | 3,111 | 146 | 1,588 | 1,584 | 429 | 3,601 | 6,858 |
| 滋賀県 | 1,421 | 471 | 237 | 2,129 | 62 | 1,317 | 1,024 | 378 | 2,719 | 4,910 |
| 京都府 | 2,328 | 2,138 | 558 | 5,024 | 58 | 1,637 | 2,021 | 107 | 3,765 | 8,847 |
| 大阪府 | 1,009 | 549 | 301 | 1,859 | 145 | 896 | 1,115 | 346 | 2,357 | 4,361 |
| 兵庫県 | 4,310 | 2,468 | 134 | 6,912 | 286 | 5,557 | 5,842 | 2,151 | 13,550 | 20,748 |
| 奈良県 | 1,136 | 906 | 1,094 | 3,136 | 106 | 1,289 | 2,981 | 674 | 4,944 | 8,186 |
| 和歌山県 | 2,526 | 2,886 | 333 | 5,745 | 495 | 3,144 | 6,349 | 2,754 | 12,247 | 18,487 |
| 鳥取県 | 1,626 | 880 | 87 | 2,593 | 94 | 1,530 | 1,634 | 317 | 3,481 | 6,168 |
| 島根県 | 3,041 | 4,517 | 562 | 8,120 | 264 | 2,874 | 9,868 | 1,170 | 13,912 | 22,296 |
| 岡山県 | 3,019 | 3,027 | 395 | 6,441 | 198 | 2,475 | 2,652 | 233 | 5,360 | 11,999 |
| 広島県 | 5,607 | 3,519 | 838 | 9,964 | 80 | 6,410 | 12,848 | 2,685 | 21,943 | 31,987 |
| 山口県 | 2,655 | 3,506 | 1,371 | 7,532 | 285 | 3,865 | 9,559 | 1,007 | 14,431 | 22,248 |
| 徳島県 | 1,129 | 1,038 | 77 | 2,244 | 591 | 2,097 | 7,847 | 222 | 10,166 | 13,001 |
| 香川県 | 1,592 | 1,211 | 99 | 2,902 | 117 | 929 | 2,705 | 319 | 3,953 | 6,972 |
| 愛媛県 | 3,540 | 1,970 | 367 | 5,877 | 506 | 2,750 | 5,425 | 632 | 8,807 | 15,190 |
| 高知県 | 1,939 | 2,591 | 322 | 4,852 | 176 | 4,175 | 8,493 | 416 | 13,084 | 18,112 |
| 福岡県 | 2,508 | 1,633 | 412 | 4,553 | 215 | 3,566 | 3,974 | 842 | 8,382 | 13,150 |
| 佐賀県 | 1,760 | 1,229 | 79 | 3,068 | 200 | 1,759 | 4,334 | 173 | 6,266 | 9,534 |
| 長崎県 | 2,785 | 2,129 | 1,282 | 6,196 | 1,169 | 5,121 | 3,376 | 369 | 8,866 | 16,231 |
| 熊本県 | 2,120 | 1,710 | 90 | 3,920 | 107 | 3,552 | 5,282 | 629 | 9,463 | 13,490 |
| 大分県 | 2,543 | 2,350 | 232 | 5,125 | 222 | 4,927 | 8,346 | 1,020 | 14,293 | 19,640 |
| 宮崎県 | 1,413 | 1,533 | 293 | 3,239 | 273 | 2,823 | 4,858 | 633 | 8,314 | 11,826 |
| 鹿児島県 | 2,160 | 1,902 | 239 | 4,301 | 85 | 4,231 | 5,426 | 2,161 | 11,818 | 16,204 |
| 沖縄県 | 163 | 50 | 23 | 236 | 88 | 465 | 242 | 1 | 708 | 1,032 |
| 合計 | 89,518 | 73,390 | 20,955 | 183,863 | 11,288 | 113,557 | 176,182 | 40,417 | 330,156 | 525,307 |

※1　平成14年度公表。「Ⅰ」：人家5戸以上等の渓流・箇所、「Ⅱ」：人家1〜4戸の渓流・箇所、「Ⅲ」：人家はないが今後新規の住宅立地等が見込まれる渓流・箇所
※2　平成10年度公表。
※3　長野県から岐阜県側に市町村合併をした山口村の数値を反映している。（平成17年2月13日越県合併）

### (3) 土砂災害危険箇所等における警戒避難体制の整備

　土砂災害危険箇所の調査と並行して、学術研究による現象の解明、およびそれに基づく警戒避難体制の整備が図られた。実際、土砂災害危険箇所調査の全国展開の契機となった昭和41年西湖災害後の建設省河川局長通達においては、すでに「雨量計等の設置、警報の伝達・避難場所の明示等」が都道府県に要請され、土石流危険渓流調査も開始された。「土石流に関する研究」は建設省において昭和45年から開始され、まず河川渓流における砂礫の堆積形態に基づいて土石流区間と掃流区間を判別する手段および方法が研究された。これが昭和50年からの関係省庁による「総合防災対策調査」、特に建設省による土石流に対する警戒避難基準雨量および警戒避難体制等の検討、また、昭和53年からの建設省河川局による「土石流技術検討会」における全国の危険渓流の抽出、土石流氾濫区域の設定、土石流の発生と降雨との関係の調査・分析および地域住民に対する周知による警戒避難体制整備等へと引き継がれた。

　昭和57年の長崎豪雨災害後には建設事務次官通達「総合的な土石流対策の推進について」が発出され、従来の土石流対策砂防工事に加え、土石流危険渓流等の周知、警戒避難体制の確立、住宅の移転の促進、情報の収集・伝達、防災意識の普及、関係機関の連絡・調整等の実施が指示された。また、昭和58年中央防災会議の「当面の防災対策の推進について」での関係省庁の合意の下で国・都道府県が連携して警戒避難体制の整備が図られた。

　警戒避難体制のうち、避難およびその呼びかけ判断の目安となる警戒避難基準雨量については、その後も建設省を中心に検討が進められ、昭和59年には土石流警戒避難基準のための降雨量設定基準(案)が通知された。平成5年には総合土砂災害対策検討会により、従来からの土石流のための警戒避難基準雨量が同時多発的ながけ崩れ災害まで含みうるように拡張され、現在都道府県砂防関係部局および地方気象台から一般に提供されている「土砂災害警戒情報」の技術的基盤が整えられた。

参考文献

1) 山津波等に対する警戒体制の確立について（建河発第414号），昭和41年10月15日，建設省河川局長
2) 集中豪雨によるがけ崩れ等の土砂害に対する警戒体制の確立について（建設省河砂発第87号），昭和42年7月11日，建設事務次官
3) 土砂崩壊等による災害危険箇所に対する再点検ならびに警戒避難体制の確立について（建設省河砂第29号），昭和44年5月1日，建設省河川局　総合的な土石流対策の推進について（建河発第45号），昭和57年8月10日，建設事務次官　土石流危険渓流周辺における警戒避難体制の整備等について（建河砂発第44の2），昭和59年6月20日，建設省河川局砂防課長　寺田秀樹・中谷洋明：土砂災害警戒避難基準雨量の設定方法，国総研資料第5号，2001
4) 板屋英治：砂防の解説，雑誌河川（通巻685号），Vol.59, No.8, pp.13-15, 2003

## 3.4 土砂災害防止法

### (1) 制定の経緯

　平成11年6月29日に発生した6.29広島災害では、広島市、呉市を中心に325箇所で土石流とがけ崩れが同時多発的に発生し24名の方々が犠牲となった。この災害では、これまでの土砂災害と比べて防災上の配慮を要する者の被害が大きかったこと、山裾に開発された新興住宅地で著しい被害が発生したことが特徴であり、翌30日に建設大臣、農林水産政務次官が現地を視察し、総理に報告を行った。その中で建設大臣は「危険な地域に人家が密集しているさまを目の当たりにして土石流やがけ崩れのような災害に対しては、危険箇所への手当を行うとともに、抜本的には危険な地域に家が建つことを事前に防止する必要がある。このため、法的な措置も含め有効な方策を集中的に検討する必要がある。」と報告し、総理も重要な課題として受け止め、建設大臣に検討の指示が出された。

　これを受けて、平成11年7月に「建設省防災国土管理推進本部」(本部長：技監)を開催し、「総合的な土砂災害対策に関するプロジェクトチーム（座長：河川局次長）」の設置を決定し、①土砂災害のおそれがある地域における住宅等の立地抑制策、②土砂災害のおそれのある地域における防災性向上方策、③避難および住民への情報提供のあり方について検討を進めることとなった。

　この検討結果を踏まえ、平成11年11月には、土砂災害のおそれのある区域への住宅等の立地抑制等に関する法制度のあり方について建設大臣より河川審議会に諮問が行われ、翌年2月、河川審議会より、①土砂災害警戒区域の指定および警戒避難措置の充実、②土砂災害特別警戒区域における立地抑制策等の実施、③土砂災害に関する基礎的な調査の実施、④土砂災害防止のための指針の作成等を柱とする「総合的な土砂災害対策のための法制の在り方について」が答申された。

　建設省は、河川審議会の答申を踏まえ、「土砂災害警戒区域等における土砂災害防止対策の推進に関する法律案」をとりまとめ、第147回通常国会に提出された。そして、平成12年4月18日に参議院で、4月27日に衆議院でともに全会一致で可決され、5月8日に公布、平成13年4月1日から施行された。

### (2) 土砂災害防止法の概要

　「土砂災害警戒区域等における土砂災害防止対策の推進に関する法律」（以下、「土砂災害防止法」という。）は、従来から進められてきた砂防三法に基づく原因地対策に加え、被害が生じるおそれがある区域における警戒避難体制の整備、建築・開発規制等の対策を充実させることにより効果的な土砂災害防止対策を講じることを目的としている。

　従来の砂防三法と比べると、①土砂災害対策のうちのソフト対策を総合化したこと、②原因地でなく、被害を受ける区域に着目したこと、③開発許可制度や建築確認制度とも連携した総合的な対策であること、④行政の「知らせる努力」と住民の「知る努力」が相乗

的に働くことを期待し、行政と住民が常に情報を共有し、役割分担を果たしながら土砂災害に対処する社会システムの構築を目指したこと、が主な特徴である。

　土砂災害防止法の柱となっているのは、①国土交通大臣による「土砂災害防止対策基本方針」の作成、②都道府県による「基礎調査」の実施、③都道府県知事による「土砂災害警戒区域」の指定、④都道府県知事による「土砂災害特別警戒区域」の指定の4つである。

　「土砂災害防止対策基本方針」については、法第3条において、土砂災害防止対策の基本的事項、基礎調査の指針、土砂災害警戒区域および土砂災害特別警戒区域の指定の指針、土砂災害特別警戒区域内の建築物の移転等の指針などについて定めることとされており、平成13年7月9日に「土砂災害防止対策基本指針（平成13年国土交通省告示1119号）」として作成された。なお、本節においては、「地すべり」を土砂災害防止法の表記に習い、「地滑り」と表記している。

### (3) 基礎調査

　基礎調査については、法第4条において、都道府県は、おおむね5年ごとに、急傾斜地の崩壊、土石流または地滑りのおそれがある土地に関する地形、地質、降雨等の状況、土砂災害の発生のおそれがある土地の利用の状況等について調査を行うものとされている。

　都道府県による基礎調査の実施に当たっては、その費用の1/3を国費で措置しており、平成13年度〜平成21年度までに全都道府県で合計約1,000億円の基礎調査費が執行されている。

　基礎調査の進捗状況については、平成25年9月末時点において、土砂災害警戒区域に関して約35万8千箇所、土砂災害特別警戒区域に関して約22万7千箇所を実施している。都道府県別の進捗状況は、1回目の基礎調査が完了した都道府県もあるが、多くは平成30年度前後までに完了する予定としている。

### (4) 土砂災害警戒区域および土砂災害特別警戒区域の指定

#### 1) 土砂災害警戒区域の指定

　土砂災害警戒区域の指定については、法第6条において、都道府県知事は、土砂災害を防止するために警戒避難体制を特に整備すべき土地の区域を土砂災害警戒区域として指定することができるとし、法第7条において、市町村防災会議は警戒区域の指定があったときには、市町村地域防災計画において必要な警戒避難体制に関する事項を定め、市町村長は、情報の伝達や避難地に関する事項など警戒避難に必要な事項について住民に周知させるよう努めることとしている。

　また、土砂災害警戒区域の指定基準については、施行令第2条で、土砂災害の発生原因となる自然現象ごとに以下のとおり基準を定めている。

i) 急傾斜地の崩壊
　・傾斜度30度以上で高さが5m以上の区域

- ・上記の急傾斜地の上端から水平距離 10m 以内の区域、および下端から急傾斜地の高さの 2 倍以内の区域
ii）土石流
- ・土石流の発生のおそれにある渓流において、扇頂部から下流で勾配が 2 度以上の区域
iii）地滑り
- ・地滑り区域（地滑りしている区域または地滑りするおそれのある区域）
- ・上記地滑り区域の下端から、地滑り地塊の長さに相当する距離の範囲内の区域

2）土砂災害特別警戒区域の指定

　土砂災害特別警戒区域の指定については、法第 8 条において、都道府県知事は、警戒区域のうち、急傾斜地の崩壊等が発生した場合には建築物に損壊が生じ住民等の生命又は身体に著しい危害が生ずるおそれがあると認められる土地の区域で、一定の開発行為の制限や建築物の構造規制をすべき区域を土砂災害特別警戒区域として指定することができるとしている。

　特別警戒区域における特定開発行為の制限については、法第 9 条において、特別警戒区域内における住宅宅地分譲や社会福祉施設等の開発行為を許可に係らしめることにより、土砂災害の事前抑制を図っている。加えて、宅地建物取引業者は、特定開発行為の許可後でないと、宅地または建物の販売や売買契約の締結を行ってはならないとするとともに、売買する物件が警戒区域または特別警戒区域内にあるときは、重要事項説明に盛り込むこととするなど様々な対策を講じている。

　また、法第 24 条においては、特別警戒区域内における居室を有する建築物について、特別に定められる構造基準への適合性を担保するため、建築基準法上確認が必要とされている建築物以外のものについても、建築基準法上確認が必要とされる建築物とみなして、同法を適用することとしている。

　さらに、都道府県知事は、特別警戒区域に存する建築物について、住民等の生命又は身体に著しい危害が生ずるおそれが大きいと認めるときは、当該建築物の移転等必要な措置をとることを勧告することができる（法第 25 条）とされている。

　なお、土砂災害特別警戒区域の指定基準については、施行令 3 条では、「建築物に作用すると想定される力の大きさが通常の居室を有する建築物が住民等の生命または身体に著しい危害が生ずるおそれのある損壊を生ずることなく耐えることのできる力の大きさを上回る区域であること」を基本として定めており、具体的な基準は、「土砂災害警戒区域等における土砂災害防止対策の推進に関する法律施行令第二条第二号の規定に基づき国土交通大臣が定める方法等を定める告示」（平成 13 年 3 月 28 日国土交通省告示第 332 号）において定められている。

## (5) 土砂災害警戒区域等の指定状況

　土砂災害危険箇所は全国に約52万5千箇所存在しており、このうち土砂災害警戒区域に指定されたのは約31万箇所であり、土砂災害特別警戒区域は約17万箇所が指定されている（平成25年3月末時点）。

　平成13年度から平成24年度における土砂災害警戒区域と土砂災害特別警戒区域の指定状況推移をみると、平成17年度から顕著な増加傾向を示しており、平成19年度以降は土砂災害警戒区域の指定区域数が毎年4万箇所程度増加している（図-3.4.1参照）。

　一方、都道府県別の指定状況をみると、土砂災害警戒区域の指定が進んでいる都道府県もあれば、指定が滞っている都道府県もあり、都道府県により指定の進捗状況に差がみられる。

　基礎調査が完了しているにもかかわらず、指定されていない箇所について、その理由を調査したところ、土砂災害警戒区域については、「一定の地区単位で指定を行うよう市町村から要望されていること」「住民への説明会等に時間を要する」等の回答が多くなっている。また、土砂災害特別警戒区域については、「市町村の反対への対応に時間を要すること」「一定の地区単位で指定を行うよう市町村から要望されていること」が主な要因となっている。

　また、地域住民が指定に反対する理由について調査したところ、「土地価格の低下に対する懸念」や「建築物の構造に対する規制への不満」が多く、次いで、「指定されてもハード対策を実施しないことに不満」という結果となっている。このような住民の方々の懸念事項等について十分な説明を行うとともに、区域指定の重要性について理解を得ながら進めていくことが必要である。

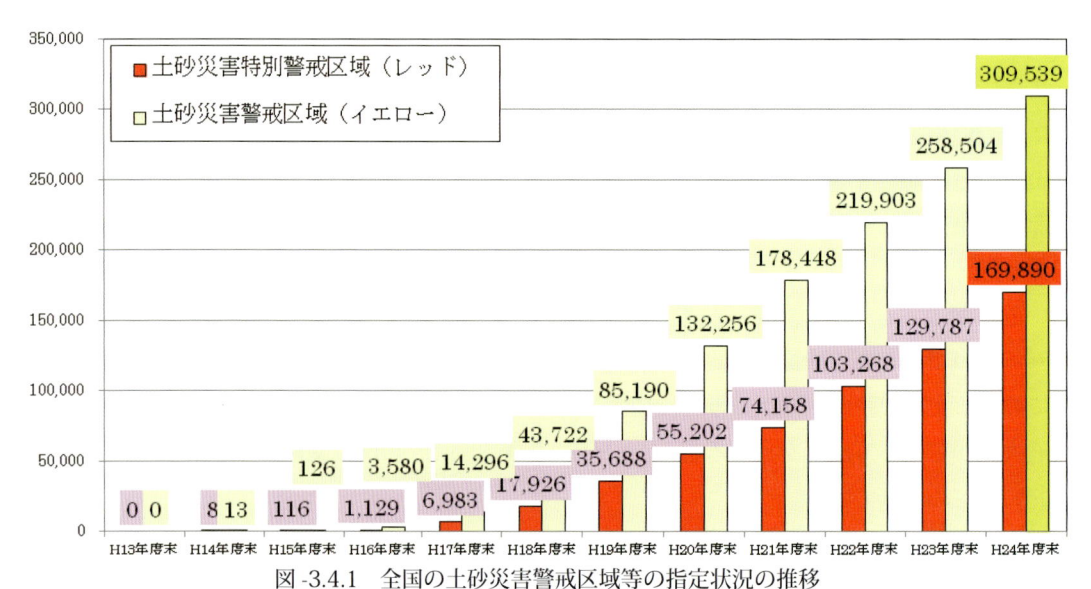

図-3.4.1　全国の土砂災害警戒区域等の指定状況の推移
（最新データは国土交通省水管理・国土保全局砂防部のHPを参照のこと）

## 3.5 土砂災害警戒情報

　土石流災害を回避・軽減するためのソフト対策は、昭和41年9月足和田災害を契機とした建設省河川局長通達「山津波等に対する警戒体制の確立について」に始まり、昭和57年7月長崎災害を契機とした8月の事務次官通達「総合的な土石流対策の推進について」では、「警戒避難基準」の設定を進めることが提起された。

　平成17年には、土砂災害警戒情報の発表・解除基準の設定のため、国土交通省砂防部局と気象庁の連携による土砂災害警戒避難基準雨量の設定手法(以下、連携案)が示された。

　ここでは、これまで用いられてきた実効雨量による手法、および土砂災害警戒情報の発表・解除に用いられている連携案について解説する。

### (1) 実効雨量による手法

　実効雨量による手法では、図-3.5.1に示すように積算雨量などに相当する指標（以下、長期降雨指標）と1時間雨量などに相当する指標（以下、短期降雨指標）の2つの降雨指標を用い、過去の災害事例を踏まえて、土砂災害の発生する危険性が高いと考えられる領域と土砂災害の危険性が低いと考えられる領域を分離する。その領域を区分する線を土砂災害発生危険基準線（Critical Line：以下、CL）と呼び、それまでの降雨状況を軌跡として表したスネークラインによって、土砂災害発生の切迫性を判断する。一般的には、スネークラインがCLに到達するまでに2時間以上の余裕が確保できることを想定した位置に警戒基準線（Warning Line：以下、WL）、1時間以上の余裕が確保できることを想定した位置に避難基準線（Evacuation Line：以下、EL）をそれぞれ設定し、災害に対する警戒・避難の体制に入れるようにする。なお、短期降雨指標は本来、各瞬間の降雨強度を用いるべきものであるが、現実的に入手できる直前の60分間積算雨量などを使用している場合が多い。

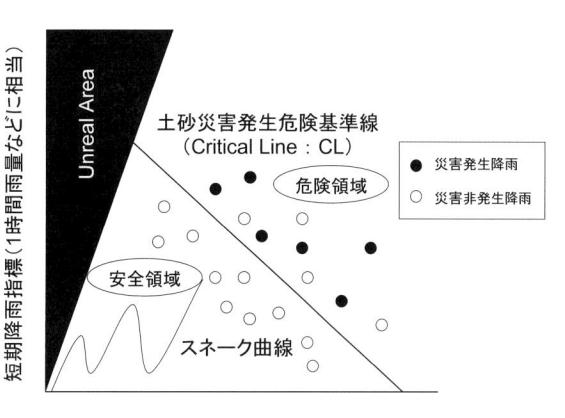

　実効雨量の演算方法は、土砂災害発生1時間前までの降雨をすべて前期降雨として、減少係数を乗じた上で積算するものである。具体的には、半減期を設定した上で、下式により土砂災害発生の発生時点や非発生時点の実効雨量を算出する。

$$R_W = \sum \alpha_{1i} \times R_{1i}$$

　　$R_W$：実効雨量

図-3.5.1　土砂災害発生危険基準線の概念図

$R_{li}$：$i$ 時間前の 1 時間雨量

$\alpha_{li}$：$i$ 時間前の減少係数

$\alpha_{li} = 0.5^{i/T}$、$T$：半減期（時間）

　昭和 57 年以降、土石流に対する基準雨量の設定が行われる一方で、がけ崩れに対する基準雨量の必要性が指摘され、建設省が主催した「総合土砂災害対策検討会」において、平成 5 年に一つの手法が提言された[1]。この手法は、地表および地中の水分量を表す 2 種類の実効雨量によって基準雨量を設定するものである。実効雨量の半減期は、タンクモデル貯留高の推移特性と類似するように、1.5 時間および 72 時間を採用している[2]。図 -3.5.2 に提言案の設定例を示す。

　この手法で対象とする現象は「集中して発生するがけ崩れ」であったが、タンクモデルが土石流に対しても有効性を示すことから、以後、がけ崩れと土石流をこの手法によって統一的に取り扱うケースが増えてきた[3]。また、この手法は、長雨や断続的な降雨への対応や、避難解除の判断材料としての有効性を示している。

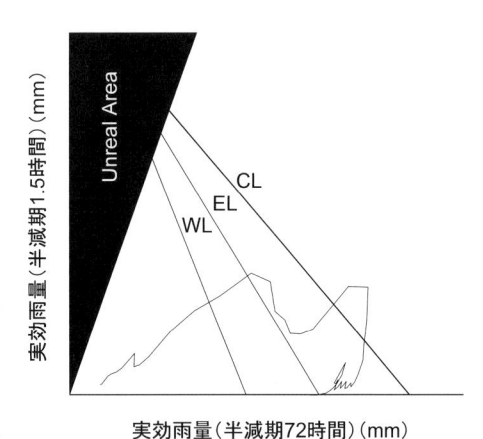

図 -3.5.2　提言案の設定例

## （2）国土交通省と気象庁の連携による手法（連携案）（降雨出現確率法）

### 1）従来の設定手法の課題と改善

　これまでの基準雨量の設定手法（以下、従来手法）は、過去に土砂災害を引き起こした降雨（以下、発生降雨）と土砂災害を引き起こさなかった降雨（以下、非発生降雨）をそれぞれプロットし、それらの傾向を踏まえて安全領域と危険領域を分離するというものであった。そのため、CL の精度および信頼性を高めるには多くの発生降雨を収集することが必要となるが、実際には発生降雨のデータ数は少なく、しかも、その中には発生時刻が曖昧なものや発生箇所と雨量観測所との距離が離れているものも多く含まれている。

　また、従来手法に基づいて設定される CL は、データ数の少ない発生降雨と比較的降雨量の多い非発生降雨の分布から、技術者の経験的な判断に基づいて設定される場合が多い。しかも、当該 CL は直線で設定される場合がほとんどであるため、対象とする地域の降雨特性を精度よく反映することは困難であった。

　従来手法の課題を改善するためには、発生降雨が少ない地域に対しても、当該地域の降雨の発現頻度などから客観的に CL を設定する必要がある。そのため、まず数少ない発生降雨に基づいて危険領域を評価するという従来の考え方を転換し、大量にある非発生降雨から安全領域を評価する（それ以外の領域は危険領域）という考え方に移行した。また、CL は直線に固執することなく、対象とする地域での降雨の発現頻度などに基づいて検討

することが望ましい。

これらを踏まえて、連携案では、非発生降雨の発現頻度から安全領域を評価する手法として、ニューラルネットワークの一種であるRBFネットワーク（Radial Basis Function Network：以下、RBFN）[4]を用いた。

2）CL設定手順

連携案では、総合的な検討の結果、短期降雨指標、長期降雨指標にそれぞれ60分間積算雨量、土壌雨量指数を採用した。CLの設定には、気象庁の提供するレーダー・アメダス解析雨量および土壌雨量指数を用い、実況降雨以後の想定雨量には、気象庁が提供する降水短時間予測値を利用することとした。

CLの設定にあたっては、まずRBFNで非発生降雨を用いてXY平面上で任意の点の降雨量がどの程度の確率で出現するかを表現した曲面（以下、応答曲面）を設定する。図-3.5.3（a）は、図中の等降雨出現確率値（以下、確率値）が高いほど、降雨の出現確率が高く、確率値が低いほど、降雨の出現頻度が低くなることを示している。ただし、応答曲面の上限、下限はそれぞれ1、0である。また、図-3.5.3（b）は、3次元で表現している応答曲面を平面上に表したものである。図中の白い領域は降雨の出現頻度が高いことを示している。また、白から灰色の領域に近づくにつれ、降雨の出現頻度が減少していることを示している。

等確率値線の修正を行った上で、それらすべての等確率値線を仮にCL（案）として設定した場合、どのCL（案）が最終的なCLとして妥当であるかを検討する。その際、災害捕捉率、空振り頻度やスネークラインがCLを超過する頻度などを算出し、それらの結果から総合的に判断する。

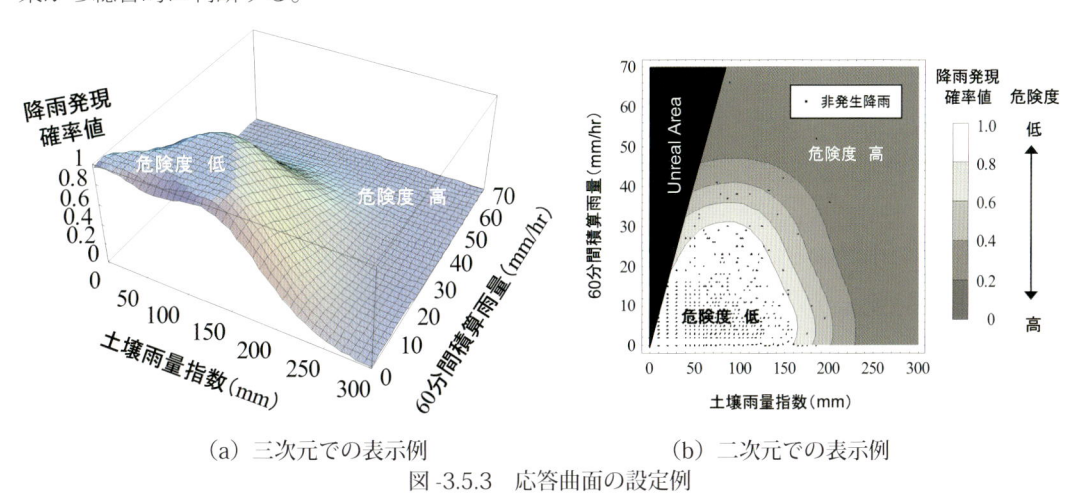

（a）三次元での表示例　　　（b）二次元での表示例
図-3.5.3　応答曲面の設定例

### (3) 土砂災害警戒情報の配信

土砂災害警戒情報は、降雨と関連の強い土石流および集中して発生するがけ崩れを対象

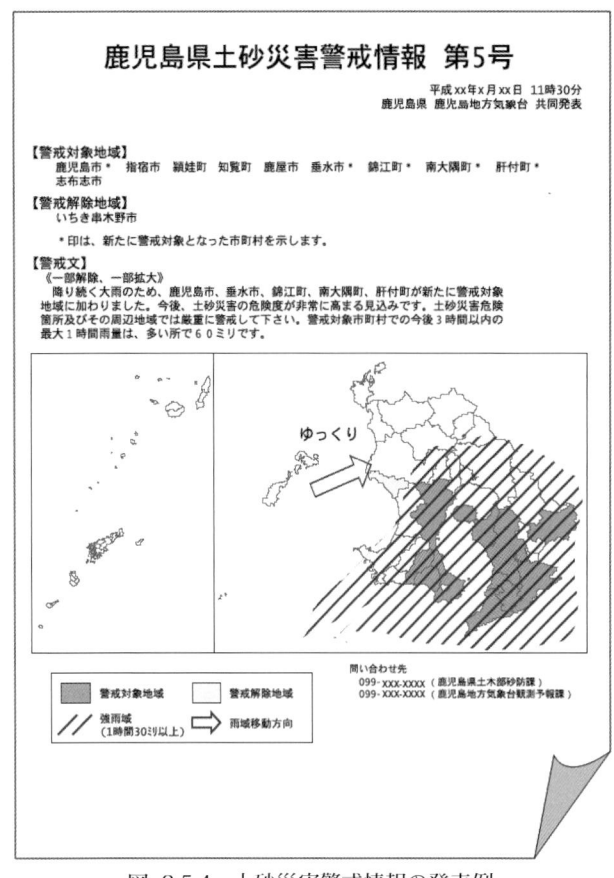

図-3.5.4 土砂災害警戒情報の発表例

として、市町村長が避難勧告等の災害応急対応を適時適切に行えるよう、また、住民の自主避難の判断等にも利用できることを目的として都道府県砂防部局と気象台が共同して発表するものであり、平成20年3月末までに全国で運用が開始された。

図-3.5.4に土砂災害警戒情報の発表例を示す。土砂災害警戒情報は警戒対象地域名、警戒文、および警戒対象地域や強雨域等を示した図から構成される。

土砂災害警戒情報は、気象業務法により都道府県に通知されるとともに、テレビ・ラジオ放送を通じて住民に周知される。

また、都道府県（消防防災部局）は、土砂災害警戒情報を災害対策基本法に基づいて市町村に通知するとともに、都道府県（砂防部局）からは土砂災害警戒情報を補足する詳細情報等が市町村に提供される。市町村長は、受けた情報を参考に、市町村地域防災計画にしたがって住民等への情報の伝達や避難勧告等の発令を行う。

平成20～23年の運用実績を見ると、年平均約1000回発表されており、発表地域区分あたりの年発表回数は0.63となっている。また、土砂災害警戒情報の発表した際に、人および住宅に被害があった土石流またはがけ崩れ等が発生した割合（災害発生率）は4年間の平均で約4％、他方、土砂災害が発生した際に土砂災害警戒情報が発表されていた割合（災害捕捉率）は約75％であった[5]。

ほとんどの都道府県ではホームページにおいて、土砂災害警戒情報を補足する情報として、1～5kmメッシュごとの危険度情報などを掲載している。図-3.5.5の（a）図はメッシュごとのCLおよびスネークラインを示したもの、（b）図はメッシュごとの危険度の時系列変化を示したもの、（c）図はメッシュごとの現況危険度を表示したものであり、都道府県のホームページにおける補足情報の代表的な事例である。（c）図だけでは危険度等の時系列変化がわからないが、（a）図または（b）図をあわせて表示することにより土砂災害発生の切迫性がよりわかりやすくなるものと期待される。

今後は、実況雨量、CL、土砂災害発生状況等をもとに災害の捕捉率、空振り率を評価し、

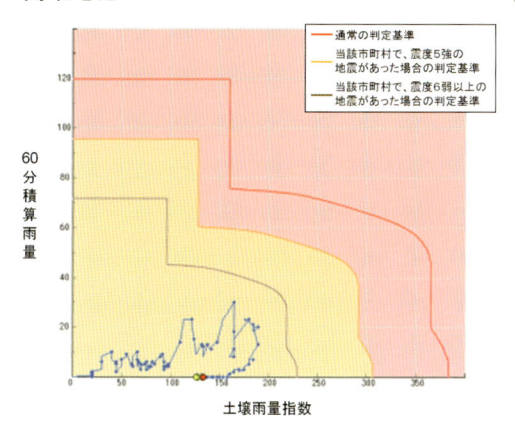

(a) 図：CL およびスネーク曲線を表示

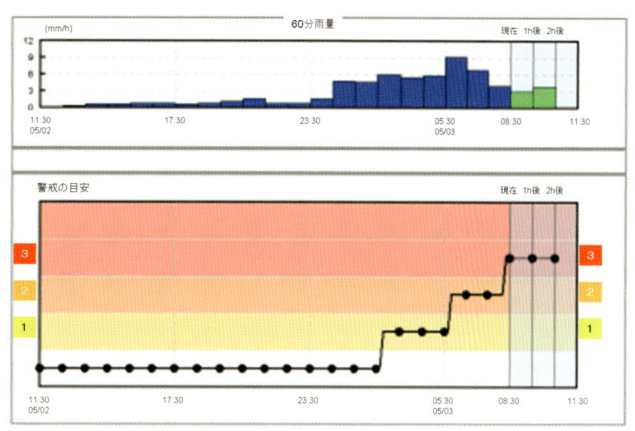

(b) 図：時系列の危険度を表示

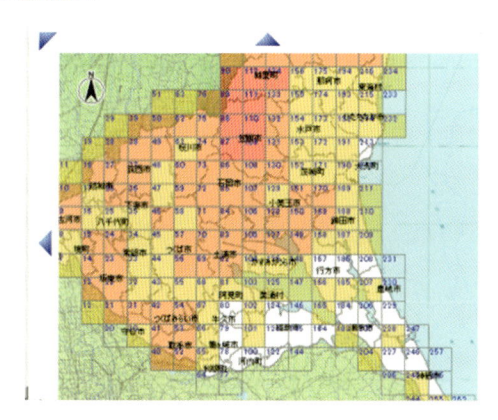

(c) 図：現況の危険度分布を表示

図-3.5.5　土砂災害警戒情報を補足する情報例

　土砂災害警戒情報の運用改善を図るとともに、位置情報を有する携帯端末など情報通信技術の活用、よりわかりやすい表示方法、災害発生情報・前兆現象等の共有化、地域の消防団や自主防災組織への啓発・研修などを通じて、情報の受け手・送り手の情報格差解消および土砂災害に対する知識・認識の向上に取り組んでいく必要がある。

参考文献

1) 建設省河川局砂防部，1993．総合土砂災害対策検討会における提言および検討結果．
2) 鈴木雅一・福嶌義宏・武居有恒・小橋澄治，1979．土砂災害発生の危険雨量，砂防学会誌，Vol.31，No.3，pp.1-7．
3) 仲野公章・冨田陽子・桜井亘，1995．兵庫県南部地震後の六甲山系における土砂災害ソフト対策，砂防学会誌，Vol.48，No.4，pp.58-62．
4) 倉本和正・鉄賀博己・東寛和・荒川雅生・中山弘隆・古川浩平，2001．RBFネットワークを用いた非線形がけ崩れ発生限界雨量線の設定に関する研究，土木学会論文集，No.672/Ⅵ-50，pp.117-132．
5) 土砂災害への警戒の呼びかけに関する検討会（第1回）資料③土砂災害警戒情報の運用成績，2012

## 3.6 地域保全における重要施策

### (1) 災害時要援護者対策の経緯と現状
#### 1) 災害時要援護者関連施設の被害実態

　平成21年7月に発生した山口県防府市の土砂災害において、社会福祉施設が被災し、入所していた自力で避難が困難な高齢者7名が土石流により犠牲となった（写真-3.6.1）。災害時要援護者関連施設が被災した土砂災害は、平成5年鹿児島県吉野町、平成10年福島県西郷村においても発生している。平成17年から平成22年の6年間における、土砂災害による死者・行方不明者に占める災害時要援護者の割合は約6割を占めており、土砂災害から災害時要援護者の人命を守るため、避難による対応が困難な災害時要援護者関連施設を中心に土砂災害対策を重点的に実施することが急務といえる（図-3.6.1）。

　ここで、災害時要援護者とは、「必要な情報を迅速かつ的確に把握し、災害から自らを守るため安全な場所に避難するなどの災害時の一連の行動をとるのに支援を要する人々をいい、一般に高齢者、障害者、外国人、乳幼児、妊婦等（災害時要援護者の避難支援ガイドライン 平成18年3月 災害時要援護者の避難対策に関する検討会より）」を指す。また、災害時要援護者関連施設とは、「高齢者、障害者、乳幼児その他の特に防災上の配慮を要する者が利用する社会福祉施設、学校および医療施設」を言い、具体的には、老人福祉施設、有料老人ホーム、児童福祉施設、幼稚園、病院、診療所等の施設があげられる。

写真-3.6.1　土石流による被害を受けたライフケア高砂
（山口県防府市）

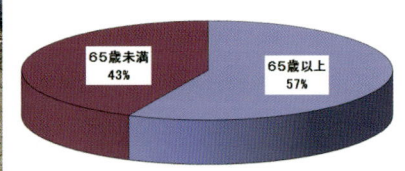

図-3.6.1　死者・行方不明者における高齢者の割合

## 2）災害時要援護者関連施設の現状と土砂災害対策

　平成 21 年の山口県防府市の土砂災害を受け、国土交通省砂防部は都道府県の協力を得て、土砂災害のおそれのある災害時要援護者関連施設の現状について調査を実施した。その結果、土砂災害のおそれのある区域に、全国で災害時要援護者関連施設が 13,730 立地しており、そのうち、砂防堰堤等の砂防関係施設が整備されているものは、全体の 3 割に満たないことが明らかとなった。

　これらの実態を踏まえ、国土交通省砂防部では各都道府県土木部長宛て「災害時要援護者関連施設に係る土砂災害対策の推進について（平成 22 年 6 月 18 日付国河砂第 46 号、国河保第 12 号）」を発出し、管内の市町村および関係機関と十分連携を図った上で、災害時要援護者関連施設に係る土砂災害対策の一層の推進を求めている。そこでは、取り組みの重点事項として、次の 3 点をあげている。

①砂防堰堤、急傾斜地崩壊防止施設、地すべり防止施設等の整備などのハード対策においては、災害時要援護者が 24 時間滞在する施設のうち、入所者数が多く迅速な避難が困難と想定される施設や豪雨時に施設内での緊急的な避難が困難と想定される 1 階建ての施設など、施設の規模や構造等の特性を踏まえて砂防関係施設の一層の重点整備を図ること

②ソフト対策においては、災害時要援護者に係る警戒避難体制の整備を図るため、施設の立地箇所において土砂災害警戒区域の優先的な指定を行うこと

③土砂災害のおそれのある箇所に立地している施設の管理者に対し、調査の結果および警戒避難体制の整備にかかる情報提供を行うとともに、施設の立地条件やその土砂災害対策の現状について市町村との情報共有を行うこと

　なお、従前より土砂災害防止法第 7 条 2 項では市町村防災会議に対して、土砂災害警戒区域内に主として高齢者、障害者、乳幼児その他の特に防災上の配慮を要する者が利用する施設がある場合には、当該施設の利用者の円滑な警戒避難が行われるよう土砂災害に関する情報、予報および警報の伝達方法を定めるものとすると規定している。また、同法 7 条 3 項では、市町村長に対して、土砂災害に関する情報の伝達方法、避難地に関する事項、円滑な警戒避難に必要な情報等を住民に周知するため、これらの事項を記載したハザードマップの作成・配布を求めている。

　平成 24 年 8 月 31 日に閣議決定された社会資本整備重点計画においても、「土砂の生産や流出による国民生活への深刻な影響を回避・軽減するとともに、高齢化等の進展や災害時要援護者関連施設・避難所等の保全対象の特性を踏まえながら地域の安全・安心を確保するため、砂防堰堤等の施設整備を着実に推進する。また、施設の機能を安定的に発揮するため、計画的な維持管理を図る。土砂災害により甚大な被害が生じた地域においては、再度災害を防止するための緊急的な土砂災害対策を行う。」としている。

## 3）在宅の災害時要援護者対策

在宅の災害時要援護者について、平成20年度末時点で土砂災害防止法に基づく土砂災害警戒区域が指定された793市区町村を対象としたアンケート結果を見ると、在宅の災害時要援護者との情報伝達体制を整えている市区町村、介護福祉士や民生委員等への説明会を実施している市区町村は、いずれも約3割にとどまっている。

　自力での避難が困難な在宅の災害時要援護者に対して、防災関係部局と福祉関係部局が連携して避難を支援する体制を整備する必要がある。そのためには、在宅の災害時要援護者情報について、福祉関係部局と防災関係部局が連携して情報の共有を図り、避難時に支援が必要な在宅の災害時要援護者を把握するとともに、避難準備情報や避難勧告等の土砂災害に関する情報を確実に伝達することが重要である。また、災害時要援護者は、避難に際して一般住民と同一の行動をとることが困難であり、移動時間も多くかかると予想されることから、家族や自主防災組織等の避難支援者の役割が重要であり、あらかじめ避難支援者に対し緊急時の避難所・避難経路等を周知するなど、安全かつ迅速に避難所へ避難させることができる体制を確保することが必要となる。

### (2) 地域防災拠点および避難所・避難路の保全等

　平成16年に発生した台風15号災害では、香川県において、住民が一時避難していた自治会館を土石流が直撃し、住民2名が死亡、2名が負傷する被害が生じた（写真-3.6.2）。また、平成17年の台風14号による豪雨では、鹿児島県において、避難路が土砂流出により寸断され、住民が避難所へ避難することができない事態が発生した。さらに、東北地方太平洋沖地震では、地域防災拠点となる市町村庁舎等の施設に甚大な被害が生じ、災害直後の緊急対応をはじめ、復旧から復興の過程において、行政機能の著しい低下を招く事態が生じた。実際に土砂災害を経験した市町村からは、避難場所について「山岳地形のため、土砂災害警戒区域内に入ってしまう」、「急峻な地形に立地しており安全ではない」、「避難所自体が浸水してしまった」、また、避難経路については、「谷間を走っているところが多く安全ではない」、「中山間地区においては、避難所まで行く経路が寸断されることが多い」、「避難所の前の道が冠水して避難できなかった」等の課題があげられている。

　土砂災害に対し安全な地域防災拠点、避難所および避難経路を確保するためには、土砂災害危険箇所図等を活用し、地域防災拠点、避難所等の立地条件が、土砂災害やその他の自然

写真-3.6.2　避難場所の自治会館を直撃した土石流（香川県三豊郡大野原町）

災害に対して安全であるかを確認する必要がある。さらに、実際に現地確認を行い周辺の土砂災害危険箇所等を把握するとともに、避難所にあっては避難所の構造、避難路にあっては避難に要する時間や避難経路等を確認することが重要である。このような確認作業は、行政のみで行うのではなく、消防・警察・自主防災組織・住民等と合同で定期的に安全点検として実施することが望ましい。この合同による点検活動は各機関の職員や住民の防災意識を向上させるとともに、緊急時の円滑な住民の避難行動や消防・警察・自主防災組織等による的確な避難誘導等へと結びつくものと考えられる。

安全点検の結果、地域防災拠点や避難所等が、土砂災害に対し安全ではないと判断された場合には、砂防施設の整備等のハード対策を重点的に実施するとともに、避難所の場合には、安全な施設の新設、他の公共施設等の活用、避難所の構造強化、民間施設や民間住宅等の一時避難所としての活用等により、地域内に安全な避難所を確保することを検討することが求められる（写真-3.6.3）。

写真-3.6.3　がけ下の避難場所を保全
（鹿児島県鹿児島市）

### （3）避難場所等の新たな創出

特定利用斜面保全事業は、斜面およびその周辺地域における土砂災害の未然防止を図るため、地すべり対策事業または、急傾斜地崩壊対策事業と市町村等の土地利用計画との調整によって、より望ましい斜面空間利用の誘導を図ることを目的としている。また、創出された斜面空間は、避難場所等の防災空間や公共施設等の整備空間として利用が図られている（図-3.6.2）。

写真-3.6.4 は、全国に先駆けて特定利用斜面保全事業（急傾斜地崩壊防止事業）により整備された宮城県女川町堀切山地区の全景である。同事業では、標高16.0m 以上の地山は排土（約67万㎥）を行い、それ以下の斜面については、法枠工等の急傾斜地崩壊防止施設が施工された。同事業により生み出された平地には、女川町立病院、地域福祉センター等が整備されている。

標高 16.0m の台地とさらに一段上部の高台は、津波の避難場所としての

図-3.6.2　特定利用斜面保全事業イメージ図

写真-3.6.4　堀切山特定利用者面保全事業（宮城県女川町）

活用を想定しており、東北地方太平洋沖地震による津波襲来時には、町立病院および地域福祉センターの一階部分は浸水したものの、二階以上と一段高い高台の避難スペースは津波の直撃は免れ津波に対する防災機能を発揮した。この地区以外でも、和歌山県東牟婁郡太地町や徳島県阿南市において、特定利用者面保全事業により創出された平地を地震時の津波からの避難場所として活用することを想定して整備が図られている。

　また、津波の被害が予想される海岸部においては、急傾斜地崩壊対策事業により一時避難場所の確保や設置した管理用通路を避難路として活用することを想定して整備が進められている。実際に宮城県釜石市浜町地区では、東北地方太平洋沖地震による津波来襲時に、約30名の住民が急傾斜地崩壊対策事業で設置した管理用通路と小段を用い、高さ30mの避難場所に避難することができた（写真-3.6.5）。

写真-3.6.5　急傾斜地崩壊防止施設の管理用道路と小段を活用した津波避難場所（岩手県釜石市浜町）

## （4）地域防災力の向上
### 1）地域防災力向上への取組み

　土砂災害の発生形態は地域の自然・社会的条件と密接に関係していることから、効果的な防災対策を実施するにあたっては、地域住民の積極的な参画のもと地域特性を考慮した対応が必要である。同時に国・都道府県・市町村・地域住民・関係者等が土砂災害に対す

る正しい知識と理解のもと連携して、「自らの地域は自ら守る」という意識を持った地域を育てていくように努めることが重要である。

　平成19年4月に国土交通省砂防部は、市町村における土砂災害に対する警戒避難体制の整備を支援することを目的に、「土砂災害警戒避難ガイドライン」を作成した。同ガイドラインでは、①行政は住民の防災意識の向上を図るため、説明会や防災訓練等の機会を通じ住民との対話を積極的に行い、②住民はいざというときの防災のため、日頃より自治会や町内会等のコミュニティーとしてのつながりを深め、③両者は土砂災害について共通認識を持ち、行政側の「知らせる努力」と住民側の「知る努力」により情報共有を図り、地域の防災力を向上していく必要があるとしている。そして、地域の防災力向上のため、市町村等における具体的取り組みとして、「住民主体の防災体制づくり」、「防災訓練・防災教育」、「住民主体のハザードマップの作成」の3項目をあげている。

## 2）住民主体の防災体制づくり

　住民主体の防災体制づくりに向けては、土砂災害防止月間（6/1～6/30）等において、都道府県や関係機関と連携して、講習会・見学会や土砂災害危険箇所および避難所・避難経路等の合同点検等を実施し、土砂災害に対する住民の防災意識の向上を図る。また、行政と住民が積極的に対話を行い、土砂災害について共通認識を持ったうえで、それぞれの役割分担に基づき、警戒避難体制を構築することが重要としている。そのうえで、町内会や自治会等の活動を通じて、日常的に住民同士の交流を活発にし、災害時に機能する自主防災組織づくりを図ると同時に、自主防災組織の担い手となる防災リーダーの育成を継続的に行うことが重要であるとしている。ただし、このような体制整備にも、自治体の適切な関与が必要である。

## 3）防災訓練・防災教育

　防災訓練の実施にあたっては、目的意識を明確にし、「情報の伝達」、「避難勧告の発令」、「避難所の開設」、「住民の避難」等、土砂災害の発生を想定した実効性のある訓練とすることが重要であるとしている。また、災害時要援護者を含む住民参加を基本とし、自主防災組織・消防団・警察・自衛隊・都道府県・国・その他関係機関等と連携し、毎年出水期前に定期的に実施する必要があるとしている。なお、土砂災害防止月間の取り組みとして、土砂災害に対する警戒避難体制の強化と防災意識の高揚を図ることを目的として、平成18年度より地域住民・市町村・都道府県・国・防災関係機関による「土砂災害・全国統一防災訓練」を実施している。

　防災教育の実施にあたっては、小中学校や教育委員会と協力し、総合学習の一環として防災訓練を実施したり、教育プログラムに「防災」を組み込むなど、次世代における地域防災の担い手となる児童・生徒を対象として、早い段階から防災教育を実施する必要がある。また、市町村防災担当者、消防団員等に対しては、防災意識・防災知識を高め、避難

勧告等の発令をはじめ、警戒避難に係る防災活動を的確な判断のもと行うことができるよう研修や講習会等を行うことが重要であるとしている。なお、平成20年3月に、新しい学習指導要領が告示され、小学校の社会科では「自然災害の防止」という内容が位置付けられるなど、これまでよりも自然災害に関する内容が重視されている。

4) 住民主体のハザードマップ作成

住民主体のハザードマップの作成では、住民が自ら、地域で発生した過去の土砂災害や前兆現象、土砂災害に関する伝承等を発掘・整理するとともに、土砂災害危険箇所や避難所の位置、避難経路、災害時要援護者関連施設等の情報を加えたハザードマップ作成することを求めている。これにより住民の視線に立った、わかりやすいハザードマップとなると同時に、住民の防災に関する意識の向上を図ることができるとしている（図-3.6.3）。

土砂災害による被害を未然に防止するためには、地域住民の積極的な参画のもと、ハード・ソフトの両面からの土砂災害対策の推進が重要である。

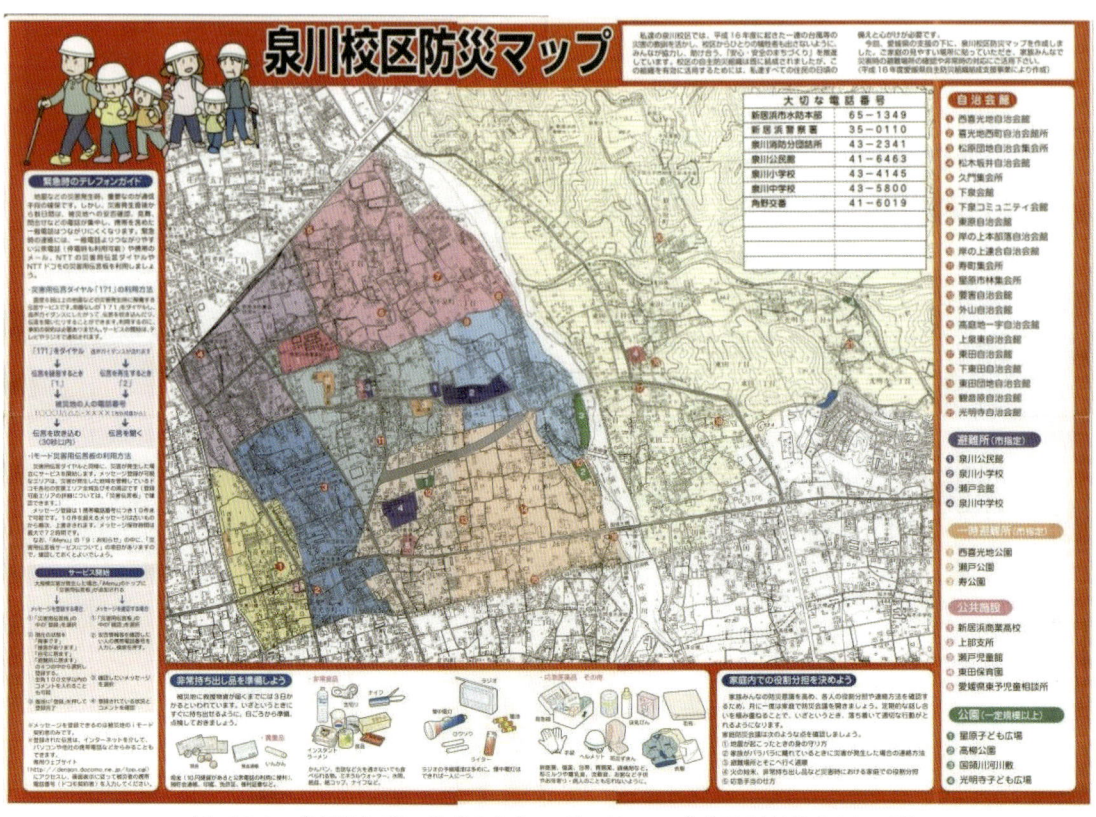

図-3.6.3　住民参加型で作成されたハザードマップ（愛媛県新居浜市の例）

(5) 里山砂防
1) 里山を取り巻く環境

近年、土砂災害が多発する中で、林地の崩壊や土石流による渓岸の侵食等により土砂

とともに流木が流下し、家屋等に壊滅的な被害を及ぼしたり、流木が橋梁によりせき止められ河川の流下断面の阻害・閉塞による氾濫を引き起こしたりするなど、流木による被害の発生や拡大が多く見られるようになっている。

さらに、土砂災害に見舞われる地域、特に中山間地域に目を向けると、高齢化や過疎化の進展に伴い、コミュニティとしての活力や地域防災力

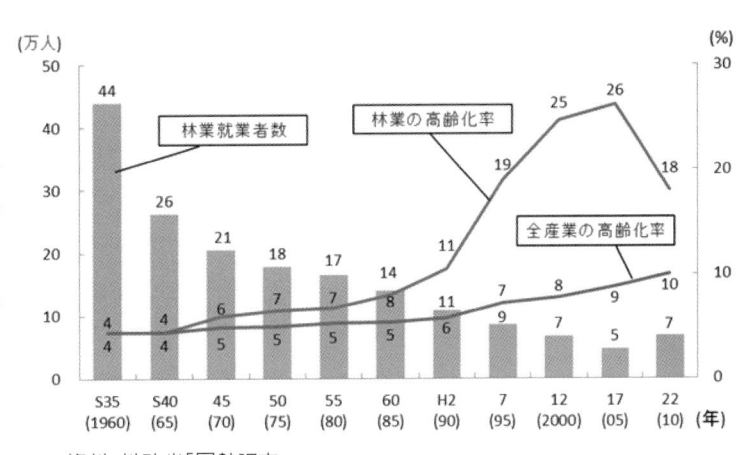

図-3.6.4　林業就業者および高齢化比率の推移
（林野庁HPデータより作成）

の低下が顕在化しつつある。一方で、都市周辺の山麓部等に形成されてきた新興住宅地では、住民同士の結びつきが弱いため、自然災害への対応に課題があるケースが多く見られる。加えて、国産材の需要や木材価格の低下や林業従事者の高齢化・減少等、日本の林業を取り巻く環境は厳しく、適切な間伐の実施等、健全な森林の育成が困難な状況にある（図-3.6.4）。

とくしゃ地などでの砂防工事等による緑化に加え、昭和30年代くらいまでの拡大造林と、その後の木材輸入自由化による日本の林業の不振も相俟って、森林による被覆面積率は決して減少してはいない。しかし、間伐がなされない一斉人工林などでの風倒木災害とその後の土砂流出に伴う流木災害の発生や、下層植生の衰退による表土層の侵食の進行は、中山間地域社会にとっての大きな脅威になり得る。

## 2）「里山砂防」の理念

土砂災害による被害を軽減するための取り組みは、これまで地域住民が日常的に流域内の森林や山腹を見まわり、森林等が健全な状態で維持される行為として営々と続けられてきた部分が多かったと考えられるが、近年では集約的な山腹工や渓流工事の実施によって公的に行われるものが主流となっている。

しかしながら、土木的工法だけでは、財政的な面からも環境との調和の面からも将来的な負担が大きくなっていく可能性が高く、また、集落へのアクセスルートの被災による孤立化防止、地域の活力増進、安全・快適な地域づくりといったものへの寄与が限定的になってしまうことが認識されるようになってきた。

そのため、「里山砂防」として、森林・林業に係る諸施策とあいまって、ハード・ソフトの両面からの総合的な砂防事業を展開することにより、集落における土砂災害の防止を図りつつ、地域による森林・山腹の適切な管理を支援し、地域防災力の向上や地域活性化、持続的なコミュニティの形成に寄与しようとする取り組みが進められることとなった。

「里山砂防」は、国や都道府県といった公的機関のみならず、地域住民自らが生活する地域に関心を持ち、地域の持続的発展や防災上の課題等を理解し、その解決や改善に主体的に参画できるようにすることが重要である。そのため、「自助・共助・公助」のうち、特に「共助」の取り組みが強化されるよう、地域（自治会や町内会等）と連携して、砂防事業をはじめとする「公助」との適切な役割分担を構築するよう工夫することが必要である（図-3.6.5）。また、共助の取り組みが強化されることを通じて、「自助」の強化にも寄与することが期待される。

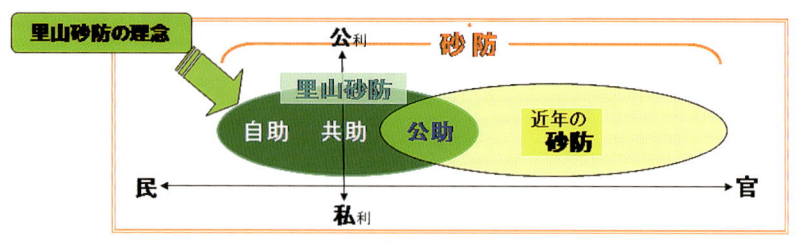

図-3.6.5　里山砂防の理念

### 3）里山砂防の取り組み

里山砂防は、国土保全にあっては地域が従前からその地域の産業とともに担ってきたことでその下支えとして、また、地域保全にあっては地域防災力の維持・向上と地域の活力の維持・向上（地域産業の再生等）を支援して行くものである。このことから、地域の実情に基づき、地域の人々が日常の生活の中で、それらの活動に引き続き、あるいは新たに取り組むことができるような方策を講じていくことが重要となる。

そのため、里山砂防の実施においては、以下の点を考慮する必要がある。
①整備に必要な資材等は、できるだけ地域内で産出されたもの（間伐材等）を用いる
②地域計画との事業期間や内容等の整合を図る
③地域の実情に精通した人材・団体等と連携する

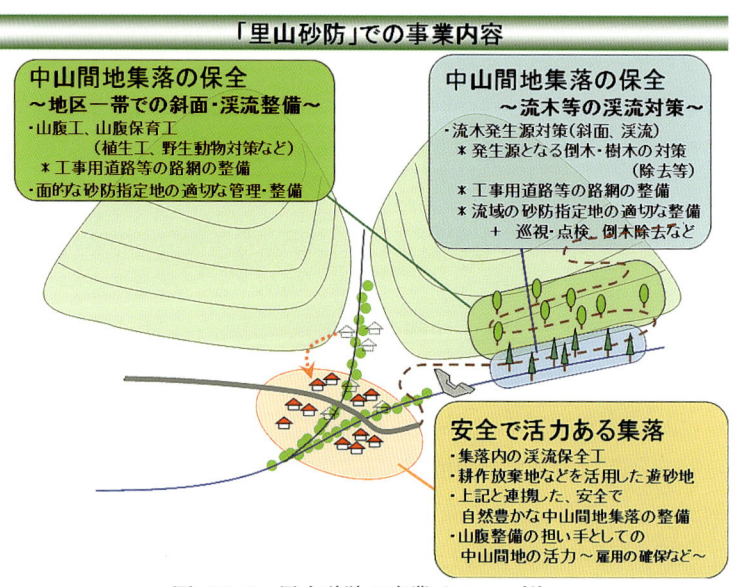

図-3.6.6　里山砂防の事業メニュー例

第 3 章　地域保全　113

　砂防事業として実施できる基本的な事業として図-3.6.6 に示した。さらに、「ふるさと砂防事業」、「都市山麓グリーンベルト整備事業」、「セイフティ・コミュニティモデル事業」といった地域づくりを支援する砂防関係の施策と関連する他事業等を組み合わせることで、地域ニーズと持続可能な地域活動の実現を図ることができる。

4）里山砂防の事例

　これまでに行われてきた里山砂防の取り組みの事例を以下に記載する。

ⅰ）高知県吉野川上流域

　この地域は、豊かな森林に恵まれ古くから林業が盛んな地域であったが、高齢化・過疎化の進展、林業の不振・後継者不足等により、手入れが行き届かない森林が増加した。

　里山砂防の実施に当たっては森林組合と連携し、砂防堰堤の上流において、枯木や倒木等の流木被害の原因となる支障木を除去・搬出するため、砂防堰堤の管理用道路の整備とあわせ、作業道や索道を設置した。

　また、間伐材を活用して山腹工・土留工を整備し、土砂流出を抑制するとともに、作業道や砂防工事仮設工への間伐材の活用を推進し、適切な森林管理を支援している（写真-3.6.6 ～ 7）。

写真-3.6.6　森林組合による支障木の除去・搬出

写真-3.6.7　間伐材を活用した砂防堰堤

ⅱ）兵庫県六甲山系

　神戸市の都市域拡大に伴い、六甲山の山麓部にまで宅地開発が進展していた。阪神大震災により山麓斜面

図-3.6.7　都市山麓グリーンベルト整備事業対象区域

で崩壊が多数発生したため、無秩序な都市のスプロール化の防止および良好な自然環境の保全を主な目的に「都市山麓グリーンベルト整備事業」に日本で初めて着手した。

地域住民やNPO法人、企業（CSR活動）と連携し、森林の手入れを協働で実施している（図-3.6.7、写真-3.6.8）。

iii）栃木県渡良瀬川上流域（足尾地区）

明治以降、足尾銅山で産出された銅の精錬に伴う煙害により周辺の森林が重度に荒廃し、岩肌がむき出しとなったため、表層崩壊や侵食によって著しい土砂流出を抑制することを目的として山腹工を実施している。

写真-3.6.8　企業との連携による植樹

またNPO法人と連携し、首都圏をはじめ各地からのボランティアを集めた植樹会を定期的に実施しているほか、環境学習を兼ねて修学旅行生による体験植樹も多数受け入れ緑化を進めている（図-3.6.8）。

図-3.6.8　松木山腹工とボランティア等の植樹による再緑化の取り組み

参考文献

1) 社会資本整備重点計画（平成24年8月31日，閣議決定）
2) 土砂災害警戒避難ガイドライン（平成19年4月，国土交通省砂防部）
3) 土砂災害警戒避難事例集（平成21年9月，国土交通省砂防部砂防計画課）
4) 砂防関係事業の概要（平成24年4月，国土交通省砂防部）
5) 吉柳岳志：『里山砂防』の取り組み，砂防および地すべり防止講義集（第50回），p.51-58, 2010

# 第 4 章　大規模土砂災害の危機管理

## 4.1　大規模土砂災害への対応と危機管理の必要性

### (1)「計画規模現象」と「超過規模現象」

　土砂災害を含む自然災害への対策事業は一般的に、一定の統計的規模、あるいは通常想定できる規模の現象（以下、「計画規模現象」）を対象としている。すなわち、例えば 100 年超過確率規模の降雨によって引き起こされると想定される土砂移動現象や、地すべり地形を呈していて移動する範囲が想定できるもの、あるいは過去の実績において大部分を占める斜面表層部分の崩壊などを対象にハード対策、およびソフト対策の計画を策定する。これは、公共事業の投資規模の妥当性を説明するために用いられるごく自然な手法と考えられる。

　一方で、近年、計画規模を超えるような大規模・激甚な土砂災害の発生が目立つようになっている。例えば、平成 3 年雲仙普賢岳、平成 12 年有珠山および三宅島雄山などの火山噴火後の土石流・泥流の頻発、平成 16 年新潟県中越地震、平成 20 年岩手・宮城内陸地震、平成 23 年東北地方太平洋沖地震などによる突然の斜面崩壊、地すべり、および天然ダム（河道閉塞）の形成、平成 17 年台風 14 号（九州）、平成 23 年台風 12 号（紀伊半島）などの長時間の豪雨による深層崩壊、天然ダムの形成、および広域での土石流多発等、と枚挙にいとまがない。また、計画規模を超過した状態で起こる現象は、通常の防災事業が対応してきた現象の規模を単純に大きくしたものばかりではない。それらの現象は決して「想定外」の現象ではないが、発生頻度としてはかなり小さなものとして捉えられてきた。集落や社会インフラに被害を与える土砂災害は毎年平均で 1,000 件程度が報告されているが、これらの大半を占める計画規模現象に対する施設整備率でさえもなかなか上がらない現状において、「超過規模現象」あるいは「異常現象」とも呼ぶべき低頻度の大規模な土砂災害に対しては、必ずしも十分な対応を取る体制の構築ができていない。

　しかしながら、平成 19 年に公表された IPCC（気候変動に関する政府間パネル）第 4 次報告書中のシナリオに基づいた国土交通省などの試算では、（条件や地域によってかなりのバラツキはあるものの）100 年後の日本では年最大日降水量が 1 ～ 5 割程度増加する可能性があることが示されている[1]。土砂災害の発生に影響するような豪雨の発生頻度も増加傾向にある（図 -4.1.1）。

　一方、火山噴火や規模の大きな地震に伴う、周辺地域に深刻な影響を与えるような土砂災害も、それぞれ 5 年に 1 回程度の割合では発生している。日本の、特に太平洋側では大規模地震の危険性が高いとされている（図 -4.1.2）[2]が、プレート境界巨大地震の発生前

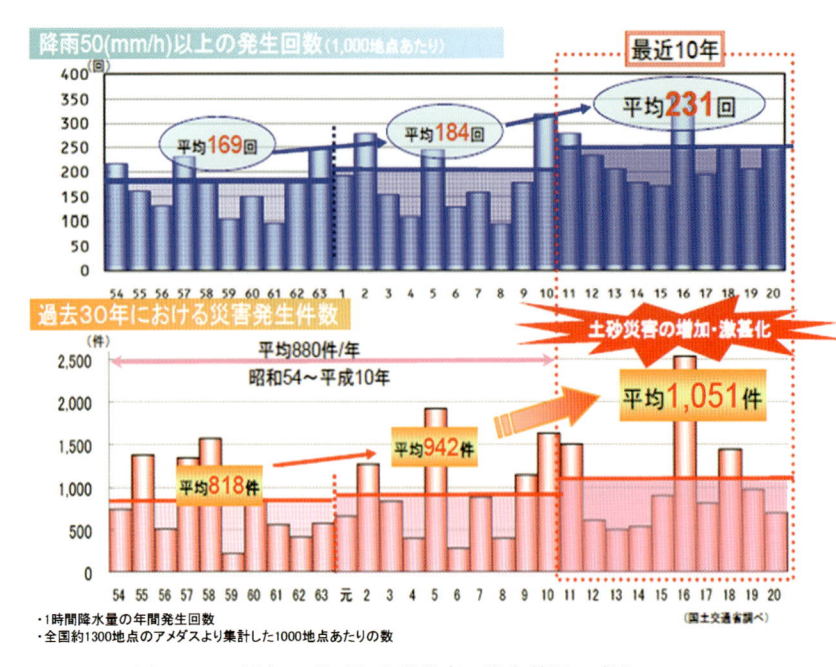

図-4.1.1　近年の豪雨と土砂災害の発生状況の変化

後に、周辺の地震活動が活発化する場合があることは知られている[3]。平成23年3月11日東北地方太平洋沖地震以降、東北地方から中部地方に分布する複数の活断層帯周辺では明瞭に地震活動の活発化が見られるという報告もある[4]。土砂災害に関して言えば、プレート境界型地震だけでなく、内陸直下型地震の方がむしろ危機的であると考えられ[5]、災害ポテンシャルは高い状態にあるといえる。さらに、「巨大地震によって火山活動も活発化する可能性がある」との指摘[6]もあり、大規模・激甚な土砂災害の発生頻度はこれまでと同等ではなくなっていると考えるべきである。

すなわち、これまで対応が困

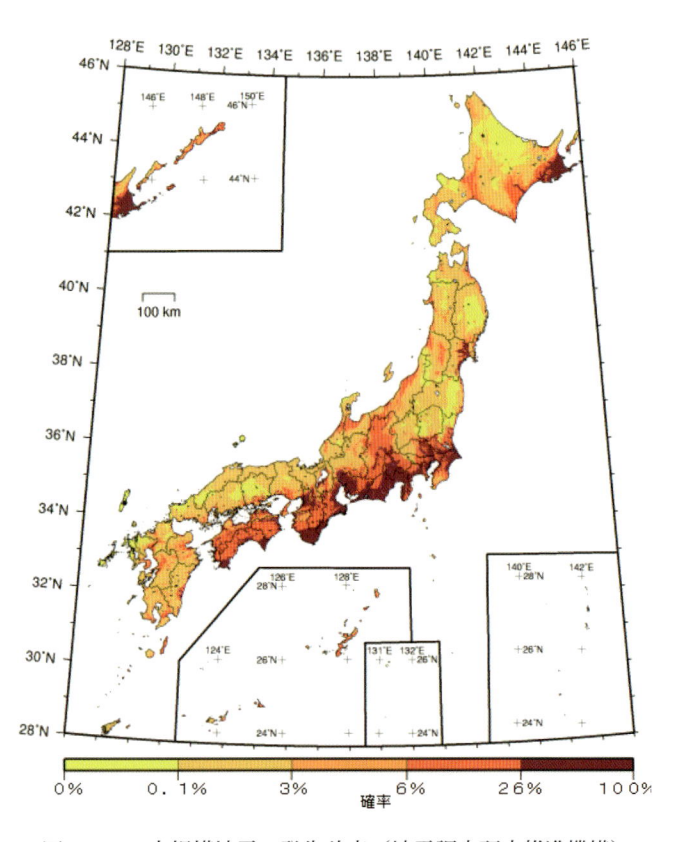

図-4.1.2　大規模地震の発生確率（地震調査研究推進機構）
今後30年以内に震度6弱以上の揺れに見舞われる確率（最大ケース）（基準日：平成22年（2010年）1月1日）

難と考えていたような「超過規模現象」はもはや、「想定外」、「レア・ケース」として対象外の現象として処理できるものではなくなっているといえる。

### (2) 危機管理の必要性

　上述のような状況を踏まえると、砂防担当者は、これまで主に対応してきた計画規模現象だけに対処ができればよいということではなくなっており、現象の質が異なったり、規模が遥かに大きく、災害発生前後からの対応の継続時間も長くなるような大規模・激甚な土砂災害への対処の仕方・体制を十分に検討しておくことが必要となる。

　また、そのような災害が発生する状況では、当該現象だけではなく様々な他の災害現象やインフラのダメージ等も広域で発生し、円滑な対応を行うことが困難になっていることも想定しておかなければならない。さらに、災害現象自体が大規模・激甚であることから、被害を全て封じ込めることは困難であり、災害の進展に応じて減災効果を最大限発揮するための危機管理的対応を行うという意識が必要となる。

　ここで、「危機」を「突然の圧倒的な変化」とすると、「危機管理」で大切なことは、以下のようなものである。

　　Ⅰ．危機の予測；少しでも早期に察知すること
　　Ⅱ．情報の伝達；何が起こったのかを早く、正確に伝え、関係者へ早く発信する
　　Ⅲ．状況の判断；対応の「司令塔」を決め、予め「権限」を与えておく
　　Ⅳ．初動の対応；初動をパターン化し、ルーチン化する知恵を持つ
　　Ⅴ．変化への対応；Ⅰ～Ⅳについて、状況の変化に応じて、また、定期的に見直していく

　なお、事前の想定・準備を進めておくことでリスクは軽減できるはずだが、現実の災害時にはマニュアルどおりに事が運ばないのが一般的であり、臨機に最適解を見つけ、速やかな判断・指示および関係機関との連携を図ることが重要である。また、災害時に最小限必要なのは、トップ（管理者）の「強いリーダーシップ」と住民の「自らを助ける意志」である。

　災害時の現場での危機管理は、災害対策基本法によって市町村長が責任を負う部分が大きいが、現実には災害経験やマンパワーが不足する等、運営面で困難な局面が多く見られる。そのような場合に国や都道府県が市長村長を支援をするためのシステム整備の一つとして、平成23年5月の土砂災害防止法の一部が改正された。これによって、国や都道府県に蓄積されている大規模土砂災害に関する知見をスムーズに市町村に提供できることとなった。

　これまでに、天然ダムが形成されたケースや火山噴火が継続しているようなケースにおいて、現地対応を行った地方整備局と土砂災害の専門家は次のような活動を行っている。

　①現況把握
　②被害拡大の可能性判断

③最大影響範囲の推定

④逐時のデータ入手に伴うシミュレーション等による情報の更新

⑤行方不明者の捜索活動等の安全確認

⑥緊急・応急対策方針への助言

⑦関係機関・住民・マスコミ等への情報提供・解説、等

　危機管理を要する災害時には、このような様々な緊急活動を行わなければならないが、今後、大規模・激甚な土砂災害が増加することを見越して、より実効性の高い対応を可能とするために技術者の訓練と人員の確保、そして現場的技術開発や研究を続けていく必要がある。


参考文献

1）藤田正治：気候変化が土砂災害の素因・誘因に及ぼす影響，砂防学会誌，Vol.65, No.1, p.14-20, 2012
2）地震調査研究推進本部：地震動予測地図ウェブサイト全国版，
　　http://www.jishin.go.jp/main/yosokuchizu/index.html
3）堀高峰：巨大地震発生域周辺の地震活動に見られる静穏期から活動期への移り変わり，地学雑誌，Vol.111, No.2, p.192-199, 2002
4）東京大学地震研究所：2011年東北地方太平洋沖地震前後の活断層周辺における地震活動度変化，地震予知連絡会会報，Vol.87, p.97-100, 2011
5）中村浩之・土屋智・井上公夫・石川芳治：地震砂防，古今書院，p.114-115, 2000
6）藤井敏嗣：第179回国会，災害対策特別委員会，第4号，2011，
　　http://kokkai.ndl.go.jp/SENTAKU/syugiin/179/0022/main.html

## 4.2　大規模土砂災害への迅速な対応

### (1)　土砂災害防止法の改正の趣旨

　平成16年の新潟県中越地震および平成20年の岩手・宮城内陸地震においては、天然ダムが発生し、平成2年からの雲仙普賢岳や平成12年の三宅島における噴火では、噴出した大量の火山灰が山腹に堆積し、降雨により大規模な土石流が頻発した。これらの現象は、被害の及ぶ区域や時期を適時適切に予測するには専門的な技術や経験が必要となり、ひとたび土砂災害が発生した際には広範囲に被害が及ぶ特性を有している。

　一方、災害対策基本法に基づき、住民の生命・身体を保護する責任を有する市町村長は、災害時には人命救助等に追われ、天然ダム、降灰後土石流、大規模地すべりといった市町村の単位ではまれにしか発生しない大規模な土砂災害に対し、住民を避難させるべき区域や時期を判断することは、対応の経験や専門的な知識、技術力の面からも困難である。このため、平成20年岩手・宮城内陸地震等これまでの災害の際には、地元市町村長は、派遣された国の専門家に専門技術的見地からの助言を求め、これを基に住民の避難指示等の措置を講じていた。しかし、改正前の土砂災害防止法には、土砂災害発生のリスクが高まりつつある状況下でリスクを緊急に把握するための規定は設けられておらず、上記の助言についても法律上の位置づけがなく、国、都道府県、市町村の役割分担や責任の所在が明確でないという課題があった。

　こうした課題に対応して、市町村長の避難指示等の措置に当たっての判断等を支援し、大規模な土砂災害の発生が急迫している場合におけるリスクの把握等、緊急時における危機管理に関する役割分担や責任の所在を明確にするため、土砂災害防止法の一部改正（平成23年5月施行）が行われた。この改正では、法目的に「重大な土砂災害の急迫した危険がある場合において避難に資する情報を提供すること」を追加し、土砂災害の定義に「河道閉塞による湛水」を発生原因とした被害を追加するとともに、大規模な土砂災害が発生した場合の「緊急調査」の実施や土砂災害緊急情報の通知・周知等が新たに規定された[1)2)3)]。

　本改正により、土砂災害から国民の生命・身体の保護を一層図るため、天然ダムや火山噴火に伴う土石流、地すべりといった大規模な土砂災害が急迫している状況において、国または都道府県が緊急調査を実施し、住民の避難指示の判断に資する土砂災害が想定される区域・時期の情報を関係市町村へ通知するとともに一般に周知することとなった。

　改正に伴って実施が求められる主な点は次のとおりである。

### 1)　緊急調査を行うべき状況の確認

　大雨や地震、火山噴火等、土砂災害の発生に大きく影響を及ぼす自然現象が発生した場合には、緊急調査を行うかどうかの確認が必要となる。これまでの例では次の手順で行われる。

　①天然ダムの形成、火山灰等の堆積、地すべりによる地割れや建築物の外壁の亀裂とい

った土砂災害の兆候の発生状況を把握する。
②自ら行う点検や調査はもとより、関係機関・部局や住民等から提供される情報も有効に活用し、迅速な状況把握する[1)2)]。
③土砂災害の兆候を把握した場合には、施行令に規定する「重大な土砂災害の急迫した危険が予想される状況」の有無を確認する。

なお、状況の確認に当たっては、時間経過とともに土砂災害のリスクが高まるおそれがあることに十分留意する。また、発生場所によっては、周辺での災害発生等の影響も含め、しばらくの間現地へのアクセスが困難あるいは不可能となる。このような場合には、現地における詳細な調査の実施が困難であると想定されるため、上空や地上からの目視による調査、大規模崩壊監視警戒システム、あるいは各種計測機器の活用による外形的な状況の把握、地形図・航空写真等の既存資料のほか、関係機関・部局が有する各種資料や情報の有効活用等により、迅速な確認に努める必要がある[4)]。

## 2) 緊急調査の実施

緊急調査を行うべき状況が確認された場合には、速やかに緊急調査を行わなければならない。

まず天然ダムの位置や形状、降灰等の堆積の範囲や堆積厚、地すべりによる地割れや亀裂の分布の他、上下流・周辺の地形、住宅や災害時要援護者関連施設等の立地の状況等を把握する。併せて、必要な計測機器を確保して、天然ダムによる湛水位や降灰等の堆積状況、地すべり地塊の移動量の監視・観測を行うなど、刻々と変化する土砂災害のリスクを継続的に把握しなければならない[5)6)]。

緊急調査の実施に当たっても、既存資料や関係機関・部局が有する情報等の有効活用を図り、迅速な調査の実施に努めるとともに、地すべりに係る土砂災害警戒区域がすでに指定されている場合には、基礎調査の結果を参考とする[4)]。

## 3) 土砂災害緊急情報等の提供

土砂災害緊急情報の作成に当たっては、緊急調査の結果をもとに、土石流氾濫シミュレーションの実施等により、土砂災害が想定される土地の区域を明らかにするとともに、天然ダムの湛水位、土石流発生の目安となる雨量強度、地すべり地塊の移動量等をもとに、土砂災害が想定される時期を明らかにする[3)]。

ただし、市町村への通知および報道機関やインターネット等を通じた一般への周知に当たっては、情報の持つ意味が正しく理解されるよう、わかりやすい情報の作成に努めるとともに、住民等の避難に要する時間や土砂災害が想定される時間帯等を十分考慮し、適切な時期に行うことに留意する必要がある。

## 4) 日頃からの取り組み

　土砂災害の危険性が急迫する中での危機管理に係る対応を迅速かつ円滑に実施する上では、緊急時を想定した体制の整備、調査等に必要な技術・能力の習熟や向上、土砂災害危険箇所や土砂災害警戒区域など基礎的な資料・情報を日常から整理しておくことが大切である。

　また、砂防設備等の整備、基礎調査や土砂災害警戒区域等の指定等、ハード・ソフト両面からの土砂災害対策を着実に進めつつ、市町村を含めた関係機関・部局とのコミュニケーションを図り、災害時の連携・協力体制の強化、土砂災害対策の実態や土砂災害への対応に係る役割等に関する相互理解を深めておくことも重要である[4]。特に、市町村とは改正土砂災害防止法に係る情報の連絡体制等を予め確認しておく必要がある。

## (2) 直轄砂防災害関連緊急事業の概要

　災害関連緊急砂防等事業は、昭和62年度税制改正大綱において、森林・河川緊急整備税の創設に代わる森林・河川整備推進のための措置の一つとして「公共事業災害関連予算の中に、治山・治水緊急事業の枠を新たに設定し、62年度約50億円を計上する」こととなった。それを受けて、それまではいくつかの制度によって治水特別会計や一般会計の中で行われていた砂防関係・河川関係の災害関連事業を再編成し、一般会計の災害関連予算の中に整理することとして創設された。直轄の砂防災害関連緊急事業および地すべり対策災害関連緊急事業は、それまでの緊急事業を災害復旧事業と合併して行ういわゆる改良復旧工事ができるように拡充した上で、一般会計の災害関係予算の中に移されたものである。

## 1) 予算科目

　砂防災害関連緊急事業は砂防法（明治30年3月30日法律第29号）第6条および第14条に、地すべり対策災害関連緊急事業は地すべり等防止法（昭和33年3月31日法律第30号）第10条および第28条に、それぞれ根拠を置いており、国庫負担率は砂防が2/3、地すべりについては内地・北海道の「渓流にかかる分」が2/3（沖縄8/10、奄美8/10）、「その他の分」が1/2（沖縄6/10、奄美8/10）とされている。

　直轄の砂防災害関連緊急事業は、予算科目としては、(項)河川等災害関連事業費の(目)河川等災害関連緊急事業費の、事業名(目細)として砂防災害関連緊急事業となっており、(項)災害関連緊急砂防等事業の(目)災害関連緊急砂防等事業の、事業名(目細)災害関連緊急砂防等事業となっている補助事業とは区別される（地すべり対策災害関連緊急事業も同様）。また、災害関係補助事業には、(項)河川等災害関連事業の中に、(目)河川等災害関連事業もあり、被災箇所の復旧に併せて未被災部分を含めて再度災害防止を図ることができるが、これは災害関連緊急砂防等事業とは(項)の異なる改良復旧のための別種の事業である。

【阿武隈川水系蟹ヶ沢（福島県・山形県）における災害関連緊急事業】

●平成10年4月、蟹ヶ沢上流における大規模崩壊　●不安定土砂の堆積状況

●災害関連緊急事業により完成した砂防えん堤

【最上川水系立谷沢川流域濁沢（山形県）における災害関連緊急事業】

図-4.2.1　砂防災害関連緊急事業のイメージ

## 2) 事業の対象範囲

　砂防災害関連緊急事業は、風水害、震災、火山活動等による土砂の崩壊等危険な状況に緊急に対処するための砂防設備の設置または災害復旧工事に関連する砂防設備の改良復旧を目的としている。地すべり対策災害関連緊急事業は、当該年に発生し、または活発化した地すべり等について、地すべり対策事業を緊急的に実施し、当該年度内に地すべり防止施設等の設置を行い、あるいは災害復旧のみでは再度災害防止に十分な効果が期待できない場合に、これと合併して改良工事を行うことによって、人家、公共建物、河川、道路等の公共施設その他のものに対する地すべり等による被害を除却し、または軽減し、もって国土の保全と民生の安定に資することを目的としている。緊急事業の採択基準等の一例は次のようなものである。事業のイメージを図-4.2.1に示す。

　砂防法第6条により、国土交通大臣が砂防工事を施行する区域（当該年度において緊急的に砂防工事を施行するため、砂防法第6条の告示をする区域を含む）において、当該年発生の風水害・震災・火山活動等により、水源地帯に崩壊が発生しまたは拡大し、生産された土砂が渓流に堆積しているものおよび当該年発生の山火事等により流域が著しく荒廃したもので、放置すれば次の出水により容易に流下し、下流に著しい土砂害を及ぼすおそれのある場合で、緊急的に施行を必要とするもので次の各項の一に該当し、1箇所の

事業費が 3,000 万円以上のもの。
①緊急な災害復旧事業に先行して施行する必要があるもの。
②公共の利害に密接な関連を有し、経済上、民生安定上放置し難いもので次の各号の一に被害を及ぼすおそれがあると認められるもの。

　a）鉄道・高速自動車国道・一般国道・都道府県道・市町村道のうち指定市道および迂回路のないもの（激甚災害に対処するための特別の財政援助等に関する法律第 2 条第 1 項により指定された災害に限り、迂回路のあるものを含む。）ならびにその他の公共施設のうち重要なもの。
　b）官公署・学校または公共建物若しくは鉱工業施設のうち重要なもの。
　c）人家 20 戸以上
　d）農地 20ha 以上（農地 10ha 以上 20ha 未満で当該地域に存する人家の被害を合せ考慮し、農地 20ha 以上の被害に相当すると認められるものを含む）。


参考文献

1）土砂災害警戒区域等における土砂災害防止対策の推進に関する法律の一部を改正する法律の施行について（国河政発第 15 号），平成 23 年 5 月 1 日，国土交通省河川局長
2）土砂災害防止対策基本指針の変更について（通知）（国河砂管第 37 号），平成 23 年 5 月 1 日，国土交通省河川局砂防部砂防計画課長
3）緊急調査の実施及び土砂災害緊急情報の通知等にかかる情報連絡について（国河地第 6 号），平成 23 年 5 月 1 日，国土交通省河川局砂防部砂防計画課長
4）国有林等における緊急調査の実施等について（国河砂第 20 号），平成 23 年 5 月 1 日，国土交通省河川局砂防部砂防計画課長
5）土砂災害緊急調査の手引き及び計算用プログラムについて（国河地第 4 号），平成 23 年 4 月 22 日，国土交通省河川局砂防部砂防計画課長
6）土砂災害防止法に基づく緊急調査実施の手引き，平成 23 年 4 月，国土交通省砂防計画課・国土技術政策総合研究所危機管理技術研究センター・独立行政法人土木研究所土砂管理研究グループ

## 4.3 深層崩壊への対応

### (1) 深層崩壊の概要と定義

平成9年鹿児島県針原川、平成15年熊本県水俣市集川、平成17年宮崎県鰐塚山山系などにおける災害のように、近年、深層崩壊により大規模な土石流が発生して下流に甚大な被害がもたらされている。また、台湾では21年8月に小林村(シャオリン)で大規模な深層崩壊が発生して、500名以上の住民が犠牲となった。平成23年9月台風12号による紀伊半島災害では、深層崩壊が72箇所で発生し、崩壊土砂による天然ダムが17箇所で発生した。

深層崩壊は、斜面の一部が表土層のみならず、その下部の基岩を含んで崩壊する現象であり、崩壊規模は大きく、過去の事例においても大規模な災害となっているものが多い。また崩壊土砂が河道を閉塞し、天然ダムを形成することも少なくない。

用語としての「深層崩壊」は、台湾小林村における災害などをきっかけに、最近になって注目されるようになってきたが、もともとは大規模崩壊などの表現で捉えられてきた現象といえる。斜面における土砂の移動現象を表す用語は多くあり、特に地すべり現象とは規模や発生機構などの点で共通する点も多く、両者の中間的なものも多数あると考えられる。砂防学会による深層崩壊に関する基本事項に係わる検討委員会の報告・提言[1]では、地すべりと深層崩壊を含む崩壊の違いについて、地形や活動状況などから表-4.3.1のとおり区分するとともに、表層崩壊と深層崩壊の違いを表-4.3.2のように整理している。これらと一般的な地すべりの特徴を合わせて考えると、深層崩壊と地すべりの違いは、主にその運動形態にあるといえ、大まかには、深層崩壊がより突発的で移動速度も大きく、そのため土塊も乱されてより遠くまで到達する現象であるといえる。

表-4.3.1 地すべりと崩壊の区分[1]

|  | 地すべり | 崩壊 |
|---|---|---|
| ①地形 | 緩勾配。地すべり地形。 | 急勾配。非火山地域では、斜面の変形等の特徴がみられる場合がある。 |
| ②活動状況 | 継続的、断続的に動いている。再発性。 | 突発性。 |
| ③移動速度 | 小さい | 大きい |
| ④土塊 | 乱れない（原形をほぼ保つ）。斜面上に留まる。 | 乱れる（原形が崩れる）。大部分が斜面から抜け落ちる。 |

表-4.3.2 表層崩壊と深層崩壊の比較

|  |  | 表層崩壊 | 深層崩壊 |
|---|---|---|---|
| ① | 地質 | 関連が少ない | 地質、地質構造（層理、褶曲、断層等）との関連が大きい |
| ② | 兆候（地形、地下水） | ほとんどない | ある場合がある。非火山地域では、クリープ、多重山稜、クラック、末端小崩壊、はらみだし、地下水位変動など |
| ③ | 深さ | 浅い | 深い |
| ④ | 土質 | 表層土 | 基盤 |
| ⑤ | 植生の影響 | 有り | 無し |
| ⑥ | 規模 | 小規模（比高小） | 大規模（比高大） |

既往の地すべり対策、がけ崩れ対策および土石流対策との対比において、対応のあり方の観点から「深層崩壊」として取り扱うべき対象を、ここでは以下のように定義する。
①基岩層を含んだ土塊として移動を開始し、想定移動土砂量が概ね十万 $m^3$ 以上で、通常

の砂防関係事業のハード対策のみでは対応が困難なもの。
②土塊の移動が開始した以降は、斜面途中で停止する可能性が低く、移動距離が長くなるもの。
③突発的で場所・規模の特定が難しいために、発生源対策が困難で、事前対策だけでは十分な安全確保が期待しにくいもの。

### (2) 深層崩壊の恐れのある区域の評価

深層崩壊に限らず、災害の防止・軽減を図っていくためには、災害の原因となる現象が発生する恐れのある区域を予測することが、その基本となる。しかしながら、深層崩壊の場合は、表層崩壊や土石流など他の土砂移動現象と比較して発生頻度が小さく、発生メカニズムも必ずしも明らかになっていない。そのため、統計的な手法や物理モデルに基づき、その危険度を評価することには限界がある。また、既崩壊地周辺の地形、地質、水文環境に関する詳細な調査が行われてきているものの、こうした調査を広範囲にわたって行うためには、多大な時間と労力を要する。こうした中、深層崩壊の危険性の高い地域を把握するため、資料調査に基づく全国レベルでの深層崩壊の発生頻度の評価や、空中写真判読等を用いて渓流（小流域）レベルで危険度を評価する取り組みが、国土交通省および（独）土木研究所により進められている。

深層崩壊の発生には、岩盤内部の劣化や山体地下水の状況が大きく影響しているものと考えられ、それらに影響を与える要因として、地質および山体の隆起量などが挙げられる。既往災害資料により、地質年代、地質体の種類（付加体とその他）および第四紀隆起量と、深層崩壊発生の関係が分析され（図-4.3.1）[2]、

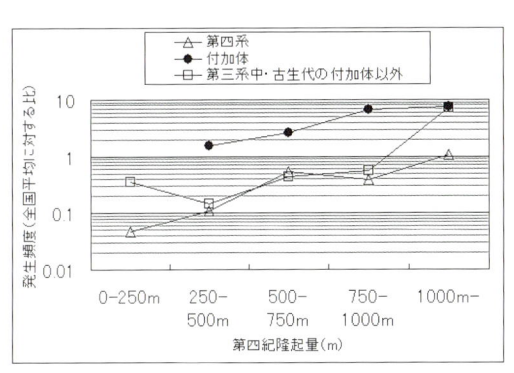

図-4.3.1 深層崩壊の発生頻度と第四紀隆起量、地質との関係[2]

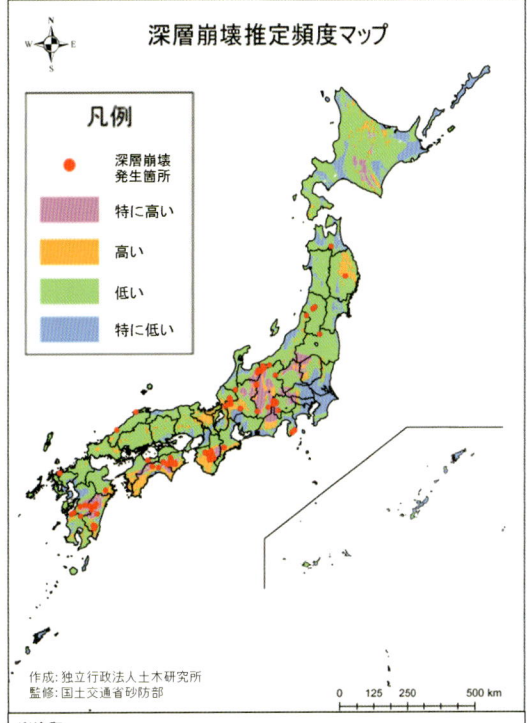

図-4.3.2 深層崩壊推定頻度マップ

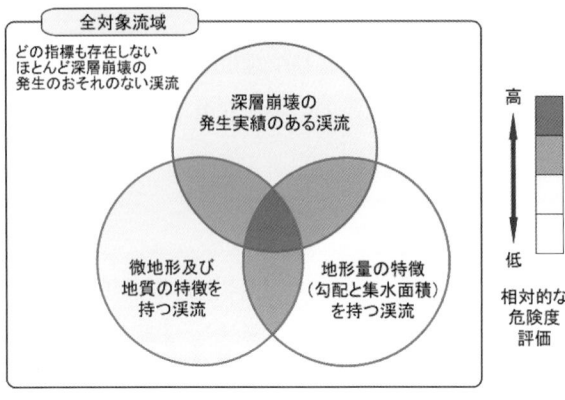

図-4.3.3 深層崩壊の恐れのある渓流の抽出手法概念図[3]

地形・地質の組み合わせ毎に、深層崩壊発生頻度を全国平均との比で区分、色分けしたものが「深層崩壊推定頻度マップ」である。このマップの公表により、深層崩壊が発生しやすい地域の分布が全国レベルで、広く周知されることとなった。

つぎに深層崩壊に対する具体的な対策を考えていく上では、より詳細なレベルでの危険度の評価が必要となる。これについては、過去の発生実績（深層崩壊跡地）の分布と、深層崩壊の発生と関係の深い微地形や地形量を指標として、渓流（小流域）レベルで深層崩壊の発生する危険度を評価する手法が（独）土木研究所により開発されており[3]、国土交通省地方整備局等による全国調査が進められている。手法の考え方としては、地質や気象条件が同じ地域を対象に、評価指標を選定した上で、1km$^2$程度の渓流を単位として、該当する指標の数により危険度を相対的に評価するものである。評価指標としては、①深層崩壊の実績の有無、②深層崩壊の発生と関連性の高い地質構造・微地形要素の有無、③勾配および集水面積の大きい斜面の割合の三条件であり、資料調査や空中写真判読により評価が行われる（図-4.3.3）。

### (3) 深層崩壊発生の早期の把握と危機管理

深層崩壊による被害を軽減するためには、平常時からのハード・ソフト対策による取り組みのほか、深層崩壊が実際に発生する状況下において、関係機関が迅速に現地の状況を把握した上で、災害発生後の二次的な被害の防止を図ることが重要となる。特に、深層崩壊が発生すると崩壊土砂が河道を閉塞し天然ダムが形成される場合があり、越流・決壊した際には大規模な土石流が発生する危険性が高くなる。このような場合、土砂災害防止法に基づく緊急調査を実施する必要が生ずるが、速やかな初動対応を行うためには、天然ダムが発生した時期、場所を迅速に把握しなければならない。

深層崩壊発生を早期に把握するための手段として、「振動センサーによる大規模土砂移動検知システム」、「衛星SAR画像による大規模崩壊箇所の緊急判読調査」、および「雨量レーダーによる雨域の把握」などの手法を組み合わせて、大規模崩壊を警戒監視するためのシステムの構築が国土交通省により進められている。振動センサーを用いた検知システムは、大規模な土砂移動現象の発生により、崩壊土砂が渓岸、渓床に衝突することにより生ずる地盤振動を計測し、地震の分野で活用されている震源特定技術を用いて、土砂移動現象の位置を推定するものである。また、「衛星SAR画像による緊急判読調査」では、夜間や悪天候等の状況に左右されることなく画像を撮影できる衛星合成開口レーダーの特性を生かし、深層崩壊の発生場所を早期に特定しようとするものである。雨量レーダーにつ

いては解像度の向上に伴い、崩壊箇所の推定精度も高くなることが期待されている。

改正土砂災害防止法に基づく対応を含めて、緊急時に迅速な初動対応ができるよう、平常時から組織、資機材の整備を進めるとともに、危機管理のための訓練等を通じて、人材の育成や関係機関との情報共有についての準備をしておくことが重要である。

### (4) 深層崩壊対策に向けた取り組み

深層崩壊は、発生頻度は比較的低いものの、一度発生するとその被害は甚大であり、地域に致命的な影響を与えることが多い。具体的な対策の計画を考えていく上では、危機管理の観点を取り入れることが必要である。例えば、図-4.3.4[1]のように発生規模と頻度をもとにリスク区分を行うことが考えられる。土砂災害対策では、一般にハード対策とソフト対策を組み合わせて実施されるが、深層崩壊の場合は発生規模、被害範囲などもより大きなものとなるため、これらの対策の効果をより相乗的に発揮させることを考えていく必要がある。

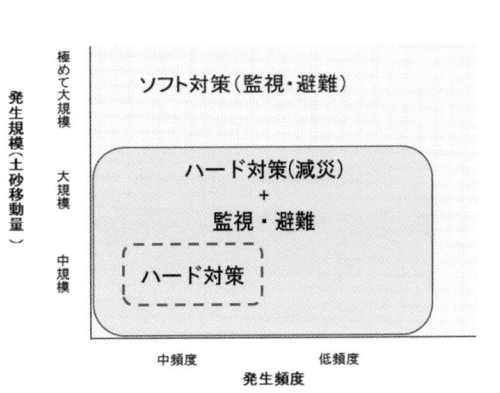

図-4.3.4 深層崩壊対策におけるリスク区分のイメージ

崩壊発生に伴う移動土砂量を構造物により低減させることで、被災範囲の縮小や到達する外力の低下を図るとともに、ソフト対策による避難を確実なものとし、人命被害の回避につなげる「減災」を基本とすることが合理的と考えられる。

深層崩壊の対策を進めていくためには、発生・移動機構の解明をした上で、①発生危険個所の予測、②発生規模の予測、③発生時刻の予測、④被害範囲・外力の推定、⑤発生頻度の評価、などについて、それぞれ手法を確立することが必要となる。「減災計画」の考え方を進めていくには、さらに深層崩壊の特性を踏まえた対策施設の設計や配置計画、警報の運用、避難場所選定、発生危険地域の監視、地域防災計画の考え方、地域づくり計画との連携などについて検討を進めていくことが必要である。発生頻度は必ずしも高くないため、手法の検証には制約を伴うものの、精度向上に向けて着実な取り組みが求められる。最近では、航空レーザー測量や空中電磁探査、人工衛星リモートセンシングなど、従来は得ることが困難であった詳細な表面地形、地下構造、地表面の変位などの情報が、面的に得られるようになってきており、このような最新の技術も活用していくことが必要である。

参考文献

1) 深層崩壊に関する基本事項に係わる検討委員会：深層崩壊に関する基本事項に係わる検討委員会 報告・提言, 社団法人砂防学会, JSECE Publication, No.65, 2012
2) 内田太郎・鈴木隆司・田村圭司：地質及び隆起量に基づく深層崩壊発生危険地域の抽出, 土木技術資料, Vol.49, No.9, pp.32-37, 2007
3) (独) 土木研究所：深層崩壊の発生の恐れのある渓流抽出マニュアル（案）, 土木研究所資料, No.4115, 2010

## 4.4 火山噴火に伴う土砂災害への対応

### (1) 火山噴火に伴う土砂災害の特徴と緊急減災対策砂防計画

　火山噴火に伴う土砂移動現象としては、噴石、降灰、火砕流、溶岩流、火山泥流、土石流、岩屑なだれ等が挙げられる。現象が多様であることに加えて、それらの規模はごく小規模なものから地質年代スケールで捉えられるような大規模なものまで、幅広いことが大きな特徴といえる。

　噴火の規模にもよるものの、それらの影響は広域かつ長期間にわたることが多く、ひとたび噴火が起こった場合の社会的影響は非常に大きなものとなる。このため火山噴火に伴い発生する土砂災害の防止・軽減を図る上では、対象とする現象の規模を想定した上で、火山砂防計画に基づき基本的な対策を着実に実施することが重要である。しかしながら、火山活動は噴火口が一定ではないなど必ずしも過去と同様に推移するとは言えず、それに伴い発生する土砂災害の時期、形態や規模なども、様々に変化していくこととなる。したがって、事前にそれらを正確に予測し対策を完了しておくことは現実的ではなく、平常時からの対策と合わせて、噴火活動に伴う観測等に基づき緊急的な対策を実施し、被害の軽減を図っていくことが合理的である。このような考え方に基づき、火山噴火緊急減災対策砂防計画の策定が全国29火山で進められている。

　火山噴火緊急減災対策砂防計画（以下、緊急減災計画）は、火山噴火が予測される場合に実施する緊急的なハード対策とソフト対策からなる。緊急ハード対策は、前兆から噴火までの期間が短いことや噴火の影響範囲などから、施工期間や施工場所に制約を受けるため、被害のすべてを防止することは困難である。このため、市町村や関係機関と連携し、警戒避難などからなる緊急ソフト対策を実施することで、被害を最小限に抑えることが不可欠である。

　緊急減災計画を策定する上での基本的な検討項目および留意点については、「火山噴火緊急減災対策砂防計画策定ガイドライン」[1] にとりまとめられている。検討すべき項目は多岐にわたるが、火山噴火緊急減災においては、計画の中に数日から数ヶ月程度の時間軸の概念が入ってくることと、時間の推移とともに想定被害範囲や対策の実施可能場所などが変化していくことが、他の災害対策と最も異なる点である。

### (2) 火山噴火活動の時系列と緊急減災計画

　火山噴火に伴う土砂災害では、時間的、空間的な制約の中で、実施可能な対策を迅速かつ効率的に行っていくことが求められる。そこで、火山噴火緊急減災計画を特徴づける時間と空間の切り口から、その基本的な考え方を述べる。

　火山の噴火活動の推移を時系列的に見た場合、大きくは平常期（噴火前）、噴火期、終息期、平常期（噴火終息後）に分けられ、それぞれの段階に応じた対策が必要となる。図-4.4.1は、噴火に伴い頻発する土石流を対象として、噴火活動の段階と各段階での対策の

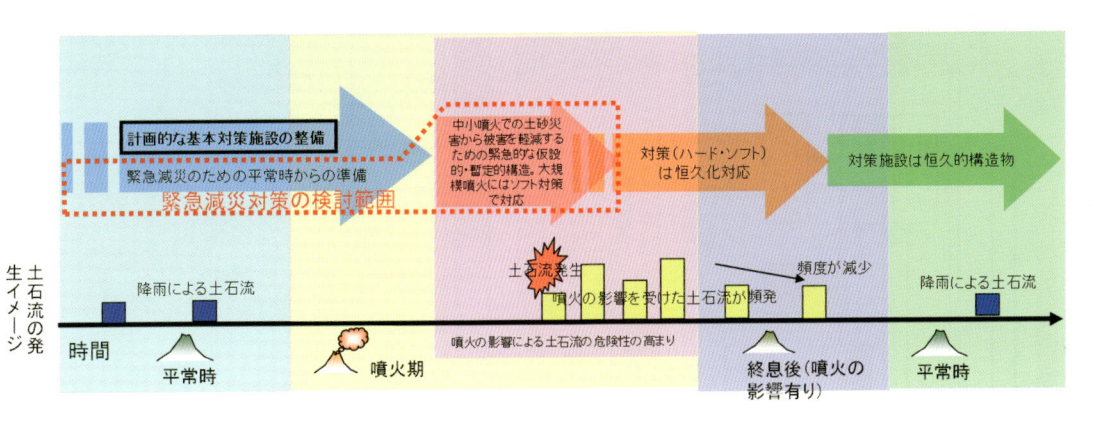

図 -4.4.1 火山噴火活動の段階に応じた対策の考え方[2]

　考え方を時系列で表したものである。平常期（噴火前）に実施する内容は、「噴火前の時点で起こり得る降雨による土砂移動現象」と「噴火中、噴火後に発生する土砂移動現象」を対象とし火山砂防計画に基づき段階的に行う対策と、緊急減災計画を円滑に実施するための「平常時の準備」として実施される対策がある。実際に噴火が始まると、活動が終息するまでの間、想定される噴火推移による土砂移動現象を対象として、緊急減災計画に基づく対策が実施される。終息期から平常期（噴火終息後）にかけては、基本計画の見直しを行った上で、除々に恒久対策へ移行する。これらの一連の流れが、火山噴火現象に伴う土砂災害対策となる。緊急減災計画の効果が最大限に発揮されるためには、平常時に実施する火山砂防計画と一体となった計画とするとともに、想定される噴火推移に沿って可能な限り具体的な検討を行い、それに基づいた平常時の準備をいかに進めておくかが重要となる。

　緊急減災計画においては、その前提条件として、想定噴火推移が設定される。想定噴火推移は、火山性地震の多発などの前兆現象の発生から、災害につながる噴火現象の発生、噴火の終息までの一連の推移と現象の規模を時系列で表したものである。多くの火山で、過去の噴火活動の記録に基づき、想定噴火推移が検討されている。図 -4.4.2 は、その一例である[3]。この事例では、噴火の規模と想定される土砂移動現象、警戒レベルの推移などの想定噴火推移とともに、状況に応じて実施されるべき緊急的なソフト対策およびハード対策が整理されている。

　緊急減災計画の対策方針を検討する上での前提条件としては、①対策の開始時期、②実施可能期間、③対応可能な現象とその規模、④実施可能場所などの項目が挙げられる。その中で対策の開始時期は、対策の実施可能期間を制約する直接の要因となるものであり、策定された計画の実効性を大きく左右する。このため、火山活動に関する各種の観測結果や前兆となる現象を踏まえ、火山の専門家と緊密な連携をとった上で、的確に判断を行う必要がある。過去の記録から、想定噴火推移ごとに現象の時間的推移が明らかになっている場合には、これらも参考の上判断することとなる。例えば浅間山における計画では、過

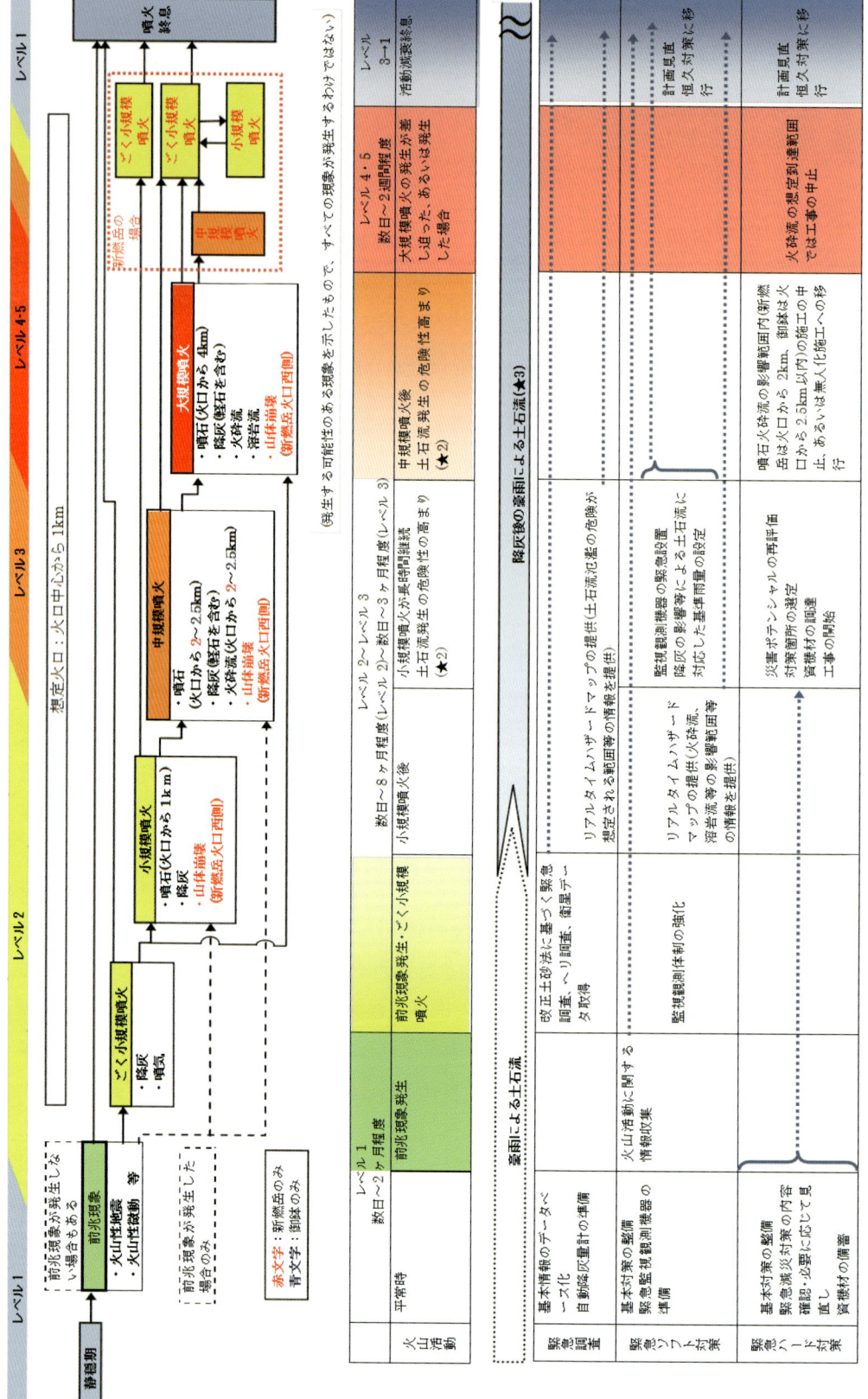

図-4.4.2 火山噴火緊急減災対策砂防計画における想定噴火推移の例[3]

表-4.4.1　噴火実績から想定した緊急対策準備開始の時期と対策可能期間[2]

| 主要噴火日<br>(中噴火) | 前兆となった<br>火山活動・噴火史実 | 火山現象として<br>の解説 | 現在の観測網によって<br>捉えられる可能性のある現象 | 対策可能期間<br>(準備含む) |
|---|---|---|---|---|
| 2004年<br>9月1日 | 2004年6月<br>A型地震が次第に増加する傾向<br>(以降、継続) | 深部へのマグマ<br>貫入に伴う地震 | A型地震発生<br>(地震計) | 3ヶ月 |
| 1983年<br>4月8日 | 1982年10月2日<br>ごく小規模噴火発生、噴煙高度不明<br>浅間牧場や鬼押出し園に10分間<br>ごく少量の降灰<br>・11:00　臨時火山情報第4号<br>・16:10　臨時火山情報第5号 | (1982年頃から<br>深部へのマグマ<br>貫入がすでに始<br>まっていた？)<br>高温ガスによる<br>火口高温化 | 有色噴煙<br>(高感度カメラ) | 6ヶ月 |
| 1973年<br>2月1日 | 北側で弱い火映現象を確認 | 高温ガスによる<br>火口高温化 | 火映(肉眼) | 2ヶ月 |
| 1958年<br>11月10日 | 1958年7月下旬<br>火山性地震増加<br>(その後9月末に急増)<br>噴煙量増大<br>火口底が鳴動<br>(次第に激しさを増す) | 火道内へ<br>マグマ上昇<br>高温の<br>火山ガス噴出 | 火山性地震多発<br>(地震計)<br>噴煙量増加(高感度カメラ)<br>SO2、放出量増加(DOAS) | 3ヶ月 |

去の噴火実績から、観測により捉えられる可能性のある現象と対策可能期間を、表-4.4.1を参考に判断するとしている。

　対策可能期間から、緊急ハード対策として実施可能な施工量を規定する要因としては、工種・工法、対策工の構造、施工計画、仮設計画などがあり、迅速な施工が可能となるよう検討する必要がある。①計画対象施設の数量、配置、施工順位、②建設機械、作業員の施工能力(投入パーティー数、日当たり実働時間等)、③工種毎のサイクルタイムなどを考慮し、効果が発揮される一連の施設単位毎の累積施工日数を算出した上で、対策可能期間と比較し、施工計画を具体的に検討する。対策可能期間が十分ではない場合、保全対象の重要度に応じて優先順位を検討することが必要となる。また、噴火活動の変化により施工困難となることも念頭におき、施工途中においても段階的な効果が発揮されるような施設構造、施工方法なども考慮に入れておく必要がある。実際の災害時においては、噴火活動の推移から土砂災害による影響範囲を見極めた上で、施工場所を決定するなどの高度な判断が求められる。

## (3) リアルタイム・ハザードマップ

　自然災害による被害の軽減を図る上では、想定被害範囲を示したハザードマップがハード・ソフト対策を検討・実施するための最も基本的な資料の一つであり、実際に様々な場面で活用されている。しかしながら火山噴火に伴う災害対策の場合は、ハザードマップ作成の前提条件である噴火口が当初想定していた位置と異なったり、地殻変動等の影響を受けて想定する現象の流下・堆積範囲が大きく変化することがある。このような際には、火山活動の状況に応じて緊急的に危険区域を見直すことが不可欠となる。火山活動の状況に応じて、防災対策上必要な精度を有するハザードマップを短時間のうちに解析、提示するための手法として、火山噴火リアルタイム・ハザードマップ作成システムが、国土交通省国土技術政策総合研究所により構築されている(図-4.4.3)[4)5)]。

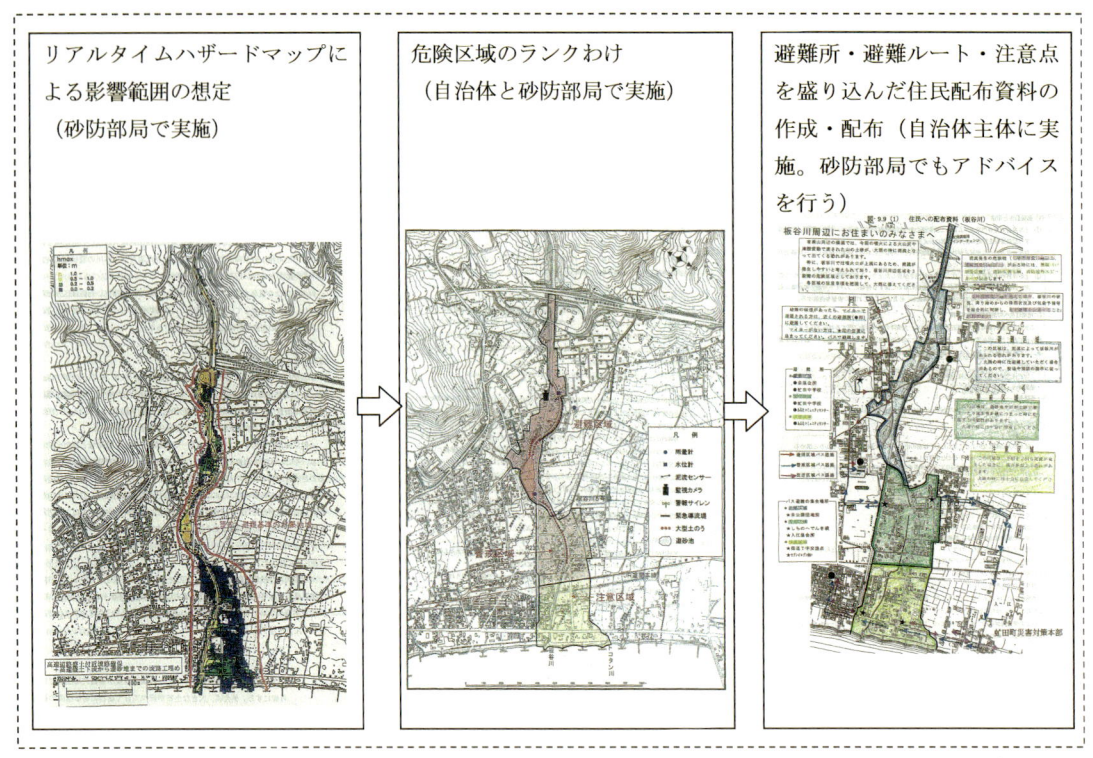

図-4.4.3 有珠山2000年噴火時のリアルタイム・ハザードマップ作成と活用の事例[5]

リアルタイム・ハザードマップ作成システムは、次の2種類のシステムで構成される。
① プレアナリシス型ハザードマップシステム（データベース方式）
　複数の噴火規模、現象において予めハザードエリアを特定し、その情報をGIS上に格納しておき、火山の活動状況に応じて必要となる情報を引き出すことを可能としたシステム。
② リアルタイムアナリシス型ハザードマップシステム（逐次計算方式）
　火山活動に伴う地形の変化や、火山噴出物の物性、量、範囲等に対応して、氾濫計算等を行い、火山ハザードマップを随時迅速に見直すことを可能とするシステム。
　火山活動の推移や予想される影響範囲、時間的な切迫性、検討に必要となるデータ取得の見通しなど、様々な要因を適切に判断した上で、リアルタイムハザードマップシステムの運用を行っていくことが必要である。

参考文献
1) 国土交通省砂防部：火山噴火緊急減災対策砂防計画策定ガイドライン，2007
2) 国土交通省関東地方整備局利根川水系砂防事務所ほか：浅間山火山噴火緊急減災対策砂防計画　参考資料　平成24年度版，2012
3) 国土交通省宮崎河川国道事務所ほか：霧島火山緊急減災対策砂防計画（案）《新燃岳・御鉢》平成23年度版【霧島火山緊急減災砂防計画検討分科会（案）】，2012
4) 国土交通省：国土交通省総合技術開発プロジェクト「災害情報を活用した迅速な防災・減災対策に関する技術開発及び推進方策の検討」総合報告書，2006
5) 国土交通省北海道開発局旭川開発建設部：十勝岳火山噴火緊急減災対策砂防計画（案）計画編，2011

## 4.5 大規模土砂災害への対応事例

### 4.5.1 天然ダムへの対応
#### (1) 天然ダム対応の基本

深層崩壊等によって天然ダムが形成された場合に懸念される土砂災害には、その上流域における浸水や、決壊による下流域における土砂や洪水の氾濫（写真-4.5.1.1（SAR画像））が挙げられる。それらの土砂災害を防ぐためには、図-4.5.1.1に示すような対応を行う。

- 初動段階：いち早く天然ダム形成の可能性を把握
- 緊急段階：迅速な調査、適切な警戒避難体制の整備、および天然ダムの上流側に貯まった水の量を減らすことと、天然ダムを構成する土砂が急激に侵食されないことを目標にした応急・緊急対策（図-4.5.1.2）の実施
- 復旧段階：本復旧対策等への移行

天然ダムの破壊は図-4.5.1.3に示すような形態があるとされているが、複合的なものもあると考えられる。近年の天然ダム箇所においても図-4.5.1.4に示すように、越流した流水が閉塞土塊下流側の急勾配部分で流速を増すことで侵食を開始し、その侵食が上流方向に伝播して天端付近まで達した事例が複数確認されている（写真-4.5.1.2～3）。これはすなわち、越流した流水が、安定的に流下できる断面の流路が閉塞土塊の下流側まで完成していない状態で、豪雨時等に侵食を開始した場合には、流路・渓床は激しく変動して施工途中の構造物も破壊してしまう可能性があることを示している。したがって、天然ダムの応急対策は、満水・越流などによる閉塞土塊の侵食が始まるまでの期限と、対策工の施工に要する期間との比較を行った上で決定する必要があるといえる。具体的には、以下のような方向性が考えられる。

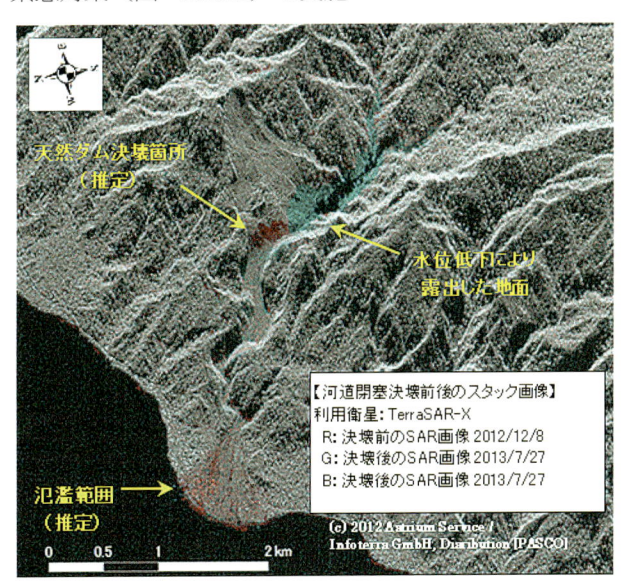

写真-4.5.1.1　インドネシア・アンボン島の天然ダム決壊災害（Jul. 2013）

①越流等による激しい侵食が開始する前に、閉塞土塊上の流路を完成させ、最終的に土塊全体を固定化する（図-4.5.1.2（a））。
②越流したとしても急激な侵食が加速度的に進行しないように、閉塞土塊上の流路の渓床・渓岸の侵食速度を抑制するために流路の安定性を高める対策を行う。
③湛水池の規模が小さい場合には、下流での被害が発生しない程度まで湛水池の規模を縮小させる（図-4.5.1.2（b））。

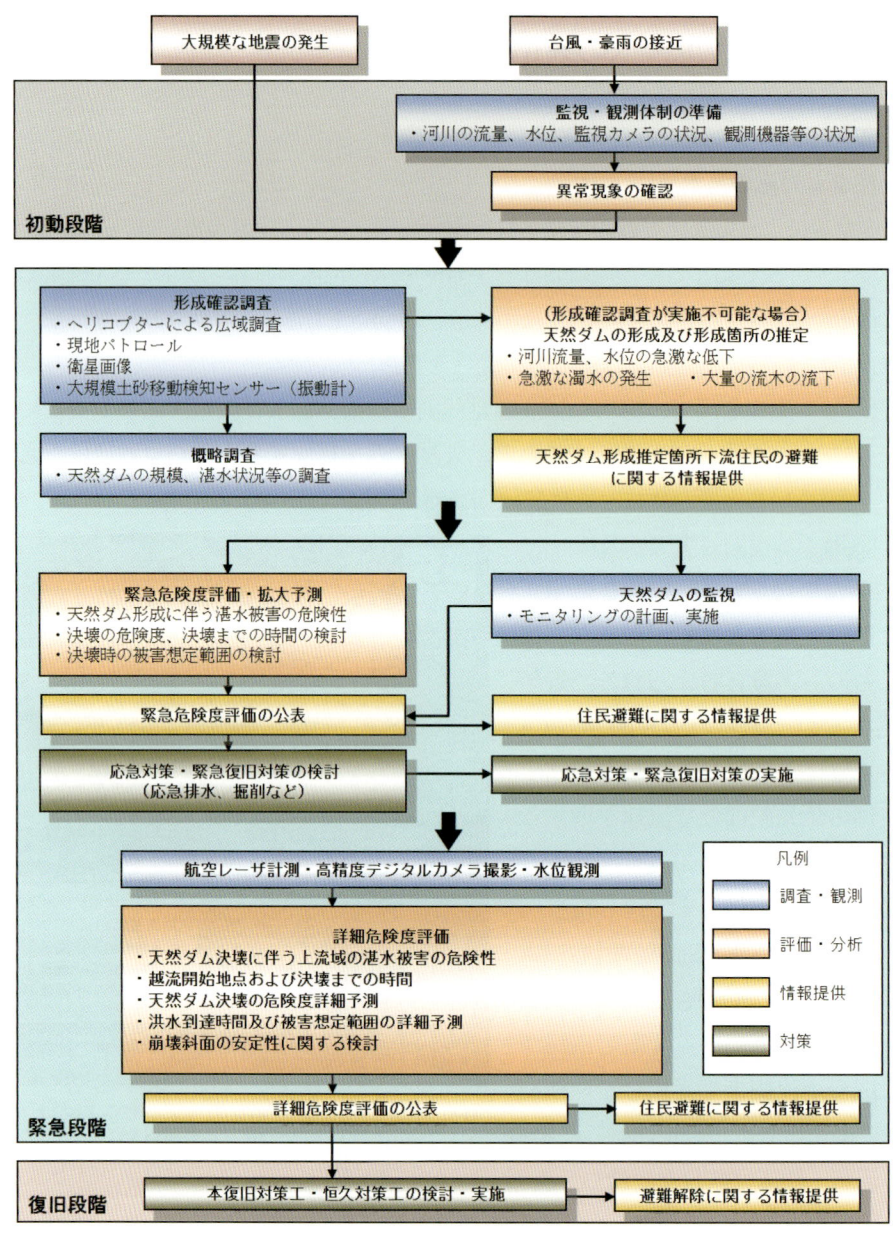

図-4.5.1.1　天然ダムの調査と対策の流れ

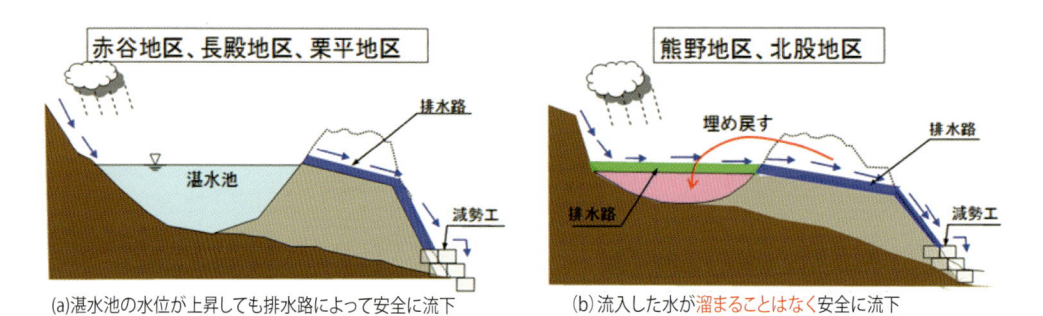

図-4.5.1.2　天然ダム緊急対策事例（2011 紀伊山地災害）

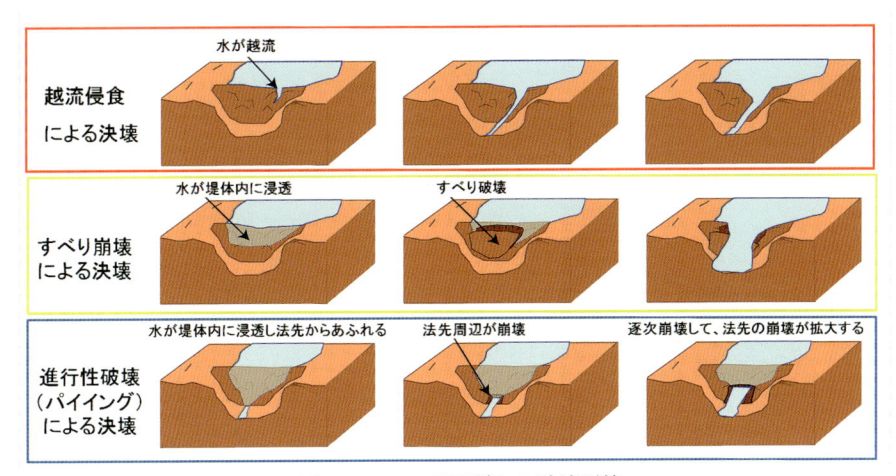

図-4.5.1.3　天然ダムの破壊形態

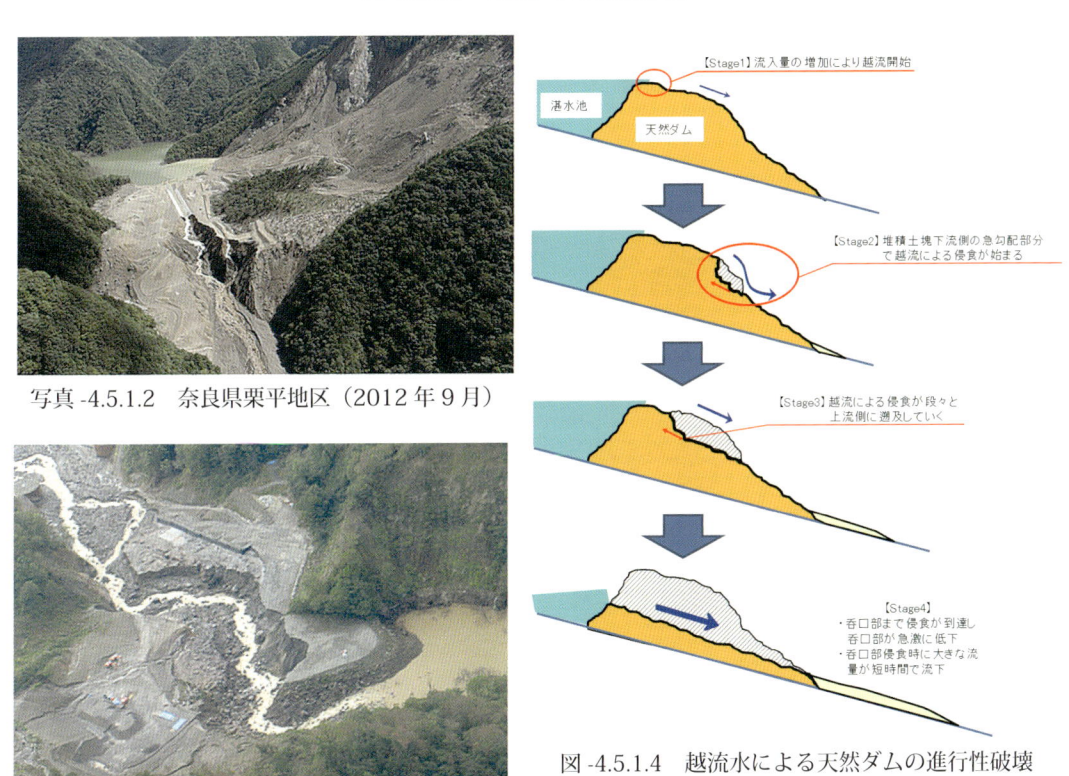

写真-4.5.1.2　奈良県栗平地区（2012年9月）

写真-4.5.1.3　宮城県湯浜地区（2012年9月）

図-4.5.1.4　越流水による天然ダムの進行性破壊

④越流したとしても急激な侵食が加速度的に進行し続けないように、閉塞土塊よりも下流側にサンドポケットを築造し、侵食の初期段階での移動土砂を貯め込むことで河床を上昇させ、安定的な河床勾配を形成させる。

⑤越流した場合に備えて天然ダムと保全対象の間の既存砂防堰堤の除石やかさ上げ等を緊急的に行い、堆砂空間を確保する。なお、対策作業の安全のために無人化施工技術の活用も検討する。

## (2) 天然ダム対応の事例

近年発生した天然ダムについて対応した事例を記述する。

### 1) 平成 16 年新潟県中越地震

平成 16 年 10 月 23 日新潟県中越地震で生じた天然ダムのうち多くが信濃川水系魚野川支川の芋川流域において発生した。そこで、天然ダム対策が平成 16 年 11 月 5 日より直轄河川等災害関連緊急事業として開始され、平成 18 年度に終了した。その中でも東竹沢地区の天然ダムは、決壊した場合に下流で大きな被害を引き起こす可能性があった。

東竹沢地区では緊急工事を施工するまで越流をさせないために、毎秒 0.5m$^3$ の排水能力を有するポンプを当初 6 台、後に 12 台設置し、24 時間稼働させた。

写真 -4.5.1.4　東竹沢地区施工状況

写真 -4.5.1.5　東竹沢地区整備状況

また、5 本の管を閉塞土塊中に埋設し、その上に仮排水路を建設した。写真 -4.5.1.4 は東竹沢地区での流路の施工状況である。流路は写真中央のブルーシート付近を中心として両岸を削って建設された。その後、天然ダムの下流側に砂防堰堤を建設し（写真 -4.5.1.5）、恒久的な流路を建設した。東竹沢地区の閉塞土塊には粒径の大きな岩があまり存在せず、流水で侵食されやすかったことを考慮すると、コンクリートを用いて侵食されにくい流路を早期に建設する必要があった。

## 2）平成 20 年岩手・宮城内陸地震

平成 20 年 6 月 14 日に岩手県南部の深さ 8km の位置を震源とした、マグニチュード 7.2 の地震が発生した。この地震によって、集落に被害を及ぼす土砂災害が 48 件発生した[1]。また、3500 箇所以上で山腹崩壊が発生し、規模の大きな天然ダムも 15 箇所で形成された。

地震が発生した直後には、すでに発生した土砂災害と今後発生する可能性のある土砂災害を把握するために、土砂災害危険箇所緊急点検[2]、天然ダムの危険度評価[3]と投下型水位観測ブイによる湛水位の監視[1]を行った。

### ⅰ）土砂災害危険箇所緊急点検

土砂災害危険箇所緊急点検は平成 20 年 6 月 15 日から 19 日までの 5 日間にわたって実施された。震度 5 強以上を観測した岩手県 5 市町村と宮城県 6 市町村内にある 2,771 箇所を点検した。点検に際して、国土交通省国土技術政策総合研究所危機管理技術研究センター長を本部長とし、国土交通省（本省砂防部砂防計画課、北海道開発局、東北地方整備局、関東地方整備局、北陸地方整備局、中部地方整備局、国土技術政策総合研究所）から TEC-FORCE としての 113 名、県（青森県、秋田県、山形県、岩手県、宮城県、福島県、栃木県、群馬県、新潟県）からの 99 名よりなる「土砂災害危険箇所点検緊急支援チーム」を国土交通省東北地方整備局岩手河川国道事務所一関出張所に設置した。

土砂災害危険箇所緊急点検では現地踏査の結果から、当該箇所を「ただちに応急対策が必要な個所（A）」、「二次点検後対策を決定する箇所（B）」、「緊急性が低い箇所（C）」の 3 種類に分類した。A 判定は斜面に大きなクラックが発生していたり、渓流が土砂で埋まって（天然ダム）水がたまり始めていたり、落石が多く発生し斜面上に直径 1m 程度の浮石が残っていたりするなど、今後の降雨等によって土砂災害が想定される箇所として 20 箇所、B 判定箇所は 112 箇所となった。土砂災害危険箇所点検緊急支援チームはこの結果を 6 月 20 日に宮城県、岩手県、栗原市役所等に報告するとともに、応急対策や警戒避難体制の構築について助言した。

### ⅱ）被害範囲の推定

湯ノ倉地区で発生した天然ダムでは、渓流を流れる水が溜まり続けたため、温泉旅館が徐々に浸水し被災した（写真 -4.5.1.6）。また、地震が発生してから一週間後の 6 月 21 日には、天然ダムを越流した流水によって急激に侵食された事例も出てきた。このように天然ダムによって生じる土砂災害としては、その上流側での湛水による浸水と下流側での急激

写真 -4.5.1.6　宮城県湯ノ倉地区（湛水の進行状況）

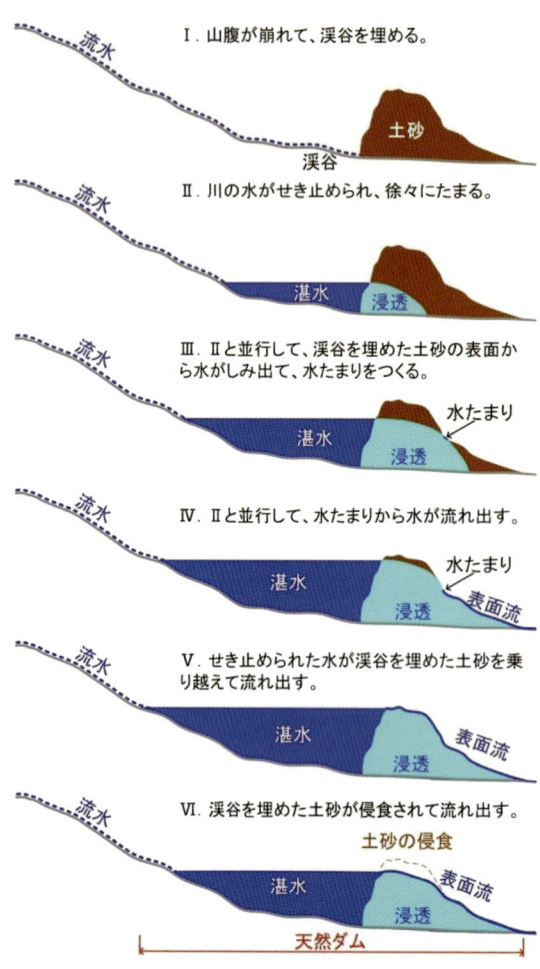

図-4.5.1.5　天然ダム状況の時系列変化

な土砂と水の流出による氾濫が考えられる。
　岩手・宮城内陸地震では、図-4.5.1.5に示すような時系列変化を想定して、図-4.5.1.6に示した手順で危険度評価を行った。ⅠあるいはⅡの段階では、せき止められた水を減らす必要のある個所を選定することや、避難する必要のある地域を抽出することを目的とした。ⅣやⅤの段階における危険度評価は、避難している住民が自宅へ戻っても安全かどうかという点を判断することと、復旧対策工を行う際の留意点を整理するということを目的とした。
　ⅠあるいはⅡの段階では、限られた時間の中で得られる情報を基に、以下の2つの条件に該当する集落を短時間で探し出す必要があるため、ある程度の誤差を許容せざるを得ない。
（A）渓谷を流れる水がせき止められ続けた場合に、浸水する可能性のある上流側の集落
（B）渓谷を埋めた土砂が急激に侵食または決壊により流出した場合に、被害を受ける可能性のある下流側の集落
　（A）については、渓谷を埋めた土砂が流れ出さないと仮定して、水が最大でどの標高までせき止められるかを推定し、その水面より低い位置の集落を抽出することになる。そのためには、渓谷がどの標高まで土砂で埋められたのか、という情報が必要となる。その情報は地震が発生した翌日にレーザープロファイラーで計測した結果から作成した地形図や現地踏査により得られた。その結果、湯ノ倉温泉付近の家屋が抽出された。

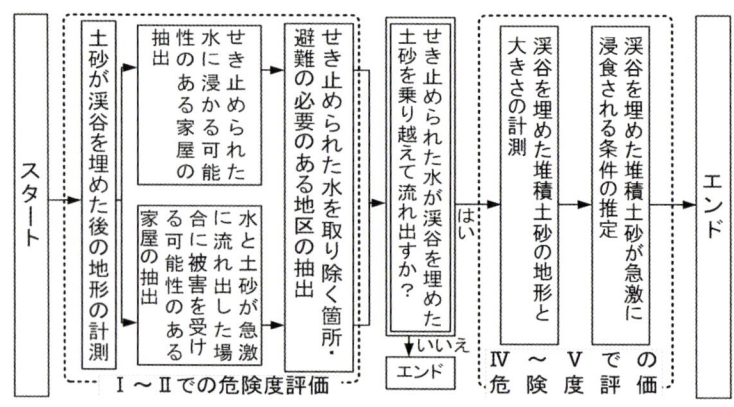

図-4.5.1.6　天然ダムの危険度評価を行った手順

（B）については、渓谷を埋めた土砂が急激に流れ出すと仮定して、その流れの表面が最大でどの標高まで達するのかを推定し、それより低い位置の集落を抽出すればよい。そのためには、水と土砂が流れ出る量が最大でどの程度なのか、どの程度の量になると渓谷や河川から溢れてしまうのか、という情報が必要となる。

渓谷を埋めた土砂が侵食される過程が、水と土砂が流れ出る割合に大きく影響する。渓谷を埋めた土砂が侵食される過程は概ね次の3つに分類できる。

(a) 渓谷を埋めた土砂がその表面を流れる水によって侵食されて流れ出す場合
(b) せき止められた水が渓谷を埋めた土砂の中を浸透し、閉塞土砂の一部が滑って流れ出す場合
(c) その両者が複合的に生じる場合

このケースでは、(a) から (c) の場合のうちどれが生じるのか不明であるため、(c) を除外した。(a) に至るまでの時間（式（1））と (b) に至るまでの時間（式（2））を比較して、短い方を渓谷を埋めた土砂が侵食されていく過程として採用した。

$$T = \Delta H / V_u \quad \cdots\cdots (1)$$

$$T = L / \{k(\sin\theta + H/L)\} \quad \cdots\cdots (2)$$

ここで、$T$：(a) あるいは (b) に至るまでの時間 [s]、$\Delta H$：ある時点の水面と水をせき止められる最高の水面との差 [m]、$V_u$：水面の上昇速度 [m/s]、$L$：渓谷を埋めた土砂の長さ [m]、$k$：透水係数 [m/s]、$H$：渓谷を埋めた土砂の高さ [m]、$\theta$：渓谷が土砂で埋まる以前の河床勾配 [°] である。今回、谷を埋めた土砂の透水係数が不明であったため、砂と礫の一般的な値である $k=1.0\times10^{-4}$ [m/s] を用いた。なお、後日、湯ノ倉温泉付近と湯浜温泉付近で計測したところ、$k$ は $0.68\times10^{-4}\sim3.78\times10^{-4}$ [m/s] であった。

表-4.5.1.1 は (a) あるいは (b) に至るまでの時間と、水と土砂が流れ出る流量の最大値を推定した結果である[3]。湯浜と湯ノ倉を除く地区では、せき止められた水がすでに閉塞土砂を越えて流れ出したか、人為的に排出されていたため、(a) の過程を採用した。湯浜と湯ノ倉では、(a) に至る時間が (b) に至る時間より短かったため、(a) の過程で水と土砂が流れ出すと判断した。そこで、既存の研究成果の中から (a) の過程に適用できる Costa が提案した式[4]、田畑らが提案した式[5]、土石流ピーク流量[1] を用いて、水と土砂が流れ出る流量の最大値を推定した。水と土砂が渓谷や河川から集落に溢れ始める流

表-4.5.1.1　決壊状況の推定結果

| 天然ダムが形成された地区名 | 形状 高さH (m) | 形状 幅B (m) | 形状 長さL (m) | 渓床勾配 θ (°) | 決壊までに要する時間（日） (a) の場合 | 決壊までに要する時間（日） (b) の場合 | ピーク流量の推定値 (m³/s) |
|---|---|---|---|---|---|---|---|
| 湯浜 | 45 | 50 | 1200 | 2.49 | 39.2 | 1716 | 15～838 |
| 湯ノ倉 | 20 | 53 | 630 | 2.05 | 3.4 | 1081 | 10～528 |
| 川原小屋沢 | 30 | 50 | 600 | 5.19 | - | - | 15～572 |
| 温湯 | 6 | 40 | 820 | 1.47 | - | - | 1～85 |
| 小川原 | 10 | 30 | 580 | 1.04 | - | - | 4～161 |
| 浅布 | 8 | 40 | 210 | 1.25 | - | - | 3～144 |
| 坂下 | 2.9 | 13 | 80 | 0.45 | - | - | 1～57 |

2008年6月25日現在。湯浜、湯ノ倉の両地区以外の箇所では水が流れていたため決壊に要する時間を算出していない。

量を、現地踏査により測定した河床の形状と勾配から推定した。それらを比較して、水と土砂が流れ出る流量の最大値が集落に溢れ始める流量を上回ると、洪水・氾濫の可能性が高いと判断した。その結果、温湯温泉、猪ノ沢、大田の集落では、水や土砂が氾濫する可能性があることがわかった。

写真-4.5.1.7 ガリー内の状況（湯浜地区）
写真中のポールは長さ3mである。

ⅣやⅤの段階では、(a)の過程を想定して、渓谷を埋めた土砂がその表面を流れる水によって急激に侵食される条件を推定する。今回の場合、湯浜地区の天然ダムを対象とした。写真-4.5.1.7は同地区での谷を埋めた堆積土砂に形成されたガリー内を撮影したものである。地点1は水が浸み出してきた地点で、地点2は地点1より流路に沿って300m程度下流である。岩の大きさは地点1で2.8m程度、地点2で1.9m程度であった。また、現地踏査の際に簡易的に勾配を計測したところ、その値は地点1で8.9°程度、地点2で4.4°程度であった。図-4.5.1.7は流路内の岩が動くか否かを判断するために作成したものである。図中の実線は岩が水の流れから受ける力（無次元掃流力）と静止していた岩が動き始める力（無次元限界掃流力）が等しくなる条件を示したものである。同図より両地点とも、水深が2.4m程度を越えると岩が動き始め、渓谷を埋めた堆積土砂が急激に浸食される可能性があることがわかった。

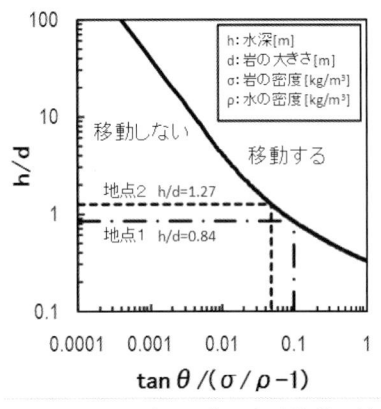

図-4.5.1.7 ガリー内の岩が移動し始める条件

ⅲ) 対策工事

ここでは、一迫川流域上流の湯浜地区における対策について記述する。

湯浜地区の天然ダムは両岸が非常に急な勾配の渓流の中に生じたため、重機を搬入するための工事用道路の敷設に時間を要した。そのため、対策構造物の工事着手が他の天然ダム地区より遅かった。この地区での対策構造物は天然ダムが侵食された場合でも、それによる地形の変化にある程度対応できるように鋼製枠に石礫を詰めたものを用いて建設した。この天然ダムの下流側の斜面は急勾配になっていたため、落差工を有する流路を建設することとなった（写真-4.5.1.8）。しかし、豪雨による出水で流路の下流端において河床浸食が生じ、床固工が損傷した（写真-4.5.1.9）。また、流路の最上流部の床固工の水叩きでは鋼製枠内の石礫が落水によって破砕され枠から流出していた。

湯浜地区では、現地で採取できる石礫を詰めた鋼製枠や現地の岩を用いて流路を建設したが、工事期間中に幾つかのパターンで流路の損傷も見られたことから、これらの被災メカニズムを整理し、今後の応急対策および恒久対策を検討する際の留意事項とすることが有効である。

写真-4.5.1.8　流路の施工状況
（湯浜地区 2010 年 6 月）

写真-4.5.1.9　流路下流の侵食状況
（湯浜地区 2010 年 7 月）

### 3）平成 23 年台風 12 号豪雨

#### ⅰ）土砂災害防止法による天然ダム緊急調査

「土砂災害警戒区域等における土砂災害防止対策の推進に関する法律の一部を改正する法律」が平成 23 年 5 月 1 日より施行された。これに伴い同法律施行令の一部を改正する政令と土砂災害防止対策基本指針も施行され、重大な土砂災害の発生原因となる土石流（「河道閉塞による湛水を発生原因とする土石流」）と河道閉塞による湛水の 2 つの自然現象を対象とした緊急調査は国土交通省によってなされることとなった。

緊急調査の流れ[8]は、Ⅰ緊急調査着手の判断、Ⅱ初動期における調査、Ⅲ継続監視期における調査、Ⅳ緊急調査終了の判断の 4 つの段階からなる。

**Ⅰ　緊急調査着手の判断：**

天然ダム（本書では、「河道閉塞」を一般的な用語である「天然ダム」[9]と読み替えて記載している。）による湛水を発生原因とする土石流を対象とする場合には、次の 3 条件が満たされるか否かを判断する。

①天然ダムによる湛水の量が増加すると予想される場合

②越流開始地点において堆積した土石等の高さがおおむね 20m 以上である場合

③越流開始地点より下流の部分に隣接する土地の区域に居室を有する建築物の数が概ね 10 以上である場合

また、天然ダムによる湛水を対象とする場合には、①、②に加えて次の条件が満たされるか否かを判断する。

④越流開始地点より上流の部分の流域のうち、越流開始地点の標高以下の標高の土地の区域に居室を有する建築物の数が概ね 10 以上である場合

**Ⅱ　初動期における調査：**

天然ダムの位置、高さ（または比高）、天然ダムの区間のうち越流開始地点より下流側

の水平長、調査時点の水位と越流開始地点との標高差、湛水長といった解析に必要な情報を、ヘリコプターや現地踏査により計測する。重大な土砂災害が懸念される区域を想定する際、天然ダム決壊を発生原因とする土石流の場合では数値シミュレーション手法を用いるが、天然ダムによる湛水の場合では越流開始地点における湛水位を想定してその標高より低い土地の区域を抽出する方法を用いる[10]。湛水位の計測結果から流れ込む流量を算出し、その流量で水が流れ込み続けると仮定して、湛水位が越流開始地点の標高に達するまでの時間を算出して、時期を想定する。それらの結果を取りまとめて、土砂災害緊急情報を作成し提供する。

### Ⅲ　継続監視期における調査：

　天然ダムの形状の変化、湛水位、気象状況などを計測し、それらの情報に基づいて、重大な土砂災害が懸念される土地の区域および時期を想定する。その土地の区域は、河道の形状、粒度分布や密度といった土石の特性等を数値シミュレーションに反映させるとともに、現地調査等により、想定の精度の向上を図る。また、降雨の予測値を含めて流出解析を行い、湛水位の変化を算出して時期を想定する。その結果、重大な土砂災害が想定される土地の区域もしくは時期が明らかに変化した場合には、土砂災害緊急情報の続報を作成し提供する。なお現地調査時には、状況に応じて地元の自治体等の関係機関の同行も検討する。また、緊急調査終了の判断の要件も検討する。

### Ⅳ　緊急調査終了の判断：

　応急対策工事を終了したことや天然ダムの高さが低くなったこと等の状況の変化を考慮して、重大な土砂災害が懸念される土地の区域を想定し、改正施行令に示した条件を満たすか否かを再度判断する。条件から外れているかあるいは天然ダムが生じる以前の状況とほぼ同等になっていれば、緊急調査を終了できる。

ii) 平成23年台風12号災害における対応事例

　平成23年9月3日から4日にかけて台風12号が高知県から鳥取県を通過したことに伴って、アメダス観測所（奈良県十津川村風谷）では平成23年8月31日から9月5日

図-4.5.1.8　平成23年台風12号によって形成された天然ダムの変化（赤谷地区）

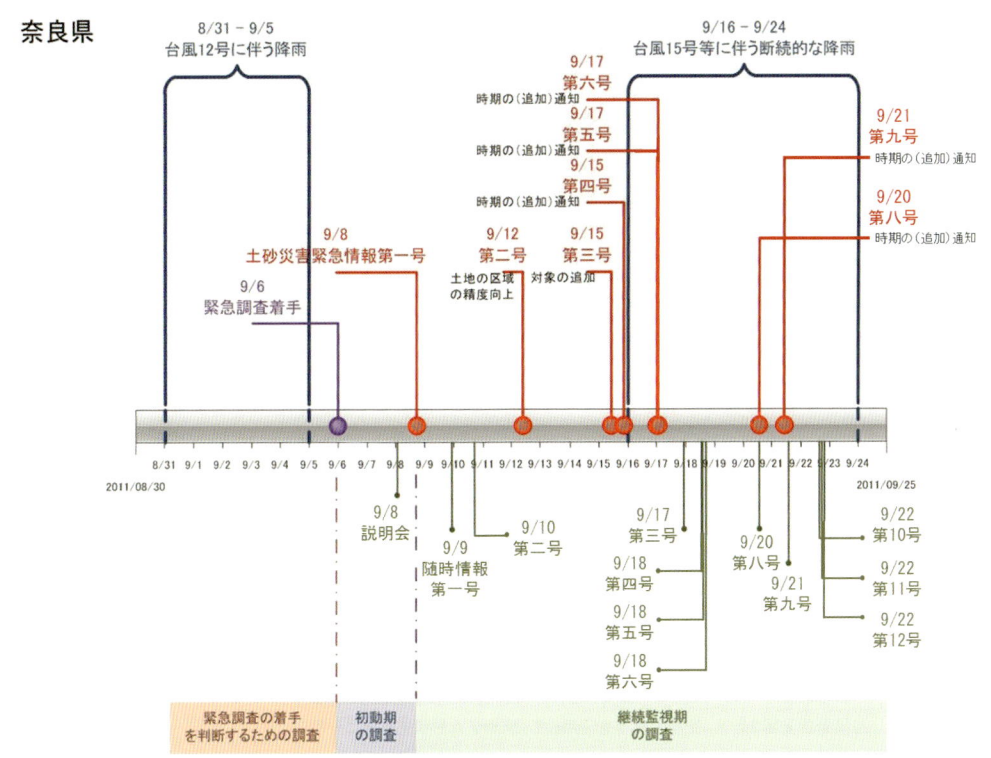

図-4.5.1.9　平成23年台風12号に伴う緊急調査の流れ（平成23年9月25日時点）

にかけて1,360mmの降水量が観測された。その期間に、紀伊山地において数多くの山腹斜面が崩壊し、それらの一部が河道を閉塞した。そのために生じた天然ダムは17箇所確認され、そのうち5つが降雨終了後も決壊せず存在していた。図-4.5.1.8は赤谷で形成された天然ダムの事例で、その時系列変化を示したものである。9月6日の時点（初動期の調査）では、渓流の水が天然ダムの上流側でせき止められ湛水していたが、翌日には天然ダムの下流側の斜面より湧出し、下流へ流れ出していた。さらに、続く台風15号に伴う降雨の後には天然ダムが大きく侵食され、ガリーを形成し、下流側に土砂が堆積した。ここでは、緊急調査の着手から継続監視期における調査までの流れを記述する。

前述の緊急調査着手の判断のための条件を満たした天然ダムは奈良県五條市大塔町清水地区（赤谷）、十津川村長殿地区、十津川村栗平地区、和歌山県田辺市熊野地区の4箇所であった。そこで、図-4.5.1.9に示すような流れで、これら4地区において9月6日より緊急調査に着手した。初動期における調査を踏まえ、関係地方自治体への説明の後に9月8日に土砂災害緊急情報第一号を公表した。この情報に基づき関係市町村では避難指示・勧告を発令した。この時点で初動期の調査は終了し、引き続いて継続期における調査に移行した。

初動期の調査の後にさらに詳細な調査結果が得られたため、重大な土砂災害が想定される区域を見直し土砂災害緊急情報第二号を公表した（図-4.5.1.10）。さらに、野迫川村

熊野 緊急調査結果

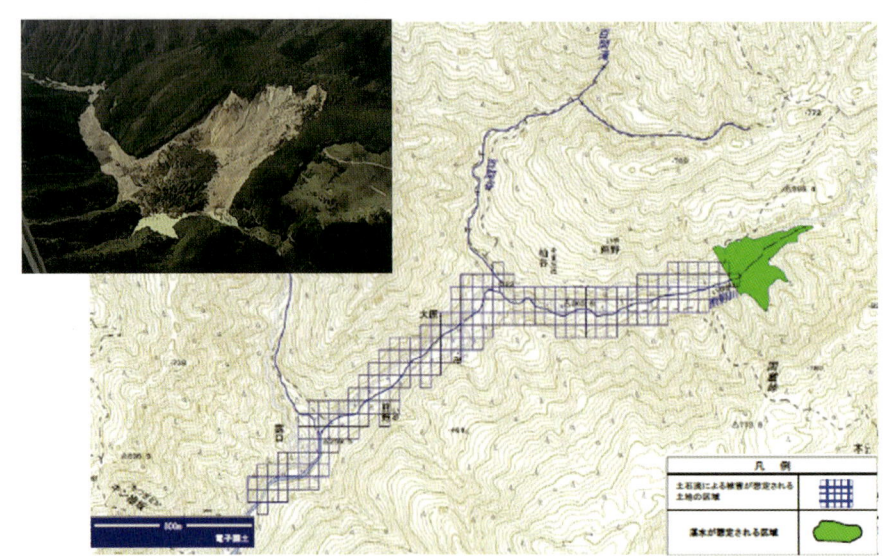

詳細な調査結果をシミュレーションに反映
＜緊急調査第1号＞　レーザー距離計を用いて天然ダム形状を迅速に計測
＜緊急調査第2号＞　空中写真等を活用して、天然ダム形状を詳細に分析

図-4.5.1.10　天然ダム決壊による氾濫シミュレーション例

北股地区における天然ダムについても緊急調査の対象として追加し土砂災害緊急調査第三号を公表した。

また、台風15号に伴って9月16日から24日まで断続的な降雨があったが、この降雨の前に湛水池内の水位を計測するために土研式水位観測ブイを投入しており、水位変化が把握できるようになっていた。9月15日から21日にかけて、ブイの計測値や降雨予測を踏まえて土砂災害が発生する時期を見直し、土砂災害緊急情報第四号から第九号までを公表した。

## 4.5.2　火山噴火への対応（霧島山（新燃岳）噴火）

### （1）降灰後における土石流危険渓流の抽出

霧島山は平成23年1月19日に噴火を開始し、1月26日以降多量の火山灰等を噴出した（写真-4.5.2.1）。噴火レベルが3（火口から2km以内の立ち入りが規制）の中、国土交通省は降灰量調査を行い、火山灰によって覆われた土石流危険渓流を抽出

写真-4.5.2.1　霧島山新燃岳から立ち上る噴煙
（水野2011年1月）

第 4 章　大規模土砂災害の危機管理　　145

した。その結果、35の渓流において土砂災害の危険性が高まったと判断した。

### (2) 危険区域の想定と雨量基準

これらの土石流危険渓流に対して、二次元土石流氾濫計算を行って氾濫区域を想定し、さらに、土石流が発生する恐れのある雨量の基準として 4mm/h を初期値に設定した[7]。この雨量基準を超える降雨が発生した場合には、土石流の発生・非発生を確認することによって雨量基準を見直していった。同年6月29日以降は霧島山を源流に持つ土石流危険渓流については雨量基準を 35mm/h とし、その他の土石流危険渓流については雨量基準に代わって土砂災害警戒情報による対応とした。

### (3) 情報の提供と更新

火山噴火時の土砂災害危険度の評価における難しさは、噴火が継続すること、および繰り返し降雨を経験して行くことで、斜面上の火山噴出物の状況が変化することにある。図-4.5.2.1のフローに示したように、一定規模のイベントごとに評価を繰り返し、情報を更新する必要があるが、その際には市町村の防災担当者や関係住民が混乱を起こさないようにきめ細かな説明を行うことが重要である。

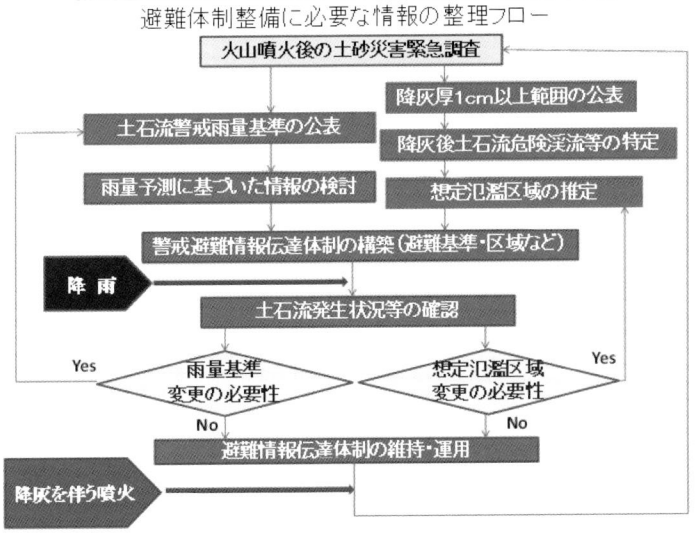

図-4.5.2.1　降灰後の土石流に対する調査フロー例

### (4) 緊急ハード対策

砂防堰堤などの構造物による対策として、12箇所の砂防堰堤で緊急的に除石を行い、流出してくる土砂を捕捉するための空間を確保した。さらに、砂防堰堤が設置されていない渓流では、コンクリートブロックを用いて土砂を捕捉するための空間を新たに確保した。

■高千穂第3砂防堰堤（上流から下流を望む）

H23.6.13 掘削後に堆積した形跡なし　　H23.6.17 砂質土が若干堆積　　H23.6.26 満砂状態

■矢岳第3砂防堰堤（上流から下流を望む）

H23.6.13 掘削後に堆積した形跡なし　　H23.6.17 堆積していないが澪筋に変化あり　　H23.6.26 満砂状態

写真-4.5.2.2　緊急対策による降灰後の移動土砂の捕捉状況

　その後の降雨によって流出してきた土砂を捕捉し、下流への影響を抑制している（写真-4.5.2.2）。

### 4.5.3　地すべりへの対応（国川地区地すべり）
#### （1）地すべりの概況とメカニズム
　平成24年3月7日に新潟県上越市国川地区において融雪型地すべりが発生し（写真-4.5.3.1）、その土砂が斜面下の水田の上を移動し続け、11棟の建物を破壊した[11]。
　この地すべりは、水田上に押し出した地すべり土塊が積雪を盛り上げて締め固め、周囲に雪の壁を作ったことで移動土塊の拡散を妨げ、また排水を阻害したことが長距離移動につながったと考えられた[12]。

#### （2）土砂災害緊急情報等の経緯
　この災害では、新潟県が土砂災害防止法に基づき緊急調査を行った。緊急調査にあたっては、独立行政法人土木研究所地すべりチームと雪崩・地すべり研究センターが、新潟県知事の要請により支援を行っている。3月8日に土砂災害緊急情報第1号が公表された。上越市は国川町内会の10世帯39人に対して避難準備情報を発表し、板倉農村環境改善

センターに避難所を開設した。その後、同世帯に加えて3世帯、合計21世帯80名に対して避難勧告を発令した。

地すべりが移動し続けたこともあり、被害が想定される土地の区域が随時見直され、3月9日に土砂災害緊急情報第2号、3月14日に土砂災害緊急情報第3号、3月27日に土砂災害緊急情報第4号が公表された。土砂災害緊急情報第4号では応急工事の進捗と、被害が想定される土地の区域の見直し結果が公表された。

写真-4.5.3.1　国川地すべりの全景（新潟県）

5月21日には、は応急工事の進捗と、被害が想定される土地の区域の見直し結果を示した土砂災害緊急情報第5号と、地すべり緊急調査の終了について公表がなされた。その後、平成25年4月10日に避難勧告が全面的に解除された。

応急工事では、地すべりの動きを抑えるために地下水排除・融雪水の流入防止・流下土塊の表流水の排除を行うとともに、集落を防護するための異形ブロックの設置と導流堤の設置、地すべりの観測装置の設置を行った[13]。

参考文献

1) 国土交通省国土技術政策総合研究所，独立行政法人土木研究所，独立行政法人建築研究所：平成20年（2008年）岩手・宮城内陸地震被害調査報告，国土技術政策総合研究所資料（486），p.34-71，2008
2) 西本晴男：岩手・宮城内陸地震における河道閉塞（天然ダム）対応について，国土技術政策総合研究所資料（482），p.115-130，2008
3) 水野秀明：2008年岩手・宮城内陸地震により生じた天然ダム危険度評価の考え方，土木技術資料，Vol.52（2），p.14-17，2010
4) CostaJ：Floods from dam failure，Flood Geomorphology，p.436-439，1988
5) 田畑茂清・池島剛・井上公夫・水山高久：天然ダム決壊による洪水のピーク流量の簡易予測に関する研究，砂防学会誌，Vol.54（4），p.73-76，2001
6) 国土技術政策総合研究所危機管理技術研究センター砂防研究室：砂防基本計画策定指針（土石流・流木対策編）解説，国総研資料（364），pp.46，2007
7) 杉山光徳・井上英雄・大脇鉄也：霧島山（新燃岳）噴火とその後の対応，土木技術資料，Vol.53（11），p.36-39，2011
8) 水野秀明・石塚忠範・小山内信智：「土砂災害防止法の改正」に基づく緊急調査の手引き，土木技術資料，Vol.53（12），p.18-23，2011
9) 砂防学会編：改訂砂防用語集，p.221-222，山海堂，2004
10) 水野秀明・小山内信智：迫川で形成した河道閉塞（天然ダム）の危険度評価に関する考察，国総研資料（522），p.32-51，2009
11) 小山内信智：最近の激甚な土砂災害の概況と対応の視点，九州技報（52），p.17-23，2013
12) 畠田和弘・木村誇・丸山清輝・野呂智之・中村明：平成24年3月7日新潟県上越市板倉区国川地区で発生した融雪地すべり，日本地すべり学会誌，Vol.49，No.6，p.24-29，2012
13) 藤田英昭：新潟県上越市国川地すべりについて〜地すべりの特徴と応急対応について〜，月刊建設，Vol.12（07），p.28-30，2012

## 4.6　短期・集中的な土砂災害危険箇所の緊急点検

　土砂災害危険箇所の緊急点検は、震度5強以上の地震後および大規模土砂災害発生後における、その後の降雨等による二次的な土砂災害の危険がある箇所の把握を目的として、個々の箇所で地上からの点検を行うものである。地上点検の結果は、以下の3区分に危険度分類し関係市区町村への情報提供を行うとともに、分類Aの箇所は応急対策工事を実施するなどできるだけ速やかな土砂災害対策の実施に反映することにしている。
　　分類A：変状が大きく、緊急的な工事等を行う必要がある箇所
　　分類B：変状が軽微で、詳細調査の実施後、必要に応じて工事等を行う箇所
　　分類C：変状が無く、当面、工事等を行う必要がない箇所
　地震後の降雨による土砂災害を防ぐためには、地震等の災害発生後できるだけ速やかに点検を行うことが必要であり、概ね1週間程度で点検を完了させることを目処にしている。このため、当該災害発生都道府県や地方整備局による点検実施のみならず、他の地方整備局や都道府県からの人的応援による「土砂災害危険箇所緊急点検支援チーム」を派遣し集中的な点検を行ってきている。
　以下に「土砂災害危険箇所緊急点検支援チーム」の派遣により緊急点検を行った災害および点検期間、緊急点検箇所数を示す（表-4.6.1）[1]〜[6]。

表-4.6.1　緊急点検支援チームを派遣した災害と点検状況

| | 災害発生年月日 | 発生災害名 | 点検期間 | 点検箇所数 |
|---|---|---|---|---|
| ① | 平成7年1月 | 兵庫県南部地震（阪神・淡路大震災） | 5日間 | 1,101箇所 |
| ② | 平成16年10月 | 新潟県中越地震 | 5日間 | 1,469箇所 |
| ③ | 平成19年7月 | 新潟県中越沖地震 | 5日間 | 3,104箇所 |
| ④ | 平成20年6月 | 岩手・宮城内陸地震 | 5日間 | 2,771箇所 |
| ⑤ | 平成20年7月 | 岩手県沿岸北部を震源とする地震 | 4日間 | 1,114箇所 |
| ⑥ | 平成21年8月 | 駿河湾を震源とする地震 | 3日間 | 797箇所 |

　これらの支援チームの派遣は、災害発生当該都道府県知事から国土交通省（建設省）への要請に基づいて行われており、支援チームは個々の危険箇所点検の結果を報告書としてまとめ、要請者に対して点検結果の報告を行っている。
　また緊急点検は、災害発生直後の現地状況から、安全等の観点から立ち入り可能な箇所について行っており、例えば、積雪等により立ち入りが困難であった箇所については現地の安全確認がなされた後に2次調査として実施する場合もある。
　なお、平成23年3月に発生した東日本大震災においては支援チームの派遣は行っていないものの、国および都県において立ち入り等が可能な箇所について順次緊急点検を実施し、梅雨入り時期までに緊急点検を完了させている。この点検は、14都県212市区町村31,374箇所において実施されており、このうち54箇所が危険度分類A、1,050箇所が危険度分類Bとして判定され、梅雨時期を迎えるにあたり、都府県や市区町村により以下のような対応がなされ、その後の降雨等による土砂災害防止のための対策が講じられた[7]。
①A評価箇所

クラック箇所でのブルーシートによる雨水浸透対策や浮き石の除去、大型土のうの設置等応急対策工事の実施や危険であることの周知、観測機器の設置等による監視を行った。
② B評価箇所
　市町村を通じて住民に随時点検結果を知らせるとともに、降雨時における早期の避難等の呼びかけを行うとともに、降雨の状況や住民からの情報等により点検を実施し、必要に応じて監視や対策工事等を実施した。


参考文献
1) 内閣府：阪神・淡路大震災の総括・検証に係る調査シート，046 砂防施設等の被害状況調査
　　http：//www.bousai.go.jp/kyoiku/kyokun/hanshin_awaji/chosa/index.htm
2) 国土技術政策総合研究所，（独）土木研究所，（独）建築研究所：平成16年（2004年）新潟県中越地震に係わる現地調査概要，国総研資料第248号，p.46-48，2005
3) 国土交通省砂防部砂防計画課：平成19年新潟県中越沖地震による被災地域の土砂災害危険箇所等の緊急点検結果について
　　http：//www.mlit.go.jp/kisha/kisha07/05/050725_3_.html
4) 国土交通省東北地方整備局：土砂災害危険箇所点検緊急支援チームの活動結果（報告）「平成20年岩手・宮城内陸地震による被災地域の土砂災害危険箇所等の緊急点検結果について」
　　http：//www.thr.mlit.go.jp/bumon/kisya/kisyah/images/19471_1.pdf
5) 国土交通省東北地方整備局：土砂災害危険箇所点検緊急支援チームの活動結果（報告）「平成20年（2008年）7月24日の岩手県沿岸北部を震源とする地震による被災地域の土砂災害危険箇所等の緊急点検結果について」
　　http：//www.thr.mlit.go.jp/bumon/kisya/kisyah/images/20456_1.pdf
6) 国土交通省砂防部砂防計画課：土砂災害危険箇所点検緊急支援チームの活動結果（報告）「駿河湾を震源とする地震被災地における土砂災害危険箇所等の緊急点検結果について」
　　http：//www.mlit.go.jp/report/press/river03_hh_000193.html
7) 国土交通省砂防部：東北地方太平洋沖地震等に伴う土砂災害危険箇所の緊急点結果について
　　http：//www.mlit.go.jp/report/press/river03_hh_000341.html

# 第5章　砂防と環境保全

## 5.1　砂防における環境保全の基本的考え方

### (1) 環境への問題意識

　砂防事業は、荒廃した、または荒廃が進む可能性が高い山地流域や集落近くの自然斜面等において放置すれば土砂移動現象によって地域社会に支障が生ずると考えられる場合に、それを防ぐ目的で実施される。したがって砂防事業は、あるがままの自然に対して何らかの人為的改変を加えることになるため、「原生自然」とは異なった環境を作り出す。

　そこで考えなければならないのが、保全すべき対象環境とは何かということである。原生自然に近い、あるいは豊かな自然環境を有し、現在の自然環境に高い価値があると考えられる場所で砂防事業を行う場合には、改変すべきではない、ないしは大きく改変しないことが望ましい環境要素（動植物の棲息場、水質、風景、風土・文化など）が何であるかを明確にし、そのために必要な措置を砂防事業側で講ずるという、マイナス要素を減らす対応が必要となる。ただし、激しい土砂移動現象が保全すべき環境要素にとってマイナスになる場合には、砂防事業自体が積極的な環境保全効果を発現する側面も有している。

　一方、比較的人工改変が進んでいる場所においては、住民にとっての景観・親水性、居住環境の向上といった、人間サイドの要求に応えるという、プラス要素を可能な範囲で増進させることに着目する場合もある。

　砂防事業による環境への影響に関する問題は、流域規模で激甚な災害が頻発していた時代には、はげ山や荒廃地が緑化・安定化されていくことのメリットに異論が唱えられることはなかったし、砂防設備の設置による安全性向上が優先事項と捉えられ、それほど意識されることはなかった。しかし、昭和30年代以降くらいから渓間工事に大量のコンクリートが使われるようになって生態系への影響が部分的に顕在化し始め、同時に防災施設の整備が進み風水害・土砂災害の被害が減少してくることで、安全性向上と環境保全への要求バランスが変化してきたようである。またこの時期には、経済成長を最優先することで発生した公害問題に対して昭和42年に「公害対策基本法」が制定されたのを皮切りに、公害防止・環境保護のための法律が10年くらいの間に整備されていき、国民の「経済的豊かさの実現」と「環境への配慮」との間のバランス感覚が整えられてきていた。このような時代背景の中で、砂防における環境問題への意識も高まっていった。

　このように、砂防における環境問題は人間社会の安全・利便と、人間自身も含む自然環境の望ましい姿とを実現させるための調和を考えることに帰着される。

　平成6年1月に建設省は「環境政策大綱」を発表し、その中で「環境を建設行政にお

いて内部目的化する」ことが謳われた。砂防事業においては平成6年9月に、渓流および渓流周辺における自然環境・景観の保全と創造、および渓流の利用に配慮した砂防事業の推進を目的とした「渓流環境整備計画の策定」を通達[1]によって義務づけた。また、平成9年の河川法改正ではその目的に「河川環境の整備と保全」が位置づけられた。

## (2) 砂防工事における環境上の問題

かつての砂防工事においては、計画対象規模の非常に大きな土砂移動現象による被害を防止することを目的としており、それ以下の現象や平常時の渓流環境等については大きな関心が払われてこなかった。それは最小限のコストでメインテナンスフリーの施設を建設しようという、受益範囲を人間社会に限定した場合には極めて合理的な思想であったが、その結果、渓流周辺の生態系が一変する事態も見られるようになった。生態環境保全の必要性・重要性は行政・現場技術者等においても認識され、図-5.1.1のように問題点が整理されており[2]、工事の際にも種々の配慮・工夫がなされるようになってきた。

砂防工事における環境上の問題点を分類すると、①連続性の破壊（縦断的・横断的）、②撹乱の過度の抑制、③渓畔植生の除去による空間の開放、④環境の単調化、⑤工事に伴う環境変化および既存生態系の除去（仮設等によるものも含む）、といったものになる。

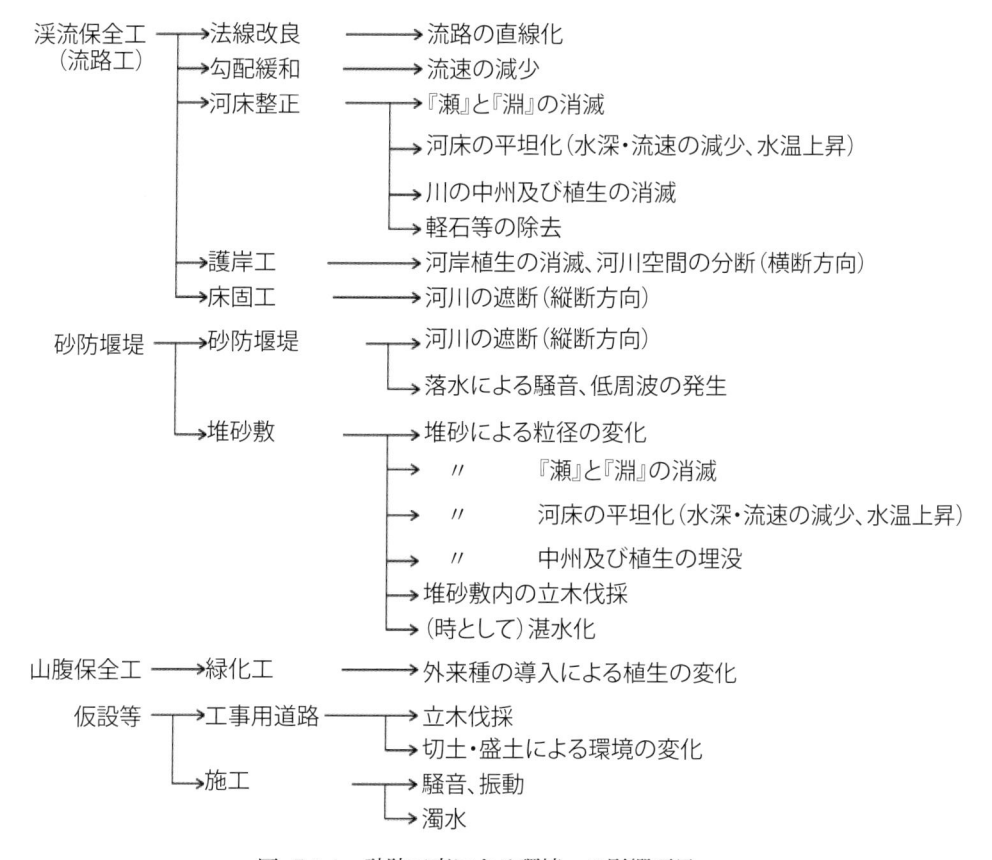

図-5.1.1　砂防工事による環境への影響項目

これらの問題点への基本的対応方針は次のようになると考えられる[3]。

 a) 渓流の生物群集全体を保全の対象とすること
 b) 生息場所構造が動的に維持されるように、渓流環境を保全すること
 c) 渓流全体の生態系との関わりを視野に入れて、渓流生態系を保全すること
 d) 土砂災害の防止と両立させること

なお、自然の営力が人間社会に被害を及ぼさない範囲においては、撹乱（自然状態のダイナミクスによる場の多様性形成）が過度に抑制されないようにすることが重要であり（図-5.1.2参照）、このような整備の仕方（環境調和型整備手法）は、個別特定貴重種の保護というよりも"生物群集の保全"につながる。

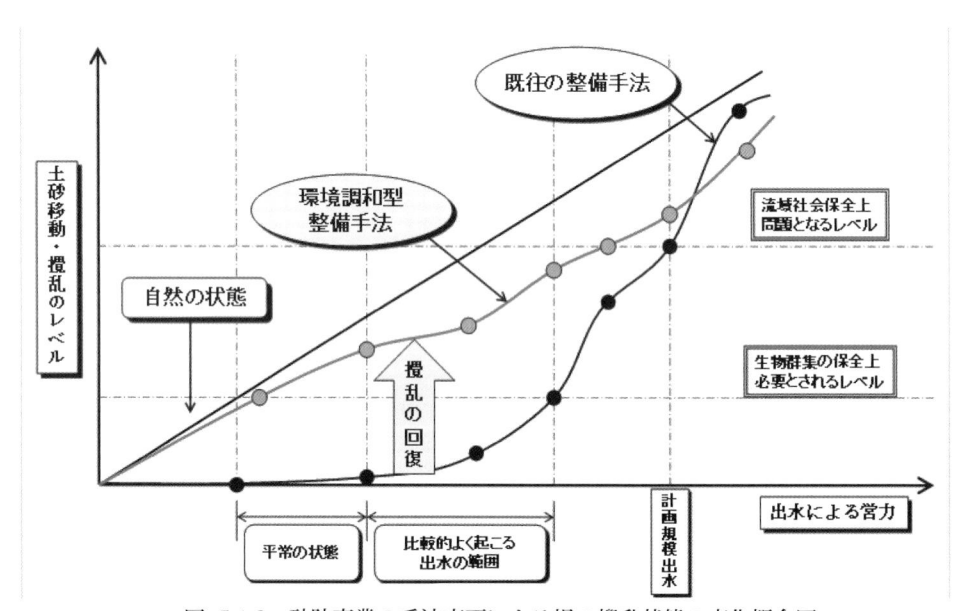

図-5.1.2　砂防事業の手法変更による場の撹乱状態の変化概念図

参考文献

1) 建設省河川局砂防部長通達：渓流環境整備基本計画の策定について，1994
2) 建設省河川局砂防部砂防課，土木研究所砂防部：渓流の環境に配慮した砂防設備に関する研究，第45回建設省技術研究会河川部門指定課題論文集，1991
3) 丸井英明・小山内信智：個別的技術改善のあり方・景観問題の考え方，砂防学会誌，Vol.50，No.2，p.55-60，1997

## 5.2 山腹保全工における留意点

### (1) 山腹保全工の基本

山腹保全工は、治水上砂防の見地から山腹保全のため、崩壊地またはとくしゃ地などにおいて切土・盛土や土木構造物により斜面の安定化を図り、また、植生を導入することにより、表面侵食や表層崩壊の発生または拡大の防止または軽減を図る山腹工と、導入した植生の保育によりそれらの機能の増進を図る山腹保育工からなる。

山腹工は山腹基礎工、山腹緑化工、山腹斜面補強工からなる（図-5.2.1）。

```
山腹保全工 ─┬─ 山 腹 工 ─┬─ 山腹基礎工
            │              ├─ 山腹緑化工
            └─ 山腹保育工  └─ 山腹斜面補強工
```

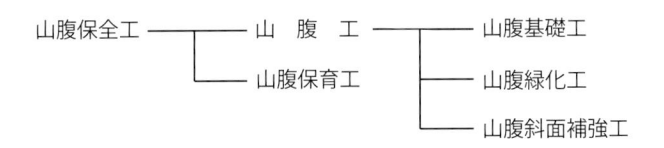

図-5.2.1　山腹保全工の体系図

### (2) 山腹保全工の機能・効果

山腹保全工には、表面侵食の抑制、表層崩壊の低減の効果をはじめとして、主に表-5.2.1のような機能・効果を期待する。

表-5.2.1　山腹保全工の機能・効果

| 工種・工法 | | 砂防上の機能・効果 | その他機能・効果 |
|---|---|---|---|
| 山腹保全工 | 山腹基礎工 | 表面侵食の抑制→生産土砂・流出土砂の低減→渓床堆積土砂量の低減→土石流対策堰堤への土砂堆積量の低減（堰堤の機能の維持） | ●植生の回復、維持により<br>・生態系の保全<br>・農林産物の生産<br>●持続的な山腹保全工の実施により<br>・建設資材、種子等の地元からの供給<br>・市民活動団体等、地域連携による地域活性化<br>・レクリエーション　等 |
| | 山腹緑化工 | 山腹基礎工と同じ | |
| | 山腹斜面補強工 | 表面侵食の抑制・表層崩壊の抑制→生産土砂・流出土砂の低減→渓床堆積土砂量の低減→土石流対策堰堤への土砂堆積量の低減（堰堤の機能の維持） | |
| | 山腹保育工 | 林床植生の発達→表面侵食の抑制→生産土砂・流出土砂の低減→渓床堆積土砂量の低減→土石流対策堰堤への土砂堆積量の低減（堰堤の機能の維持）<br>表面侵食抑制機能の維持 | |

山腹保全工は、植生を回復させ、土砂生産・移動等を軽減するために実施するが、一般的には崩壊地やとくしゃ地などの植生の貧弱な斜面に樹林を復元することになるので、表-5.2.2に示すような[1]多くの環境上のプラス効果が期待できる。

表-5.2.2 樹林の機能・効果

| 効 果 | | 機 能 | 内 容 |
|---|---|---|---|
| 砂防効果 | 土砂災害防止効果 | ・表層崩壊防止機能 | 斜面を覆う表土層の崩壊を防止する機能 |
| | | ・表面侵食防止機能 | 表土の土粒子の剥離、移動を防止する機能 |
| | | ・落石防止機能 | 斜面上にある石礫の転落を防止する機能 |
| | | ・土砂流出抑制機能 | 崩落などにより発生した土砂の流出を抑制する機能 |
| | | ・土石流発生抑制・堆積促進機能 | 土石流となる不安定土砂の発生、渓流への流入を抑制し、移動状態にある小規模な土石流の堆積を促進する機能 |
| その他の防災効果 | ①雪崩防止効果 | ・雪崩防止機能 | 積雪移動を防ぎ、また一旦発生した雪崩を減勢する機能 |
| | ②防風効果 | ・風速緩和機能 | 風の流れを乱し風速を緩和させる機能 |
| | ③防火効果 | ・延焼防止機能 | 火災の拡大を防止する機能 |
| | ④防雪効果 | ・吹雪防止機能 | 風の流れを乱し森林後方での吹雪の発生を防止する機能 |
| | ⑤防霧効果 | ・大気水分捕捉機能 | 大気水分(霧)を樹体に付着させ捕捉する機能 |
| 環境に関する効果 | ①水源涵養保全効果 | ・水源涵養機能 | 雨水を吸収して水源の枯渇を防ぎ、また、水流が一時に河川に集中することを緩和する機能 |
| | | ・水質浄化機能 | 流出水の水質を良い状態にする機能 |
| | ②大気浄化効果 | ・汚染物質吸収機能 | ガス状の汚染物質を気孔から吸収する機能 |
| | | ・塵埃吸着機能 | 大気中の塵埃を樹体表面に吸着させる機能 |
| | ③気象緩和効果 | ・炭素固定機能 | 光合成作用により大気中の炭素を固定する機能 |
| | | ・気温変動緩和機能 | 太陽エネルギーを気化熱に変換し気温変動を緩和させる機能 |
| | ④生態系維持効果 | ・生態系維持機能 | 森林が物質循環や熱収支を介して生態系を維持する機能 |
| | ⑤景観保全効果 | ・景観保全機能 | 緑によって景観の保全・向上に寄与する機能 |
| | ⑥癒し(アメニティ)効果 | ・ストレス緩和機能 | 森林や河川空間へ行くことによって得られるストレス緩和機能 |
| | ⑦レクリエーション効果※1 | ・レクリエーション機能 | 緑によってレクリエーションを向上する機能 |
| (マイナス面として)流木の発生源 | | | 森林の流出と流木化による橋梁の閉塞およびそれに伴う洪水等の災害の助長 |

(樹林の砂防学的効果に関する研究の現状(2000, 土木研究所資料第3679号)に一部加筆)
※1：これを目的に整備しなければ効果は発揮されない。

### (3) 実施上の留意点

山腹保全工の実施にあたっては、以下の事項に留意する。
・「整備目標」を明確にすること
・地域の環境に合った効果的な「手法」を選択すること
・経年的に目標達成度を「評価」すること
・状況に応じて適切な「山腹保育工」を講じること

山腹保全工は、植生(生物)を利用して整備を行うものであるため、想定どおりに植生の生育が進むとは限らない。実施にあたっては、「整備目標」を明確にすること、目標を達成するために当該地域の自然環境・社会環境にあった効果的な「手法」を施工の当初段階から十分に検討して選択・実施すること、経年的に植生の状況等を把握して達成度を「評価」し、状況の変化にあわせて、植生密度の改善、林相転換等の適切な「山腹保育工」を講じるなど、管理的な整備が必要である。

一方、環境上の配慮事項としては、早期緑化を図るために外来種等の繁殖能力の高い植

物種（例えば、イタチハギ、ニセアカシア、ケンタッキー 31 フェスクなど）を導入することで、周辺の在来植生に影響を与えることがないように注意することが先ず挙げられる。繁殖能力の高すぎる植物種は、その後の植生遷移の遅延や偏向遷移の原因ともなり得るため、初期導入種の選定にあたっては、極力、周辺在来種の選定を心がけるべきである。

　また、周辺母樹からの種子の供給が期待できる場合などには、山腹基礎工や山腹斜面補強工により斜面上の土砂の移動を抑えることで植生の生育基盤の確保を行い、植生の侵入状況等について経過観察を行う。

　なお、岩盤緑化は景観的に不自然なものとなることが多く、土砂流出抑制の観点からも緊急性が低いと考えられるため、特段の理由がある場合を除いては実施する必要性はない。

参考文献

1) 建設省土木研究所：樹林の砂防学的効果に関する研究の状況, 土木研究所資料第 3679 号, 2000

## 5.3 渓間工事における留意点

### (1) 施設配置計画
留意点1：自然の地形などを最大限に活かし、河道調節効果を助長する。

砂防計画上必要な土砂捕捉・調節量を確保するための施設配置場所を選定する際に、周辺自然地形を適切に評価し、その地形による効果を助長させるような施設形状を設定することで、構造物の数・規模を極力減らすことを考える。

留意点2：施設設置による周辺環境の変化が比較的小さいもの、または一定の河道の攪乱を与えられるものを優先する。

生態系保全を目指す場合には、小規模の攪乱を許容するような施設計画が必要となる。したがって、平常時・小出水時には土砂・石礫を通過させて上下流の連続性を保ちつつ、大規模出水時には土砂コントロール機能を発揮する、透過型砂防堰堤や遊砂地・緑の砂防ゾーン、あるいは山腹工などによる整備を優先的に考える。また、場合によってはソフト対策によって構造物対策の一部を肩代わりさせ、土砂災害に対する安全性が流域全体として確保できるようにする。

### (2) 砂防堰堤工
砂防堰堤は、山脚固定、縦侵食防止、渓床堆積物流出防止、土石流対策、流出土砂抑制・調節、等の目的で施工される。一般には複数に亘る目的を果たすための形式選定が行われる。

留意点1：縦侵食防止および河床堆積物流出防止は、低落差の床固工群で対応する。

縦侵食防止および渓床堆積物の流出防止を目的とする場合は、低落差の床固工群で対応が可能であり、環境への負荷を小さくできる。

留意点2：土石流対策、流出土砂抑制・調節の場合はオープンタイプの砂防施設を優先的に採用する。

土石流対策・流出土砂抑制・調節を目的とする場合は、透過型砂防堰堤（シャッター付き砂防堰堤などを含む）、遊砂地等を採用し、平常時・小出水時の土砂移動による貯砂容量の減少を回避することで、必要な施設数・規模を小さくできる。また、「連続性の破壊」、「攪乱の過度の抑制」といった環境上の問題のかなりの部分も処理できる。

なお、クローズドタイプの砂防堰堤を採用する場合には、必要に応じて魚道や小動物の乗り越しが可能になる付帯施設等の整備を行うものとする。

### (3) 渓流保全工（流路工）
渓流保全工は、流路の是正によって乱流を防止すること、および縦断勾配の規制によって縦・横侵食を防止することを目的に実施される。従来の流路工では、流路断面は一定の形状（最小断面）で、急激な勾配変化が生じないように計画される場合が多く、流路内は

単調な環境となりがちであった。渓流保全工実施の基本姿勢としては、流路形状を単調にしないことと、平坦なコンクリート護岸などが連続し過ぎないようにすることである。

　留意点1：低水路部、主水路部、および余裕断面といった複合的な断面計画とすることで、場の多様性を保持する。

　平常時の流れを集め、一定の水深を確保するための低水路部、出水時の流量を処理するための主流路部、および余裕の断面といった複合的

写真-5.3.1　複合断面の渓流保全工

な断面を作ることで場の多様性を保持することが重要である。また、河道を拡幅する際には、既存の岩を極力活かし、変化のある河床となるよう配慮すべきである（写真-5.3.1）。

　留意点2：用地の確保が可能な範囲では、袖の長い床固工群を配置する。

　用地を十分に確保できる場合には、床固工を適切なピッチで配置し、袖部の延長を側方侵食の影響範囲以上に取ることで低水護岸を連続させない整備が可能となる（図-5.3.1）。渓岸部分はある程度の側方侵食を受けるが、連続的な床固工群による主流路の保持によって砂礫堆の発達や蛇行の進行を抑制することで大量の土砂供給源になることを防げる[1]。低水護岸を連続させないことで横断方向の分断を概ね解消でき、また、小出水時においても攪乱できる場が確保される。

　用地の確保が困難で、護岸が連続する場合であっても、ある程度のインターバルで拡幅部を設けたり、植生が侵入できるスペースや材料を配置したりすることで生態環境の保全には効果がある。

　なお、水制工は土砂移動の激しい砂防渓流区間においては、砂礫堆の分断効果は期待できないため、小出水時の先端部

図-5.3.1　長袖タイプの床固工群

での河床の攪乱といった環境保全上の効果を期待するに留めるべきである。

## （4）施工

　留意点1：工事による環境への影響を事前に検討する。

　工事による環境への影響は、工事用道路、作業ヤードの造成等、本工事に付随する仮設工事によるものも含めて事前に検討しなければならない。また、濁水、騒音等施工作業時に発生するものについても同様である。

　渓谷部や山腹斜面などの、工事用道路による影響が大きくなることが予想される箇所で

は、索道や軌条による運搬手段も併せて検討する必要がある。

　<u>留意点２</u>：施工に伴う環境への影響は、季節的な影響度も考慮する。

　施工に伴う環境への影響には、魚類や両棲類などの遡上・産卵、鳥類の営巣など季節に大きく関係するものがあるので、施工時期をずらすなどの検討も必要である。


参考文献

１）小山内信智・南哲行・竹崎伸司・松村恭一・松原智生：渓畔林の導入が可能な流路整備手法に関する実験的研究，砂防学会誌，Vol.53，No.4，p.4-15，2000

## 5.4 景観形成

### (1) 景観形成ガイドライン

国土交通省は平成15年7月に「美しい国づくり政策大綱」を公表し、また、平成16年6月には「景観法」が制定された。景観法の第1条には「この法律は、日本の都市、農山漁村等における良好な景観の形成を促進するため、景観計画の策定その他の施策を総合的に講ずることにより、美しく風格のある国土の形成、潤いのある豊かな生活環境の創造および個性的で活力ある地域社会の実現を図り、もって国民生活の向上並びに国民経済および地域社会の健全な発展に寄与することを目的とする」とある。

これを受けて、国土交通省砂防部では平成19年2月に「砂防関係事業における景観形成ガイドライン」を策定し、事業実施の際の景観形成における基本的な考え方や配慮事項等を示した。

### (2) 砂防関係事業における景観形成の基本的な考え方

砂防関係事業実施に当たっては「防災機能の確保」を基本とし、「時間軸の考慮」と「地域の個性尊重」によって景観形成に取り組む。

砂防施設は、施設に要求される性能に対して機能的に明確な形状とし、生態系を含めた自然環境にも配慮し、時間の経過とともに周辺環境に馴染む材料を選定することで、「砂防美」すなわち「土砂災害から守られる、といった砂防本来の目的が、構造物の外形からも感じ取れる機能美」があふれるデザインを目指すものとする。

調査・計画・設計・施工・管理の各段階において、景観形成のために取り組むべき事項を図-5.4.1に示す。

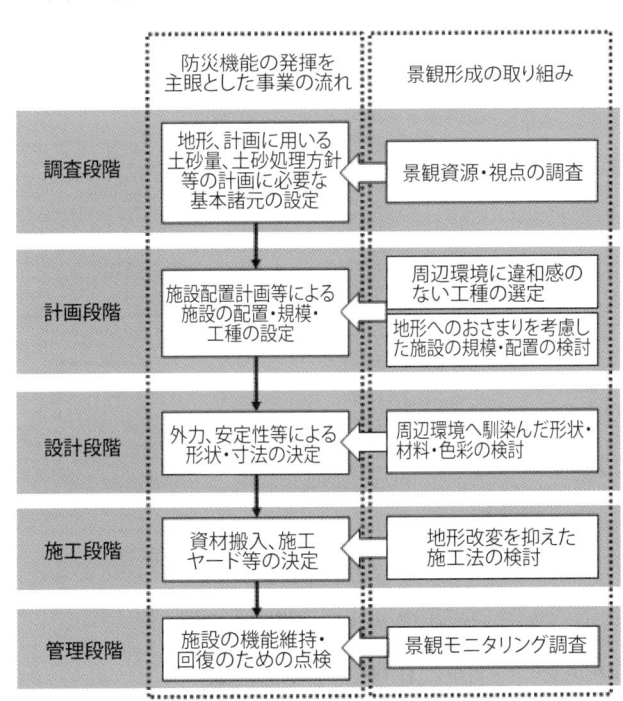

各段階の景観形成配慮事項

図-5.4.1 各段階の景観形成配慮事項

## 5.5 環境調査

### (1) 環境調査の基本

環境調査は、土砂災害対策施設および長期にわたって使用する仮設構造物の計画・設計において、生物の生息・生育環境の保全や地域の自然・文化等の適切な保全を図るために必要な基礎資料を得るために行う。環境調査は、社会環境調査・自然環境調査の2種類からなる。

社会環境調査は、対象となる流域の社会環境の現状（地域特性）を把握するため、社会環境に関する法令等に基づく区域指定状況調査、地域防災計画を含む土地利用計画調査、開発状況調査、自然観光資源調査、景観資源調査等について実施する。

自然環境調査は、対象となる流域の自然環境の現状（地域特性）を把握するため、自然環境に関する法令等に基づく区域指定状況、植物調査、動物調査について実施する。

### (2) 自然環境モニタリング

砂防関係事業を実施すると、一般的には何らかの環境的影響が生じることが考えられ、事業実施に際してその負荷を軽減する、あるいは環境要素を保全・増進するための対策を講じることとなる。しかし、動植物や景観などの環境要素に対しての働きかけは複雑な経過をたどって結果が発現するものであり、渓流環境の整備と保全の目標が予測どおりに達成されているか、初期の効果が得られているか、予測し得なかった影響が生じていないか、目標設定の際に課題となった事項が解決されているか、といったことを確認する必要がある。そのため、所要のモニタリング調査（図-5.5.1）を実施して、その結果を事業にフィードバックするとともに、科学的知見の蓄積を図らなければならない。

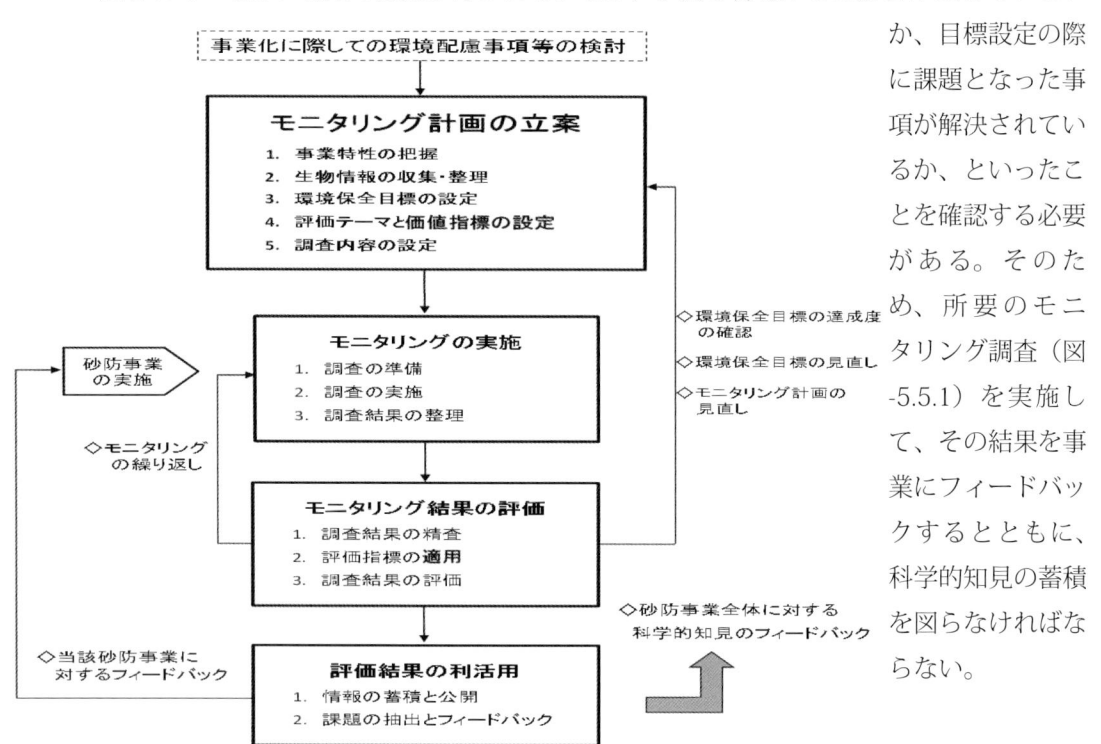

図-5.5.1 自然環境モニタリングの手順

# 第6章　災害からの復旧・復興

## 6.1　災害からの復旧・復興に関する事業

### 6.1.1　復旧・復興を進める基本的な考え方

　一般に、豪雨や地震などにより既設の砂防や河川関係施設が被災した場合には、ただちにそれらの防災機能を確保しなければならず、速やかに原形に復旧すること（いわゆる「災害復旧」）が必要であることは言うまでもない。

　特に土砂災害が、砂防関係施設が未整備の状況において発生すると、地域にとって壊滅的な人命・財産の被害を及ぼすことが多く、かつ堆積した土砂や流木が、その後の地域の復旧・復興を困難なものにしている場合が多い。このことから、地域を保全する見地から事前の土砂災害対策が重要であることも言を待たない。また近年は、「事前に整備されていた砂防関係施設によって人命・資産が守られた…」という報告が各所からなされるようにもなってきている。

　さらに最近では、事後より事前の対策のほうがコストの面からも有利であるとも言われており、計画的に施設の整備を進めてゆくことが重要である。しかしながら、現実的には予算の制約などから施設整備が計画的な進捗が望めない状況にあり、災害を被ってはじめて再度災害防止の観点から事後的に対策が講じられることが多いと言わざるを得ない。

　したがって、土砂災害によって被災した地域に対しては、再度災害防止の観点からの速やかな復旧はもちろんのことであるが、地域の復興を視野に入れた事業の実施を基本とする必要がある。

　本章ではまず、土砂災害からの復旧に関する現行の事業制度のあらましを述べることとする。次に、土砂災害を被った地域の復旧のみならず復興に果たすべき砂防の役割について事例をあげて説明する。そして、早期の復旧と復興に向けた課題と必要な対応について述べるものである。

### 6.1.2　災害からの復旧に関する事業
#### （1）災害復旧事業
　個々の被災を受けた施設（砂防関係施設など）について原形への復旧を行うもの。なお、砂防指定地内の普通河川における天然の河岸が欠壊したり土砂により埋没した場合についても、天然河岸そのものを砂防設備と見なし、災害復旧事業として実施される場合がある。

## (2) 災害関連緊急事業（砂防、地すべり対策、急傾斜地崩壊対策、雪崩対策）

当該年度内に、降雨、震災、火山活動、地すべり等による土砂の崩壊等危険な状況に緊急に対処するための砂防設備、地すべり防止施設等の設置を行い、または災害復旧工事に関連する改良復旧を行う事業である。

さらに、応急対策を実施した地域において、応急対策に引き続き実施する工事について、一定計画に基づき、短期的・集中的（概ね3年）に砂防設備等の整備を実施する必要がある場合には、「特定緊急事業」を実施する場合がある。

災害関連緊急事業（災関）と特定緊急事業（特緊）を組み合わせた対策事例を図-6.1.1に示す。

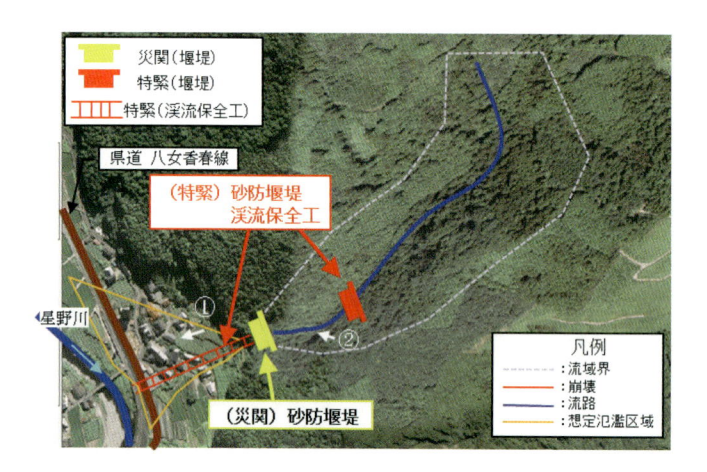

図-6.1.1 災害関連緊急事業（災関）と特定緊急事業（特緊）による対策事例

## (3) 激甚災害対策特別緊急事業（砂防、地すべり）

土石流等により激甚な災害が発生した一連区域において、再度災害を防止するため、一定期間内（おおむね5年）に一定計画に基づく対策工事を実施する事業である。

近年の主な採択事例は表-6.1.1のとおり。

また、これらのうち特に大規模な土砂災害に対しては、自治体の要請等に基づいて国直轄による土砂災害対策に新たに着手していることがある。例えば近年では、平成20年の岩手・宮城内陸地震を契機に直轄特定緊急砂防事業に着手した栗駒山系（岩手県・宮城県）や平成23年台風12号による災害を契機とした紀伊山地（奈良県・和歌山県）が、また火山噴火では平成3年の火山噴火災害を契機として直轄火山砂防事業に着手した雲仙普賢岳（長崎県）などが知られているところである。

次節では土砂災害により人命や財産などに被害を生じた、または生じるおそれが高いと判断される際の緊急的な対策事業（二次災害対策を含む）と、それによる地域の復旧・復興

表-6.1.1　近年の激甚災害対策特別緊急事業採択事例

| 砂防 ||||  地すべり ||||
|---|---|---|---|---|---|---|---|
| 災害年 | 起災原因 | 都道府県 | 地区名 | 災害年 | 起災原因 | 都道府県 | 地区名 |
| 平成13年 | 高知県西南部豪雨 | 高知県 | 高知県西南部 | | | | |
| 平成15年 | 7/19 梅雨前線豪雨 | 福岡県 | 三群山系地区 | | | | |
| | 7/20 梅雨前線豪雨 | 熊本県 | 水俣市 | | | | |
| 平成16年 | 新潟福島豪雨 | 新潟県 | 長岡市・栃尾市 | 平成16年 | | 新潟県 | 陣ケ峰他3地区 |
| | 福井豪雨 | 福井県 | 越前中央山地地区 | | | 徳島県 | 白石地区 |
| | 台風21号 | 三重県 | 宮川・紀伊長島地区 | | | 三重県 | 領内・天瀬地区 |
| | 台風23号 | 京都府 | 中丹丹後地区 | | | | |
| | 台風21号 | 徳島県 | 上那賀町・木沢村 | | | | |
| | 台風23号 | 香川県 | さぬき・東かがわ市 | | | | |
| | 台風21号 | 愛媛県 | 東予東部地域 | | | | |
| 平成17年 | 7/10 梅雨前線豪雨 | 熊本県 | 小国町・多良木町 | 平成17年 | | 宮崎県 | 島戸地区 |
| | 7/10 梅雨前線豪雨 | 大分県 | 九重町 | | | | |
| | 台風14号 | 宮崎県 | 椎葉町・西郷村地区 | | | | |
| | 台風14号 | 鹿児島県 | 垂水地区 | | | | |
| 平成18年 | 7/19 豪雨 | 長野県 | 県央部地区 | | | | |
| | 7/19 豪雨 | 鳥取県 | 山陰中部地区 | | | | |
| | | 島根県 | 山陰中部地区 | | | | |
| 平成19年 | 台風9号 | 群馬県 | 西毛南部地区 | 平成19年 | 台風9号 | 群馬県 | 星尾寺ノ上地区 |
| | 8/22 豪雨 | 鳥取県 | 若桜八頭地区 | | | | |
| | 7/6 梅雨前線豪雨 | 熊本県 | 美里町・山都町地区 | | | | |
| | 7/11 梅雨前線豪雨 | 鹿児島県 | 南大隅地区 | | | | |
| 平成20年 | 岩手宮城内陸地震 | 岩手県 | 栗駒山系地区 | | | | |
| | 岩手宮城内陸地震 | 宮城県 | 栗駒山系地区 | | | | |
| | 9/3 豪雨 | 岐阜県 | 東海西部地区 | | | | |
| | 9/2 豪雨 | 三重県 | 東海西部地区 | | | | |
| 平成21年 | 台風9号 | 兵庫県 | 兵庫県西・北部地区 | | | | |
| | 中国・九州北部豪雨 | 山口県 | 山口県県央部地区 | | | | |
| 平成22年 | 7/16 梅雨前線豪雨 | 広島県 | 庄原地区 | | | | |
| | 7/4 梅雨前線豪雨 | 鹿児島県 | 根占山本地区 | | | | |
| | 10/20 秋雨前線豪雨 | 鹿児島県 | 奄美大島地区 | 平成22年 | 10/20 秋雨前線豪雨 | 鹿児島県 | 浦地区 |
| 平成23年 | 新潟福島豪雨 | 新潟県 | 中越地区 | | | | |
| | 台風12号 | 三重県 | 熊野市・紀宝町地区 | | | | |
| | 台風12号 | 奈良県 | 南和地区 | 平成23年 | 台風12号 | 奈良県 | 南和地区 |
| 平成24年 | 九州北部豪雨 | 熊本県 | 阿蘇地区 | | | | |

について具体例を用いて説明する。

## 6.2 地域の復旧・復興に砂防が果たす役割

　地域の自然・歴史・風土や人々の暮らし・文化などが千差万別であるように、災害からの復旧・復興に対する砂防の関わり方もまた地域により大きく異なってくる。例えば一旦失われたコミュニティーの再生に主眼を置くもの、地域の文化を復元あるいは新たに創出しようとするもの、地域の活性化を直接的・間接的に支援しようとするものなど様々な取り組みが考えられる。

　本節では以下に示すような観点から、土砂災害等の類型毎に地域の復旧・復興等に取り組まれた事例を紹介する。

- 土石流災害の事例…史跡名勝に配慮した渓流の再生（広島県宮島）
- 地すべり災害の事例…災害跡地の公園整備による活用（長野県茶臼山）
- 火山災害の事例…集落保全や安全地帯の創出（東京都伊豆大島、長崎県雲仙普賢岳）、災害遺構の活用（北海道有珠山）や住民帰還を可能にした集中的な緊急対策（東京都三宅島）
- 地震災害の事例…市街地・住宅地における急傾斜地対策の特例制度（兵庫県南部地震、芸予地震）や国直轄による集中的な天然ダム緊急対策（新潟県中越地震、岩手・宮城内陸地震）

### 6.2.1 土石流災害

#### (1) 日本三景の一つ、宮島

　宮島は広島県南西部に位置し、瀬戸内海に浮かぶ面積約 30km$^2$ の島であり、島の最高峰は標高 535m の弥山である。なお、国土地理院による正式名称は「厳島」である。弥山を頂点とする急峻な山地が海岸付近まで迫っているため、居住地は扇状地や海岸付近のわずかな平地に限られている。世界文化遺産としてユネスコに登録されている厳島神社は島の北側、紅葉谷川の出口に位置している。

　地質は島全体が花崗岩からなるが、花崗岩は風化が進むとマサ土となる。このマサ土は、降雨により容易に侵食されたり、斜面崩壊が起きやすいことから、渓床にある花崗岩の転石を巻き込んで土石流となって流下することがある。その際には大きな破壊力を持つことが多く、宮島でも過去に何度も大きな災害が発生している。

#### (2) 昭和 20 年枕崎台風による被災

　終戦から 1 ヶ月後の昭和 20 年 9 月 17 日に鹿児島県枕崎市（当時は川辺郡枕崎町）に上陸した枕崎台風（台風 16 号）は、日本列島をほぼ縦断する北東方向へ進路をとり、翌日に三陸沖へ抜けるまでに各地で大きな被害をもたらした。甚大な被害が生じた原因として、台風がもたらした暴風と大雨に加え、戦後の混乱期であることを背景に現在ほど防災体制が十分ではなかったことが指摘されている。

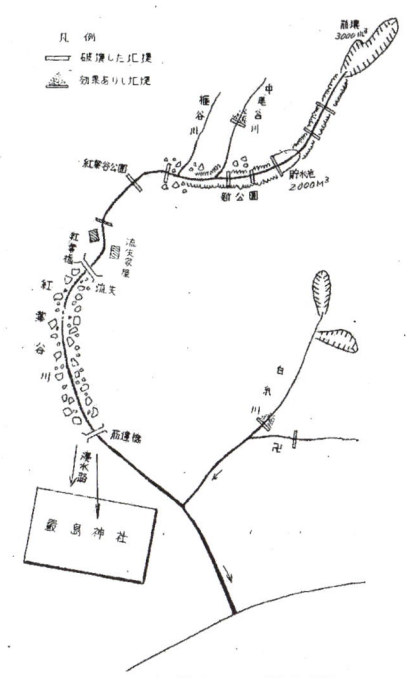

図-6.2.1.1 紅葉谷川の災害状況図

図-6.2.1.2 同一地点における被災後（上）および施工後（下）の状況[4]

広島県内では、最大時間雨量57mmを記録する大雨のために呉市や宮島町などで土砂災害が多発し、死者・行方不明者が2,000名を超える大災害となった。

宮島では、紅葉谷川の上流部で発生した約3,000m$^3$の山腹崩壊が渓流内の不安定土砂を巻き込みつつ土石流化し、既設の砂防堰堤や橋梁を破壊しながら下流の厳島神社へ流れ下った。これにより境内の建造物の一部が破壊されるとともに、約18,000m$^3$の土砂が床下に堆積した（図-6.2.1.1）。

### (3) 史跡名勝に配慮した災害復旧

本災害を踏まえて広島県は渓流内の不安定土砂対策を優先事項として災害復旧を目指し、砂防堰堤7基、床止8基、流路工973mからなる3ヶ年（昭和23年～25年）の砂防工事を紅葉谷川の中流～下流において計画し、あわせて境内に堆積した土砂の浚渫も実施した。なお、これら災害復旧工事に加え、上流側で計15基の砂防堰堤がその後に通常砂防事業として実施された。

中流～下流の復旧工事では、宮島が史跡名勝であるがゆえに工法や工事の進め方に関する制約が課せられることとなった。これにより紅葉谷川の復旧工事は後に庭園砂防と呼ば

れ、景観等の自然環境と土砂災害対策とを両立させた日本の代表事例として認知されることとなった。

1）行政関係者、有識者からなる委員会の設置

紅葉谷川の復旧に際し、史跡名勝としての景観を損なうことなく渓流内の不安定土砂を制御し、厳島神社を含めた下流域の安全確保を目指すことが求められたため、行政や有識者（厳島神社宮司、教育長、文化財保護委員会保存部長など）から構成される「史跡名勝厳島災害復旧工事委員会」が設置された。

2）復旧に関する理念の共有

設置された委員会の下で復旧工事を行うに当たり、次のような「岩石公園築造趣意書」が作られ、施工上の留意点を計画立案者から現地の作業員までが等しく共有できるように徹底された。
 1. 岩石、大小の石材は絶対に傷つけず、又、割らない。野面(のづら)のまま使用する。
 2. 樹木は切らない
 3. コンクリートの面は眼にふれないように野面石で包む。
 4. 石材は他地方より運び入れない。現地にあるものを使用する。
 5. 庭園師に仕事をしてもらう。いわゆる石屋さんも、鑿(のみ)と玄翁(げんのう)は使用しない。

コンクリートを野面石（自然石）で覆う利点は単に景観上の理由だけでなく、強度や耐摩耗性に優れることにあり、堰堤の保護に役立つことである。火山山麓など土石流に巨石が含まれる場合も、巨石の通過時や落下の際の衝撃に備えるため水通し天端や水叩き等に野面石が配置される事例が多い。また、島という地理的条件の下では、建設資材の島外からの搬入（島外への搬出も同様）にかかるコストが上昇する傾向にあるため、現地の石材を用いることは渓流内や周辺の石礫との色調や形状の調和を図るだけでなく、現地発生土砂の有効利用という点でも評価される。

参考文献

1）気象庁：災害をもたらした気象事例（昭和20～63年）
   http://www.data.jma.go.jp/obd/stats/data/bosai/report/1945/19450917/19450917.html
2）広島県土木局土木整備部砂防課：広島県の砂防，平成22年
   http://www.sabo.pref.hiroshima.lg.jp/html/help/sabo/pdf/001_hiroshima_2010.pdf
3）広島県土木部砂防課：砂防参考資料Ⅳ　都市砂防の実例，昭和29年
   http://www.sabo.pref.hiroshima.lg.jp/html/help/sabo/pdf/216_S29_toshisabou.pdf
4）広島県土木建築部砂防課：日本三景　宮島紅葉谷川の庭園砂防抄，昭和63年
5）阿座上新吾：砂防技術の変遷と展望，p133-135，平成2年
6）池谷浩：歴史上の人物を通して見た日本砂防史，社団法人全国治水砂防協会，p19-39，平成20年

## 6.2.2 地すべり災害

### (1) 茶臼山(ちゃうすやま)地すべりの発生状況および被害状況、対策事業

茶臼山地すべりは長野県長野市篠ノ井地区に位置し、延長2,000m、幅130～430m、深さ20～40m、土塊量は900万m$^3$とみられる規模を有する地すべりである。地すべり地北方には茶臼山北峯と南峯が存在したが（写真-6.2.2.1）、地すべりによって南峯が失われ（写真-6.2.2.2）、本地すべりとなったものである。地すべりの兆候が発見されたのは明治17年（1884年）であるが、その誘因は弘化4年（1847年）の善光寺地震と考えられている。

写真-6.2.2.1 災害前の茶臼山全景
（向かって右が南峰、左が北峰。長野市篠ノ井信里区笹鍋北から望む、昭和4年4月、長野県砂防課HP）

写真-6.2.2.2 災害後の茶臼山全景
（波線部分が地すべりによりなくなったところ、昭和23年6月、長野県砂防課HP）

地すべり地の地質は、第三紀中新統の堆積岩により構成され、裾花(すそばな)凝灰岩層や信里(のぶさと)砂岩層が分布する。昭和5年以降、地すべり発生域から下流への著しい押し出しが発生し、昭和19年から第2回目の下流への押し出しがあった。この地すべりにより、山林13ha、水田7ha、畑23haに被害が及んだ他、山麓の山新田部落と三軒家部落の人家4戸が移転しなければならなくなった。

対策工事は明治末期から実施され、昭和初期にかけて下流の滝沢川に多くの堰堤がつくられ、また滝沢川と支川の宇土沢川の付け替えが実施された。地すべりの機構解析も昭和初期の早い段階から行われたが、本格的な調査は戦後実施され、地すべりの移動を制御するには地下水の排除による以外にないと考えられた。しかし活発な活動を続ける地すべり土塊内で構造物をつくることは危険な作業であり、以下のような順序を踏んだ施工を行った。

　第一段階：深井戸工（径50cmの有孔鉄管の井戸）による排水、ポンプ排水
　第二段階：鉄筋コンクリート集水井筒工による排水、ポンプ排水
　第三段階：排水トンネル工による排水、自然排水

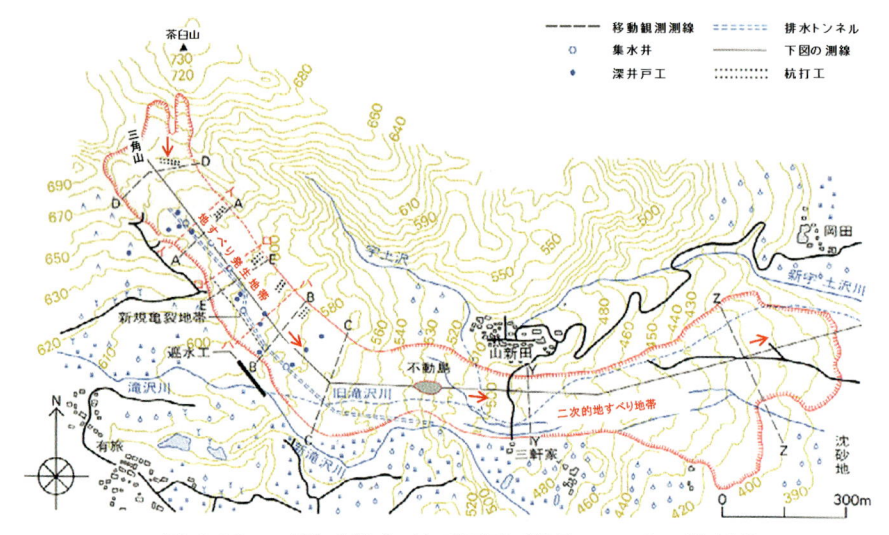

図-6.2.2.1　茶臼山地すべり平面図（望月 1982 を一部改編）

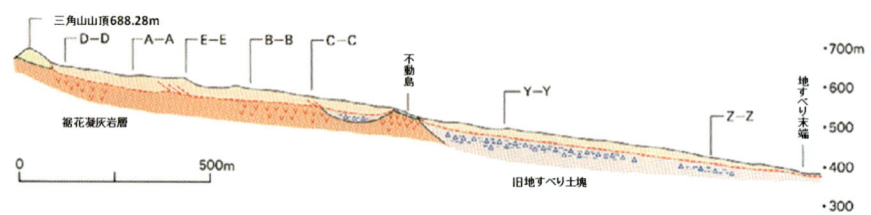

図-6.2.2.2　茶臼山地すべり縦断面図（望月 1982）

　以上の排水工事は昭和 40 年以後集中的に実施され、昭和 45 年以後移動速度は落ち安定化してきている。この他、すべり面の浅い地すべり発生地帯左岸側には、鋼管杭挿入工を実施して抑止を図るとともに地すべり発生地帯下部では地すべり地外に遮水壁工を設置するなどの対策工によって平成 9 年度に概成した。なお総事業費は 20 億円、地すべり防止区域 74.6ha である。

(2) 跡地利用の概要（自然植物園：通称恐竜公園ほか）
　茶臼山地すべり地は、発生以降 100 年にも及ぶ地すべり活動により地形が大幅に変化し、その土地を地権者に再配分することが不可能であったことや、長野市に近接しており、眺望が良いことなどの理由により、茶臼山地すべり跡地に昭和 52 年、長野市制 80 周年事業として茶臼山自然植物園が開園した。また昭和 55 年には茶臼山植物園内に、茶臼山恐竜公園が開園した。なお、なぜ恐竜公園にしたかという点については、当該敷地では土塊がむき出しになり、荒々しい山腹の悪条件を逆に生かそうという発想から、人間を寄せつけない非日常的光景にふさわしいものとして恐竜が登場した、と言われている。
　茶臼山恐竜公園・自然植物園の整備主体は長野市であり、整備内容は以下のとおりである。
・自生樹木の整備・活用：10 万本（コナラ、クヌギ、ヤマハンノキ、アカマツ等 68 科 129 種）

写真-6.2.2.3 自然植物園内のツツジ
（茶臼山恐竜公園・自然植物園HP）

写真-6.2.2.4 恐竜公園内の実物大恐竜（オブジェ）
（茶臼山恐竜公園・自然植物園HP）

・植栽：15万本（ツツジ、ヤマブキ、アジサイ等18科45種の草本類、センブリ、クコ、マタタビ等22科31種類の薬草類）
・実物大恐竜（オブジェ）26体、遊歩道、広場、藤の大トンネル、ベンチ、トイレ等
なお管理方法としては、長野市が長野市開発公社に施設の維持管理を委託している。

この他の施設としては、昭和58年に茶臼山恐竜公園・自然植物園と隣接して、地すべり地外に動物園が併設された。また昭和60年に茶臼山自然史館が自然植物園内に開館した（自然史館は平成19年、戸隠自然化石館と統合する形で閉館）。

茶臼山恐竜公園・自然植物園は入園料が無料となっていることや、隣接して動物園が併設していることなどから、レクリエーションの場、種の保存等教育の場として広く利用されている。

なお、地すべり対策工の維持管理としては、近年、集水ボーリング内の目詰まりが発生しているため、集水ボーリングの洗浄により、施設維持を行っている。

参考文献

1) 長野県砂防課HP：茶臼山地すべり災害
   http://www.pref.nagano.lg.jp/xdoboku/dojiri/chausuyama.pdf
2) 望月巧一：茶臼山，アーバンクボタ No.20 ㈱クボタ，1982
3) 茶臼山恐竜公園・自然植物園公式HP
   http://www.chausuyama.com/kyouryu/

## 6.2.3 火山災害

### (1) 伊豆大島（1986年）

#### 1) 砂防設備による溶岩流対策を実施

昭和61年に噴火した伊豆大島では、土砂災害に対する緊急性が高いことから東京都により平成2年に火山砂防計画が策定され火山砂防事業が進められている。砂防計画の対象とする噴火規模は、伊豆大島での過去の噴火実績から、噴出溶岩流1億m³、降下火砕物1億m³を計画規模とし、19渓流と4地区で堆積工と溶岩導流堤を整備するほか、雨

写真-6.2.3.1　土砂と流木を捕捉した堆積工

量計や土石流等の監視装置の整備を進め、土砂災害に対する安全性を着実に向上させることで当該地域の復旧・復興を支援してきた。

　三原山の山頂噴火による溶岩流については、流出した溶岩流がカルデラを満たし、外輪山西側の鞍部から溢流することを想定しており、溶岩流により被災する可能性の高い地区に、溶岩流対策として約1kmの導流堤を設置した（写真-2.3.6 前出56ページ参照）。導流堤の線形は、集落の外側に沿って設置されており、溶岩流を迂回させ安全に海まで導流する計画となっている[1)2)]。

　溶岩流対策としての導流堤については、伊豆大島の玄武岩のように流動性が高く流動深も10m以下の溶岩流では効果が期待できる。しかし、溶岩の粘性が高く流動深が大きくなる場合には、導流堤による抜本的な対策は困難になる。

　なお、1986年の噴火では、東京消防庁により溶岩流冷却活動が行われた。これには放水に必要となる大量の水が必要であるが、一定の効果が認められた[3)]。しかし、溶岩の粘性が高く流動深が大きくなる場合には、放水冷却による防災上の効果は未検証である。

2）2013年豪雨災害と砂防設備

　2013年10月、伊豆大島では台風26号の豪雨に伴い、大規模な泥流が発生し甚大な被害が発生した。表層崩壊が多数発生し、大量の土砂と流木が土石流となって流下し集落を襲ったが、噴火後に整備された堆積工が土砂と流木を捕捉して被害の拡大を防いでいる箇所が多くみられた（写真-6.2.3.1）。前出の溶岩導流堤についても上流で発生した流出土砂を海まで安全に流す機能を確保しており、保全集落の二次災害に対する安全性の向上と

豪雨災害後の警戒避難に貢献している。

## (2) 雲仙普賢岳（1991年）
### 1）土地のかさ上げによる復興

この噴火災害では、警戒区域が長期にわたり設定され、住民は長期の避難生活を余儀なくされた。その中で、復興の大きな特徴であったのが安中三角地帯のかさ上げである。

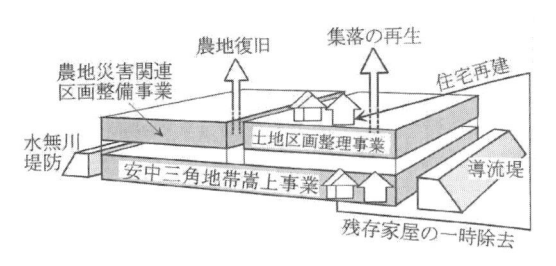

図-6.2.3.1　安中三角地帯の復興概念図（島原市）

この地区の面積は、約93haで、324世帯、1,138人が生活をしていた。安中三角地帯は、平成4年8月、平成5年4月から7月にかけて断続的に発生した土石流により被災し、地域内の70％の家屋が埋没した。もはや個人による再建は難しい状態にあった。被災住民は、土地の狭い島原市ではまとまった代替地を探すのは困難だが、安中地区において自宅や農地を再建すれば用地の確保は不要で、しかも、地域住民間のコミュニティも維持できるというメリットがあり、生活再建を行いやすいと考えた。被害の拡大に直面した住民の間では、このままでは安中地区が消滅するとの認識から、安中地区に住み続けるには、全面かさ上げが不可欠との結論を出すに至った。

一方で、建設省（現国土交通省、以下同じ）は、緊急復旧事業を行う上で支障となる山腹や渓流に大量に堆積した土石流堆積物の搬出先に苦慮していた。

平成6年4月、建設省と島原市は、安中三角地帯を土石流堆積物の搬出先とするとともに、土砂持ち込み料を島原市の公社に支払うことで合意した。建設省としては、遠方の土捨て場まで運搬するよりも、近場の安中三角地帯で土砂の受け入れがなされることで、運搬費を軽減することができるというメリットがあった。さらに、安中三角地帯かさ上げ（土捨て場）に併せて、島原市が農地災害関連区画整備事業や土地区画整理事業を行うことで、安中三角地帯の全面かさ上げが完成し、復興を果たした。

### 2）多彩な復興支援メニュー

安中三角地帯のかさ上げのほかにも流出した土砂の処分方法が地域の復興のため工夫されている。長崎県は平成4年度から砂防激甚災害対策特別緊急事業（砂防事業）および公有地造成護岸等整備事業（海岸事業）により、安徳海岸の埋め立て事業に着手した。現在、この埋立地（約26ha、約150万㎡）は、復興の象徴である「雲仙岳災害記念館」、「島原復興アリーナ」や公園などとして利用されている。

また、建設省雲仙復興事務所は、1996年12月に公聴会を開催し、砂防設備の土地利用について地域住民の意見を取り入れている。これらをふまえ、災害跡地の有効活用の一環として、旧大野木場小学校の校舎保存などの事業が完成しており、さらに、保存された校舎に隣接して、砂防工事のため無人化施工機械の操作基地、土石流の監視所、作業員の

避難場所、資材置き場を兼ねた砂防監視所が設置されている。今日、それらは防災教育の拠点として活用され、日本初のジオパークの一部を担うこととなるなど砂防が地域の活性化に貢献している。

### 3）早期の復旧・復興を支える砂防技術の開発

この噴火災害では、復興に向けた早期の砂防工事着手に向けて警戒区域内（立ち入り禁止区域）でいかにして砂防工事を行うかが課題となった。

平成5年7月、建設省は新しい制度を活用して、除石工事を無人で施工する技術を民間各社から公募（表-6.2.3.1）した[4]。平成7年9月に着工した土石流対策の要となる砂防堰堤の建設に世界で初めて無人化施工技術が導入（写真-2.3.10、11前出60ページ参照）され、

表-6.2.3.1　無人化施工技術公募条件

| | 技術の内容 | 技術の水準 |
|---|---|---|
| 1 | 不均一な土砂の状態でかつ、岩の破砕を伴う掘削と運搬。 | 直径2～3m程度の礫の破砕が可能であること。 |
| 2 | 現地の温度、湿度条件に対応可能。 | 一時的に温度100℃、湿度100％程度の状況下でも運転可能。 |
| 3 | 施工機械を遠隔操作することが可能。 | 100m以上の遠隔操作が可能なこと。 |

その後、改良を重ねつつ平成12年有珠山噴火災害や三宅島噴火災害などの火山砂防対策にも活かされている。

また、砂防堰堤本体部には、RCC（Roller Compacted Concrete）工法が、また袖部には現地発生材料にセメントを混入した砂防ソイルセメントを使った工法が初めて本格的に採用されている。砂防ソイルセメントはその後、新潟県中越地震後の砂防堰堤の大規模急速施工に活かされている。復旧・復興を支える多くの砂防技術はこうした大規模な土砂災害を契機の一つとして発展を遂げている。

## （3）有珠山（2000年）

北海道は、噴火による被害の回復と、土石流や泥流による被害をできるだけ少なくするための効果的・効率的な諸施策推進のため、有珠山周辺地域において防災マップに基づき危険度に応じた土地利用区分を定めた（図-4.4.3前出132ページ参照）。今後の土砂災害による影響も考慮し、復興方針としての土地利用ゾーニングをしたことは特筆できる。

さらに、地元洞爺湖町では砂防遊砂地の中に工事用道路等を活用して遊歩道が設置され、被災した町営住宅、町営浴場、流された橋桁が当時の位置で保存された災害遺構を見学することができる。有珠山周辺を野外博物館に見立てるエコミュージアム構想に沿って、砂防事業との連携の中で火山を学習する場を提供する地域づくりの取り組みは各地のジオパークの取り組みを先取りしたものとなっている。

## （4）三宅島（2000年）

### 1）緊急的な土砂災害対策

土砂流出による被害拡大を防止するため、災害が発生する可能性が高い渓流から砂防設

備の設置工事が行われた。特に緊急的な対策が必要な渓流のうち、谷出口で土砂流出の痕跡が認められる渓流、流域内に火山灰・不安定土砂の堆積が認められる渓流が抽出され、さらに想定氾濫区域内に人家や重要施設が分布する渓流、避難路の確保が必要な渓流、ライフラインの災害防止が必要な渓流が抽出され、緊急的な対策が実施された。

具体的には、泥流・土石流の流出対策として、東京都がワイヤーセンサーによる監視、土のう・ブロック・フトン籠の設置による氾濫防止、侵食防止対策、流木対策、除石工事を行った。

### 2）高濃度の火山ガス地域での無人化による工事の実施

火山ガス濃度が高い地域では、作業員の健康への負担を軽減するために無人化施工が取り入れられた。火山ガスの滞留が顕著であった箇所では、ガス発生時には脱硫装置を備えたクリーンルーム内において無線による重機操作を行うこととし、安全な区域で製作された床固めブロックを有人重機で運搬し、危険な区域の手前で無人のクローラーダンプに積み替え、施工ヤードまで運搬し、さらに無人のバックホウによりブロックの設置を行った。

### 3）恒久対策の進展と島民の帰島

火山ガスが長期にわたり噴出したことと土砂流出による被害拡大が懸念されたことなどにより島民の避難生活は長期化した。砂防施設の整備等による二次災害対策やインフラの復旧により、平成17年2月1日、島民の帰島が実現している。砂防施設配置計画に基づいた恒久対策の対象は227渓流とされ、平成21年8月までに砂防堰堤51基を整備して土砂災害に対する島民の安全確保に貢献している。

参考文献
1）東京都大島支庁：伊豆大島総合溶岩流対策事業，2013
2）安食昭夫：伊豆大島総合溶岩流対策事業，2007
3）東京都総務局災害対策本部：昭和61年（1986年）伊豆大島噴火災害活動誌，1988
4）松井宗廣：無人施工による砂防ダム建設，雲仙・普賢岳噴火災害対策，「土木技術」，第51，巻11号，2004
5）山田孝：火砕流熱風部の流れ構造と対策工の可能性について，北海道河川財団研究紀要（ⅩⅤⅢ），2007
6）（社）砂防学会：火砕流・土石流の実態と対策，鹿島出版
7）北海道開発局：平成12年（2000年）有珠山噴火災害報告，2001
8）平成12年度（2000年）有珠山噴火非常災害対策本部・現地対策本部活動の記録，内閣府政策統括官（防災担当），2001
9）北海道：2000年有珠山噴火災害・復興記録，平成15年3月
10）東京都建設局　東京都三宅支庁：平成12年三宅島火山災害への取り組み－道路・海岸・砂防事業－，平成18年3月

## 6.2.4　地震災害

### (1) 兵庫県南部地震（1995年）

阪神淡路大震災（兵庫県南部地震）では、急傾斜地において個人の所有するよう壁が転

倒・倒壊したり、クラックが発生するなどの被害が多数生じた。そのまま被災宅地を放置すれば、その後の余震・降雨により被害が拡大し、よう壁の所有者以外の第三者に被害が及ぶおそれがあった。また、不特定多数の者が利用し、特に災害時の避難に不可欠な道路や公園、さらに生活再建に必要な水道、ガス等の各種公共施設に被害が及ぶことが懸念された。

宅地造成等により人工的に作られた急傾斜地が崩壊した場合、原則的には当該急傾斜地の造成者等が対応するべきであり、民間住宅におけるよう壁等は所有者が復旧すべきものである。しかし、この地震においては、市街地の発展に伴って山麓から山地部分まで開発されていた地区が被災し、そのまま放置した場合に各種公共施設に広範かつ大きな被害が生ずる恐れがあった。そこで、災害関連緊急急傾斜地崩壊対策事業に特例を設け、よう壁等の復旧を事業の対象にすることにより、迅速かつ的確な対応をはかり、二次災害の防止と民生の安定を図った[1]。

### (2) 芸予地震（2001年）

この地震災害の特徴は、土砂災害のほとんどががけ崩れであり、激しい地震動による住宅宅地よう壁等の転倒、倒壊やクラックの発生が数多く発生したことが挙げられる。

特に、広島県呉市においては、急勾配の斜面に密集した住宅地が形成されていたことから、住宅宅地のよう壁等に集中的に被害が発生し、地震後の降雨による崩壊の拡大等、二次災害の危険も懸念された。

そこで、兵庫県南部地震に続き、災害関連緊急急傾斜地崩壊対策事業に特例を設け、よう壁等の崩壊対策を事業の対象として、二次災害防止対策を図ることとした。

ただし、兵庫県南部地震と比較して、地震災害の規模が局所的であったため、その事業の対象箇所は「移転等で住宅宅地として復旧されない箇所で、その後の土地利用について地方公共団体と地権者との合意がなされた箇所」に限定した[2]。

工事を進めるにあたっては現地で発生した石積みの石を利用し、近年注目されている石垣景観に代表される呉の歴史的な美しい街並みに調和させるよう配慮されている。呉市は歴史的な街の発展経緯から宅地が傾斜地に密集し常に土砂災害に直面するリスクを背負ってきた。地震後の二次災害防止を速やかに図ることにより砂防が地域の安全度向上を支援している。

### (3) 新潟県中越地震（2004年）

この災害では天然ダム（河道閉塞）が多数発生し、新潟県が実施していた応急対策を国による直轄砂防災害関連緊急事業として、順次引き継いで砂防工事が実施された[3]。この地震災害の特徴として「余震活動が非常に活発で長引いたこと」、「全国でも有数な地すべり地帯の中山間地で発生したこと」が挙げられる。これらのことから、いたるところで地すべりや急傾斜地の崩壊などの土砂災害や、住宅宅地のよう壁等の転倒・倒壊などの被害

が拡大していき、中山間地域の存続のため、速やかな安全確保が待ち望まれた。

　未曾有の災害を経験した流域の住民は「帰ろう山古志へ」というキャッチフレーズを掲げ、これに応える形で集中的な砂防事業が実施されている。現在では、他に例のない土砂災害対策工法が集積された地域となり、これら砂防の取り組みを、特有の歴史文化、風景、災害体験、地域の復興過程と併せて学ぶことのできる芋川砂防フィールドミュージアムが整備されている。砂防設備を地域資源とすることにより地域の活性化も図ろうとしている点で注目される。

### (4) 岩手・宮城内陸地震（2008年）

　この地震では15箇所の天然ダムが確認され、天然ダムに対する緊急対策とともに流域内の大量の不安定土砂に備えた対策が喫緊の課題となった。

　国土交通省は、岩手県、宮城県、栗原市、一関市から強い要望を受けて、直轄砂防災害関連緊急事業を直轄砂防事業施工区域外において初めて実施した[5]。さらに、急傾斜地や山腹斜面で約3,500箇所の法面崩壊・地すべり等が発生し、約13,000万$m^3$の不安定土砂が発生したと想定されることから、岩手県側では一関市街地を中心とした磐井川流域の、また宮城県側では栗原市を中心とした迫川流域の安全・安心を確保するため、恒久的な対策として「直轄特定緊急砂防事業」により、砂防堰堤の設置を行うこととした。この事業は、岩手・宮城内陸地震を契機として、地域からの要望を踏まえ、新たに創設されたもので、応急対策後の恒久的な施設整備を短期・集中的に実施するための事業であり、大規模な土砂災害による被災地域の早期復興を防災面から支援することが期待されている[6]。

　被災地域では、現在、砂防工事のほか公共施設の復旧が進み、地震から5年を迎えた平成25年には、一部の対策箇所の工事完成がすすむとともに、被災現場や砂防工事現場に小学生を招く「砂防探検隊」を実施するなど、関係機関が地域をあげて震災を風化させない取り組みを開始したところであり、砂防事業が地域振興の一翼を担っている。

参考文献

1) 大野宏之：民間宅地の擁壁復旧について，砂防と治水，第108号，1996
2) 田村圭司：芸予地震による住宅擁壁の崩壊への対応，河川，2001-9月号，2001
3) 佐藤恭一・小玉誠：中越大震災における土砂災害防止対策の取り組み，砂防と治水，第167号，2005
4) 国土交通省砂防部保全課：平成16年（2004年）新潟県中越地震による土砂災害の状況，砂防と治水，第162号，2004
5) 国土交通省砂防部保全課：平成20年岩手宮城地震で発生した河道閉塞（天然ダム）等への対応状況について，砂防と治水，第184号，2008
6) 今日出人：栗駒山山系（岩手県側）直轄特定緊急砂防事業に着手！，砂防と治水，第191号，2009
7) 広島県土木局砂防課：土砂災害ポータルひろしま
　　http://www.sabo.pref.hiroshima.lg.jp/portal/sonota/sabo/pdf/203-H12geiyo.pdf

## 6.3 早期復旧・復興に向けた取り組み

### (1) 土砂災害の発生から復旧・復興に向けた課題

　土砂災害は全国で年平均1,000件以上（平成15～24年の10年間）発生しているが、市町村あるいは自治会などの地区単位で見ると「たまにしか遭遇しない」、「まさかの出来事」となっている。また、土砂災害の特徴の一つとして、平常時にはさほど危険が感じられない斜面や渓流が大雨などの誘因により突発的に崩れたり土石流が発生したりすることがあげられる。

　このような土砂災害特有の発生形態に加え、今日の社会情勢のもとにおける土砂災害の復旧・復興を考えたとき、それぞれの関係者ごとに次のような課題を見いだすことができる。

　○国や都道府県などにおいては、少子高齢化傾向が続くなか、予算と人員が限られ、通常の予防保全的な土砂災害対策を継続的に行うことが困難になってきている。さらに、緊急時において対処できるだけの技術の研鑽や人材の確保は決して十分とは言えない状況にある。

　○また、市町村職員や住民などにあっては、いつ直面するかわからない土砂災害に対して、緊張感を持続しつつ常に万全の備えをしておくことが難しい現状にある。

　○加えて、土砂災害の現場で実際に対策工事に携わる建設業者は、長年にわたる公共事業の縮小傾向から経営面などで企業としての体力が弱まっており、人員・資機材投入などの機動力が低下している。

### (2) 復旧・復興に向けた必要な対応

　このような課題を抱えつつも、ひとたび土砂災害が発生した地域においては、早期の復旧・復興に取り組まなくてはならない。崩壊直後の不安定な斜面を有する渓流においては、崩壊残土や渓床堆積土砂などが不安定化しており、次期降雨等により再度災害を被る危険性が高まることから、できる限り早期の復旧が必要となる。災害対応の初動から復旧への一連の流れにおいて、とるべき主な措置と留意すべき点は以下のとおりである。

1）二次災害の防止

　まず、災害調査を迅速に行うことが重要である。災害の規模が大きくなればなるほど、災害状況を早期に調査・把握して関係機関の間で情報共有をはかることが必要であり、そのうえで二次災害防止のための応急措置を講ずることになる。

　自治体等に土砂災害の専門家が不在の場合には、国の機関や研究所、あるいは砂防に関する研究を行っている大学などに専門家の派遣を要請しアドバイスを得ることも検討する必要がある。

2）事業用地の確保

　次に対策計画を立案し、実際の対策工の実施へと進むことになるが、あらかじめ事業用地の境界や所有関係などがわかっているケースは少なく、事業用地の確保に時間と労力

を要することが多い。そのため、計画策定と並行して用地補償の手当てが円滑に進められるよう検討しておく必要がある。

#### 3) 工事の安全管理

対策工の実施に当たっては、対策箇所そのものが不安定化していたり、渓流や斜面の上部に不安定土塊が残っている場合も考えられることから、徹底した工事の安全管理が必要となる。そのためには着手前に十分な調査を行い、実際の施工者と情報共有をはかることが重要である。また、複数の工事が近接・隣接することも考えられるため、同一の渓流や斜面において上下の位置関係となるような工事配置は極力避けるなどの配慮が必要になる。

#### 4) 土砂災害警戒避難の措置

これらと並行して当該自治体と連携して地域住民に対して適切な土砂災害警戒避難の措置を講ずることが必要であることにも留意しなければならない。通常時に比べて警戒避難の基準を引き下げることや避難が長期化した場合などにその基準を適宜見直すことなども検討を要する。

以上の対応を緊急時に行うためには、土砂災害に的確に対処するための技術開発を行う体制を常に確保することが重要である。平時から砂防事業を実施する緊張感のある体制を有しておくことが、いざというときの土砂災害からの速やかな復旧・復興を可能にする礎となる、と言い換えることができる。

### (3) 復興に向けた支援

土砂災害は突発的で人的被害を受けることが多く、一度発生すると地域を衰退・壊滅させることも多い。したがってその復旧にあたっては砂防関係施設をきめ細かに配置するだけではなく、これまで見てきたように地域の再生・復興と一体となった全体計画を策定し、実施する必要性が高い。

そのためには、行政や学識者・有識者らによる防災面の技術的検討とあわせて、実際にその地域で土砂災害を克服し生活を再建してゆく住民の意見・要望を的確に反映させることが必要になる。

住民意見を取り入れるには事業の目的や効果が適切に理解されるよう説明会を実施したり、地域の代表者等を交えた協議会を開催するなどきめ細かな配慮が求められる。また、地域コンセンサスを得る手法の一つとして屋外水理模型実験を活用することなども考えられる。水理模型実験は、文字や図面などの情報では伝わりにくい砂防関係施設の役割について、視覚からの理解が効果的に捗るとともに、関係者同士による議論・検討をも期待できるなどの利点がある。

なお、大規模な渓流保全工や地すべり対策などの場合には、計画段階から相当の年月を経て完成に至るケースもあり、その間の社会情勢や地域ニーズの変化を的確に踏まえつつ計画を見直すなど柔軟な対応を行うことも考慮する必要がある。

砂防の目指すべきところは、被災地の単なる災害復旧にとどまるのではなく、もう一歩進めて地域づくりやまちおこしと一体的に地域の復興を進めることである。そのためには、地域の特性を踏まえつつ、その特性に応じた様々な観点（地域の活性化、里山の保全、親水性や自然環境への配慮など）から工夫を凝らした砂防関係事業の実施に向けて、関係者が連携を密にして取り組むことが求められるのである。

# おわりに

　本書では、最新の砂防を、現場の最前線で現在実施されている砂防関係事業を中心に「現代砂防学概論」としてまとめたものである。しかし、まだ現時点でさえ解決していかなければならない下記のような実態・課題がいくつもあり、「おわりに」としてその方向性を含めて包括的に記述してみる。砂防を担当する方々には今後、これらの課題についてこれからも解決の努力を惜しまないことを期待したい。
　一点目は、例えば深層崩壊対策のような大規模な災害対策はまだ途についたばかりであり、まだ手探りで行っているものも多くある。
　このような大規模な災害の対策の基本は、その原因となる現象を発生の初期段階で発見できるよう常に監視しておくことが求められることであろう。すなわち、「国土監視」という概念が導入されていくものと考えられる。そしてこの国土を監視するということが国土を管理し、国土を保全することの基本であると考えている。
　そのためには国土を監視する具体の手法の開発と実施が求められることになる。
　なお、大規模土砂災害については近年集中的に研究が進められるようになったが、「大規模」と既往の施策で対策が進められてきた「通常規模」の土砂災害の中間に位置するような土砂災害への対応、例えば、平成24年の阿蘇や平成25年の伊豆大島で発生した土砂災害のようなカルデラ壁下部の集落に対する長大斜面対策や0次谷からの土石流対策、数万$m^3$程度の斜面崩壊起因型の土石流対策といったものが人的被害を減少させるためには重要であり、併せて現象や対策に関する研究を進めることが必要である。
　二点目として、人口減少傾向に加え高齢化率の極端な上昇はこれまでの事業の手法を変えていかなければならない時期に来ていることを示している。その解決のための有力な方法として、第三の公共、すなわち「新しい公共」の導入があると考えている。
　砂防関係の法律に基づく事業では、国と都道府県が事業主体者となるが、今後は、もっと住民が積極的に参加できる砂防事業の展開や砂防施設の管理、土地の監視を考えていくことが望まれる。そしてゆくゆくは「住民参加型の砂防」として地域の特性に合った手法を見出して、地域に根ざした砂防が必要になってくると考えている。
　そのような砂防事業として、具体的に進める方法がいわゆる「里山砂防」である。「里山砂防」は地域の実情に合った工夫で実施すべきであり、それがゆえに事例集はあっても要綱のような定型に頼ってはいけないと考えている。「里山砂防」はこれまでも、事業の実施段階で「様々な工夫」として実施されており、それらの事例の中に手法としても理念としても参考になるものが多くある。
　例えば、新潟県の地すべり監視員制度である。地すべりの危険箇所を住民自らが巡視・

点検を行い、構造物の亀裂などの異常を発見したら土木事務所に通報するという制度である。あるいは、国土交通省四国山地砂防事務所では森林組合とタイアップして流域内の植生について防災の観点から管理している。また、100年以上続いている長野県小川村の「砂防惣代」もその一つといえるであろう。

これらはいずれも地域住民の方々が自分たちの住む地域のあり方を真剣に考えていくことから成り立ち、継承されている。

三点目として、山間の集落では究極の砂防として、砂防的観点からの土地利用、すなわち土砂が動きやすい山間地での安全な地域づくりに中心的に参画していくことが必要になるであろう。

例えば深層崩壊対策では、地域づくりと一体となった砂防事業が当該地域の首長から求められている。もちろん地域づくりは総合政策であるが、地域の安全確保の観点から具体の計画創りの段階から砂防が果たす役割は大きいといえる。深層崩壊対策のための地域づくりを土砂災害防止法改正の延長線上で検討していき、地域づくりの中に砂防が積極的に技術提供を行っていくべきと考える。

本書の1.1で述べたとおり、砂防の使命は少なくとも国民の生命を守り、そして国土を保全することである。そのためには、「変わらぬもの」と「変えるもの」があることを意識していただきたい。「変わらぬもの」とは「土砂災害から国土と国民生活を守る」という目的と「最良の解決策を制約にとらわれずに考案する」という姿勢である。そして「変えるもの」とは「新しい技術の積極的な導入」と「社会情勢に沿った新しい法律や制度の制定」であることを記しておきたい。

本書ではページ数の制約から概要の記載にとどまっているものについて、中堅技術者向けに詳細な解説本が必要であり、できるだけ早い時期に続編として出していきたいと考えている。また、この本では触れられなかった具体的な現場技術についても、最新技術を含めた指南書が必要と感じているところである。

# 索引

**アルファベット**

IPCC　115
RBFN　101
RCC　172
TEC-FORCE　26

**あ**

足和田村　21
アンカー工　87
安政飛越地震　45
安中三角地帯のかさ上げ　171

**い**

1級河川　6
一般荒廃地　41
糸魚川－静岡構造線　42, 47

**う**

浦川　49
雨量基準　145

**え**

衛星合成開口レーダ　64
衛星SAR　64, 126
衛星リモートセンシング　64
越流　133

**お**

オープンタイプ　156
押え盛土工　86
オルソフォト　63
温泉地すべり　84

**か**

海岸侵食　71
海岸保全施設　71
海溝型地震　15
外帯　10
外来種　155
攪乱　156
がけ崩れ　87
火砕サージ　16
火砕流　16, 24
火山活動　15
火山災害ハザードマップ　24
火山砂防計画　128

火山砂防事業　23, 55
火山砂防対策　20
火山体崩壊　16
火山地域　56
火山泥流　16
火山噴火　52, 128, 144
火山噴火緊急減災砂防事業　56
火山噴火緊急減災対策砂防計画　56, 128
火山噴出物　52
河川法　19, 28
活断層　15
河道調節効果　156
河道閉塞　141
空振り率　102
ガリー侵食　54
環境調査　160
環境保全　150
間隙水圧　84
関東大震災　19
岩盤地すべり　85
関連事業　34
環境政策大綱　150

**き**

基幹砂防堰堤　44
基幹事業　34
危機管理　4, 115
基礎調査　35, 96
逆断層　72
急傾斜地の崩壊による災害の防止に関する法律
　　2, 22, 28, 87
急傾斜地法　32
急傾斜地崩壊危険箇所　92
急傾斜地崩壊危険区域指定基準　30
急傾斜地法に基づく急傾斜地崩壊危険区域　30
切土工　88
緊急減災対策砂防計画　128
緊急災害対策派遣隊（TEC-FORCE）　26
緊急調査　27, 119
緊急点検　25

**く**

杭工　86
空中写真　63
国直轄事業　33
首振り現象　81
グリーンタフ　10
クローズドタイプ　156

## け

警戒区域　24, 57
警戒避難体制整備　21
警戒避難の基準の引き下げ　177
計画規模　115
景観形成ガイドライン　159
渓流環境整備計画　151
渓流保全工　83, 156
激甚災害対策特別緊急事業　162
現代砂防の骨格　3

## こ

降下火砕物　16
効果促進事業　34
鋼管杭挿入工　168
耕作放棄地　13
鋼製スリット堰堤　83
後続流　81
降灰　144
国土保全　3, 4
国庫補助事業　33
固定資産税評価　30
コンクリートスリット　83

## さ

災害関連緊急急傾斜地崩壊対策事業の特例　174
災害関連緊急事業　161
災害時要援護者　12
災害時要援護者関連施設　104
災害対策基本法　57, 117
災害復旧　161
災害捕捉率　102
西湖災害　91
細砂　74
採択基準　35
再度災害防止　161
在来植生　155
相模トラフ　19
里山砂防　110
砂防基本計画　38
砂防五箇条　50
砂防災害関連緊急事業　121
砂防ソイルセメント　172
砂防ソイルセメント工法　61
砂防治山連絡調整会議　31
砂防美　159
砂防フィールドミュージアム　175
砂防法　19, 28, 32
砂防法制定　1
砂礫　74
山脚固定　83
山腹工　153

山腹保育工　153
山腹保全工　153

## し

CCTV画像　66
自然環境　150
自然環境モニタリング　160
実効雨量　99
地盤傾斜計　66
地盤伸縮計　66
シミュレーション　5
事務次官通達　22
社会資本整備重点計画　105
社会資本整備総合交付金　33, 34
社会資本整備総合事業費　34
遮水壁工　168
シャフト工　86
舟運　41, 50
褶曲構造　7
重荒廃地　41
集水井工　86
重要文化財　46
集落雪崩災害　23
重力式コンクリート　83
情報基盤総合整備事業　35
植生工　88
諸国山川掟　1, 28, 50
除石　145
知らせる努力　95
知る努力　95
深層崩壊　4, 39, 124
深層崩壊推定頻度マップ　126
新第三紀　10
振動センサー　65
森林法　19, 28

## す

水理模型実験　177
水路工　86
スーパー暗渠砂防堰堤　49
スネークライン　99

## せ

生態系　151
西南日本　10
生物群集　152
セイフティ・コミュニティモデル事業　113
石礫型土石流　81
接触型センサー　66
0次谷　10
善光寺地震　167
全層雪崩　88
せん断強度　84
前兆現象　80

## そ

総合的な土砂管理　70, 77
総合的な土石流対策の推進について　22, 94
総合流域防災対策事業　36
想定噴火推移　129
掃流　81
ソフト対策　22

## た

大規模土砂移動検知システム　40, 68, 126
大規模土砂災害　4
堆砂勾配　83
太平洋プレート　8
第四紀隆起量　125
立山カルデラ　44, 45
田上　51
タンクモデル　100

## ち

地域自主戦略交付金　33
地域防災拠点　106
地域防災力　108
地域保全　3, 5, 78
地殻変動　7, 8
治水三法　19
治水上砂防　28
治水上砂防ノ為　31
地すべり　84
地すべり危険箇所　91
地すべり対策災害関連緊急事業　121
地すべり地形　85
地すべり等防止法　2, 21, 28, 30, 32
地方負担　33
茶臼山地すべり　167
中央構造線　10, 11
超過規模　115
超固練りコンクリート　61
調節機能　83
直轄砂防管理　33, 37

## て

庭園砂防　165
泥流型土石流　81
天然河岸　161
天然ダム　26, 27, 133

## と

透過型堰堤　83
投下型水位観測ブイ　137
東北日本　10
登録有形文化財　46
十勝岳泥流災害　20
とくしゃ地　153

特殊土壌　87
特定緊急事業　162
特定利用斜面保全事業　107
床固工群　44, 156
都市山麓グリーンベルト整備事業　113
土砂災害危険箇所　12, 91
土砂災害危険箇所緊急点検　137, 148
土砂災害危険箇所緊急点検支援チーム　148
土砂災害危険箇所調査　2
土砂災害緊急情報　27, 120
土砂災害警戒区域（イエローゾーン）　29, 96
土砂災害警戒区域等における土砂災害防止対策の推進に関する法律　2, 25, 28
土砂災害警戒情報　94, 99
土砂災害特別警戒区域（レッドゾーン）　29, 96
土砂災害発生危険基準線（Critical Line　99
土砂災害発生数　80
土砂災害防止教育　90
土砂災害防止月間　22, 109
土砂災害防止対策基本方針　96
土砂災害防止法　2, 13, 29, 95
土砂災害防止法の一部改正　26, 119
土壌雨量指数　101
土石流　81
土石流監視　65
土石流危険渓流　91
土石流警戒避難基準雨量　22
土石流導流工　83
土石流分散堆積地　84
土石流捕捉容量　83

## な

内帯　10
内陸型地震　15
内陸直下型地震　26, 116
雪崩危険箇所　88
雪崩危険箇所点検　23
雪崩対策事業　23
雪崩発生予防工　89
雪崩防護工　89

## に

2級河川　6

## ね

粘質土地すべり　85

## の

農地復旧事業　20
のり枠工　88

## は

排水工　88
排水トンネル工　86
排土工　86
ハザードマップ　110
張工　88
阪神淡路大震災　173

## ひ

稗田山　48
非接触型センサー　66
兵庫県南部地震　173
表層雪崩　88

## ふ

フィリピン海プレート　8
風化岩地すべり　85
風倒木災害　111
フォッサマグナ　10, 42, 47
付加体　125
不透過型堰堤　83
ふるさと砂防事業　113
プレアナリシス型ハザードマップシステム　132
プレート境界型地震　116
プレート境界部　8, 15
噴石　16

## へ

閉塞土塊　133
変成作用　11

## ほ

保安施設事業　20
保安施設地区　31
保安林　20, 31
防災訓練　109
崩積土地すべり　85
補助要件　32
ぼた山　21

## ま

マグマ水蒸気爆発　16
枕崎台風　164
マサ化　11
マサ土　164

## み

見通し角　88

## む

無人化施工　59, 172
室戸台風　78

## も

紅葉谷　165

## や

山津波　21

## ゆ

遊砂地　84
融雪型地すべり　146
ユーラシアプレート　8

## よ

溶岩ドーム　61
溶岩流　16
溶岩流対策　23
養浜　74
擁壁工　88
抑止工　86
抑制工　86
横ボーリング工　86
淀川水源防砂法　1
淀川水源防砂法八箇条　50

## り

リアルタイムアナリシス型ハザードマップシステム　132
リアルタイム・ハザードマップ　131
リモートセンシング　63
流砂系　70, 77
流砂系一貫　76
流木　24
流木災害　111
流木対策指針　24
臨時治水調査会　19

## れ

レーザ計測　63
レーザパルス　63
連携案　100

## ろ

6.29広島災害　95

## わ

ワイヤーセンサー　65

**編者紹介**

**南　哲行**　みなみ　のりゆき

1977年建設省（現国土交通省）採用．九州地方建設局大隅工事事務所長，土木研究所砂防研究室長，奈良県土木部長，東北地方整備局道路部長・河川部長，水管理・国土保全局砂防計画課長，砂防部長等を経て、現在北海道大学大学院農学研究院国土保全学研究室特任教授．京都大学博士（農学）

**小山内　信智**　おさない　のぶとも

1983年建設省（現国土交通省）採用．四国地方建設局四国山地砂防工事事務所長，(独)土木研究所上席研究員（地すべり，火山・土石流），国土技術政策総合研究所砂防研究室長等を経て、現在(独)土木研究所土砂管理研究グループ長．東京大学博士（農学）・技術士(建設部門)．

**執筆・編集協力者紹介（＊編集委員）**

＊南　哲行　　北海道大学大学院農学研究院国土保全学研究室特任教授
＊小山内信智　独立行政法人土木研究所土砂管理研究グループ長
＊蒲原潤一　　国土交通省国土技術政策総合研究所危機管理技術研究センター砂防研究室長
＊大野宏之　　国土交通省水管理・国土保全局砂防部長
＊亀江幸二　　一般財団法人砂防フロンティア整備推進機構理事
＊渡　正昭　　国土交通省水管理・国土保全局砂防部保全課長
　石井靖雄　　独立行政法人土木研究所土砂管理研究グループ地すべりチーム上席研究員
　石塚忠範　　独立行政法人土木研究所土砂管理研究グループ火山・土石流チーム上席研究員
　岡本　敦　　国土交通省水管理・国土保全局砂防部砂防計画課地震・火山砂防室長
　越智英人　　国土交通省水管理・国土保全局砂防部砂防計画課企画専門官
　後藤宏二　　八千代エンジニヤリング株式会社総合事業本部顧問統括技師長
　武士俊也　　ブラジル連邦共和国 JICA 専門家
　田村圭司　　国土交通省近畿地方整備局六甲砂防事務所長（前一般財団法人砂防・地すべり技術センター企画部長）
　筒井智紀　　国土交通省水管理・国土保全局砂防部砂防計画課砂防管理室長
　中谷洋明　　国土交通省中部地方整備局天竜川上流河川事務所長
　西本晴男　　筑波大学大学院生命環境科学研究科持続環境学専攻環境防災学講座教授
　野呂智之　　北海道大学大学院農学研究院国土保全学研究室特任准教授
　原　義文　　一般社団法人全国治水砂防協会常任参与
　水野秀明　　筑波大学大学院生命環境科学研究科持続環境学専攻環境防災学講座准教授
　山口真司　　鳥取県県土整備部次長
　吉村元吾　　国土交通省水管理・国土保全局砂防部保全課企画専門官

---

| | |
|---|---|
| 書　名 | 現代砂防学概論 |
| コード | ISBN978-4-7722-3160-2　C3051 |
| 発行日 | 2014（平成26）年4月15日　第1刷発行 |
| 編　者 | 南　哲行・小山内信智<br>Copyright ©2014 MINAMI Noriyuki and OSANAI Nobutomo |
| 発行者 | 株式会社古今書院　橋本寿資 |
| 印刷所 | 三美印刷株式会社 |
| 製本所 | 渡辺製本株式会社 |
| 発行所 | **古今書院**<br>〒101-0062　東京都千代田区神田駿河台2-10 |
| ＷＥＢ | http://www.kokon.co.jp |
| 電　話 | 03-3291-2757 |
| ＦＡＸ | 03-3233-0303 |
| 振　替 | 00100-8-35340 |
| | 検印省略・Printed in Japan |

# 古今書院発行の関連図書

ご注文はお近くの書店か、ホームページで。
www.kokon.co.jp/ 電話は03-3291-2757
fax注文は03-3233-0303 order@kokon.co.jp

## 建設技術者のための地形図読図入門
鈴木隆介著 中央大学名誉教授
- 第1巻　読図の基礎　　　　　　　　　　　　本体4200円
- 第2巻　低地　　　　　　　　　　　　　　　本体5600円
- 第3巻　段丘・丘陵・山地　　　　　　　　　本体5700円
- 第4巻　火山・変動地形と応用読図　改訂版　本体6200円

## 天然ダムと災害
2002年刊　B5判上製　本体5200円
田畑茂清・水山高久・井上公夫著

## 日本の天然ダムと対応策
2011年刊　B5判上製　本体5200円
水山高久監修　森俊勇・坂口哲夫・井上公夫編著

## 地すべりと地質学
2002年刊　B5判上製　本体4800円
藤田　崇編

## 総説 岩盤の地質調査と評価
B5判上製　本体15000円
現場技術者必携 ダムのボーリング調査技術の体系と展開　2012年刊
一般社団法人ダム工学会編

## 改訂新版 貯水池周辺の地すべり調査と対策
財団法人国土技術研究センター編　B5判上製　本体8000円
2010年刊

## 原典からみる応用地質学 その理論と応用
日本応用地質学会編　2011年刊　B5判上製　本体6000円

## 建設技術者のための土砂災害の地形判読
実例問題 中・上級編　井上公夫著　2006年刊　A4判並製　本体4800円

## 建設技術者のための地形図判読演習帳 初・中級編
井上公夫・向山栄著　2007年刊　A4判並製　本体3600円